中等职业教育教学示范规划教材

变配电运行与维护

周志良　主编
徐松柏　主审

化学工业出版社
·北京·

本书详细介绍了变配电系统的主要电气设备，接线及配电结构，电力负荷计算，防雷和接地，电气安全管理，继电保护和二次回路，电气设备的运行维护和检修实验等。

本书按项目教学法的方式编写，以岗位职业活动为基础，具有目标明确，项目引领，先形象后抽象，符合学生心理的特点，更注重实践技能的培养。为便于复习掌握，每项任务后面均有思考与练习题或实作训练题。

本书适用于中职学校电气类、机电类专业学生学习使用，也可供企业电气技术工人培训或自学使用。

图书在版编目（CIP）数据

变配电运行与维护/周志良主编. —北京：化学工业出版社，2013.7（2025.3 重印）
中等职业教育教学示范规划教材
ISBN 978-7-122-17473-4

Ⅰ.①变… Ⅱ.①周… Ⅲ.①变电所-配电系统-电力系统运行-中等专业学校-教材②变电所-配电系统-维修-中等专业学校-教材 Ⅳ.①TM63

中国版本图书馆 CIP 数据核字（2013）第 111637 号

责任编辑：潘新文　　文字编辑：云　雷
责任校对：陈　静　　装帧设计：尹琳琳

出版发行：化学工业出版社（北京市东城区青年湖南街 13 号　邮政编码 100011）
印　　装：北京科印技术咨询服务有限公司数码印刷分部
787mm×1092mm　1/16　印张 12¼　字数 304 千字　　2025 年 3 月北京第 1 版第 2 次印刷

购书咨询：010-64518888　　售后服务：010-64518899
网　　址：http://www.cip.com.cn
凡购买本书，如有缺损质量问题，本社销售中心负责调换。

定　　价：49.00 元

前　言

本书是根据中国化工教育协会电仪类专业教学指导委员会制定的《全国中等职业教育电气运行与控制专业教学标准》编写的。本书从实际出发，按照“项目引领，任务驱动”方式，采用项目教学法，将能力培养渗透到中职教学中。

本书适用于中等职业学校电气运行与控制、电气技术、机电一体化、电气自动化、维修电工、机电技术应用、机电设备维修等专业及相关电类专业使用，也可供企业电气技术工人培训使用或自学。

全书共由10个项目、28项任务组成，教学时数为96学时。其中：项目1、项目2、项目4、项目5、项目7由周志良编写，项目3、项目6由安磊编写，项目8、项目9、项目10由李宗孔编写，全书的电子教案由安磊完成。全书由周志良统稿并任主编，徐松柏任主审。

本书配有电子课件，可免费提供给采用本书作为教材的院校老师使用，可登陆化学工业出版社教学资源网（www.cipedu.com.cn）免费下载。

在本书编写过程中，得到了徐寅伟和张明、化学工业出版社多方面的指导，在此表示感谢；主审徐松柏为编写提供了很多资料，并在编写过程中提出了许多意见，在此表示感谢；陈明峰参与了书中许多图表的制作，在此表示感谢；云南省化工学校领导、云南省化工高级技工学校领导对编写本书给予了极大的关心和支持，在此一并表示感谢。

由于编者水平有限，书中难免存在不妥之处，恳请广大读者批评指正。

编者

2013年3月

目录

项目1

变配电系统主要电气设备的认识

任务1.1 参观了解变配电所

能力目标

① 通过参观一个变电所，大致了解变配电所的作用。

② 了解和认识变电所中变压器、熔断器、断路器、隔离开关、互感器、电力线路等主要设备。

③ 了解变配电所运行值班人员的工作内容。

任务实施及要求

① 实地参观变电所的布局，进出线方式。

② 指导学生认识各种主要设备的外部形状、安装位置及相互连接方式。

③ 让学生了解各种主要设备的作用和变配电所运行值班人员的工作内容。

④ 根据实际情况将学生分为10～15人一组，由工程技术人员和教师带领现场参观及讲授。

考核标准及评价

① 能正确说出变电所作用30分。

② 根据设备实物能正确说出每种主要设备的名称，六种设备共60分。

③ 参观学习态度10分。

相关知识介绍

（1）变配电所

变配电所又称为变配电站。变电所（站）和配电所（站）的区别在于所（站）内有无变压器，有变压器的称为变电所，无变压器的称为配电所。

变电所是电网中的一个中间环节，它的作用就是通过变压器和电力线路将各级电力网联系起来，用于接受电能、变换电压和分配电能，控制电力的流向和调整电压。而配电所只用来接受和分配电能，不承担变换电压的任务。

变电所又可分为升压变电所和降压变电所两大类。升压变电所是将低电压变换为高电压，一般建在发电厂；降压变电所是将高电压变换到一个较低的合理的电压等级，一般建在靠近用电负荷中心的地点。降压变电所根据其在电力系统中的地位和作用的不同，又分为地区变电所和工厂变电所等。工厂变电所和工厂配电所，一般建在工厂内部。

（2）变电所的主要设备

变电所的主要设备包括：变压器、熔断器、断路器、隔离开关、互感器和电力线路等。

① 变压器：变压器是变电所中最主要的设备，又称主变压器。电力变压器按变压性质分有升压变压器和降压变压器，按冷却方式分有油浸式变压器和干式变压器等，按其绕组的材质分有铜绕组和铝绕组变压器，目前一般采用铜绕组变压器。

② 熔断器：熔断器是一种在通过的电流超过规定值时使其熔体熔化而切断电路的保护电器。熔断器的功能主要是对电路及其电气设备进行短路保护，但也有的具有过负荷保护的功能。

③ 高压断路器：高压断路器是工厂供电系统中最重要的电气设备之一。高压断路器具有相当完善的灭弧装置，其用途是使高压电路在正常负荷下接通和断开，在发生短路故障时，通过继电保护装置的作用将故障线路自动断开，使非故障部分正常运行。

④ 高压隔离开关：高压隔离开关主要用于隔离高压电源，将线路中高压电气设备与带电部分可靠地断开，使其有一个明显可见的断开点，确保其他高压电气设备及工作人员安全检修。另外，在供配电系统中，可以利用隔离开关进行倒闸操作。

⑤ 互感器：互感器是电流互感器和电压互感器的统称。从其基本结构和工作原理来说，互感器是一种特殊的变压器。它是一次电路和二次电路之间的联络元件，用以分别向测量仪表、继电器的电流线圈和电压线圈供电。

⑥ 电力线路：电力线路又称输电线。它的作用是输送电能，并把发电厂、变配电所和电能用户连接起来。

电力线路按其用途及电压等级分为输电线路和配电线路。电压在35kV及以上的电力线路为输电线路；电压在10kV及以下的电力线路称为配电线路。电力线路按其架设方法可分为架空线路和电缆线路；按其传输电流的种类又可分为交流线路和直流线路。

（3）变电所运行值班人员的工作内容

① 变电所运行值班人员必须按有关规定进行培训、学习，经考试合格后方能上岗值班。值班期间，应穿戴统一的值班工作服和值班岗位标志，不进行与工作无关的其他活动，要服从指挥，尽职尽责，确保所内设备的安全运行。

② 依据调度指令正确地进行倒闸操作；并对所内设备运行状况进行监视，按时进行巡视检查、抄表和计算电量，发现缺陷和异常时及时汇报和处理。

③ 完成日常运行维护工作，认真做好各种记录、报表。并做好所内保卫、保密、消防和环境卫生工作。

④ 完成电气设备工作的安全措施，办理工作票的开工和完工手续，并对设备进行完工验收。

⑤ 当运行方式改变、恶劣天气、设备存在严重缺陷和缺陷有发展时，认真做好事故预想。

⑥ 按规定进行故障处理。当发生事故、障碍时，按规定及时进行处理并汇报。

【思考与练习】

1. 变电所的作用是什么？
2. 变压器的作用是什么？
3. 熔断器的作用是什么？
4. 隔离开关的作用是什么？
5. 互感器的作用是什么？
6. 电力线路的作用是什么？
7. 变电所运行值班人员的工作内容是什么？

任务1.2 认识电力变压器

能力目标

① 了解和认识变压器的外部结构及内部结构。

② 了解和认识变压器的变压原理。

任务实施及要求

(1) 准备下列材料、工具及设备：

① 油浸式电力变压器　　一台；

② 各种型号扳手　　若干；

③ 各种型号起子　　若干；

④ 起吊设备　　一套。

(2) 任务实施

① 指导学生详细察看电力变压器外形及铭牌，认识器身、油箱、冷却装置、保护装置、出线装置等组成部分。

② 组织学生拆卸变压器，吊出器身，指导学生了解铁芯和线圈（绕组）等组成部分。

③ 让学生了解变压器的工作原理。

(3) 要求

① 正确使用扳手、起子等工具。

② 正确拆卸和装配变压器。

③ 注意人身安全和设备安全。

④ 学生分为10～15人一组，由实训教师和理论老师带领，组织拆卸学习及讲授。

考核标准及评价

① 能正确说出变压器器身、油箱、冷却装置、保护装置、出线装置等组成部分50分（每一部分10分，五部分共计50分）。

② 能正确说出变压器中铁芯和线圈（绕组）的基本结构各10分，共20分。

③ 能叙述变压器的基本原理30分，叙述不完整或错误时，酌情扣分。

相关知识介绍

变压器是变电所中最主要的设备，又称主变压器。

变电所使用的变压器，多为三相油浸式配电变压器，目前也推广使用干式电力变压器，在此，仅介绍三相油浸式配电变压器。

1.2.1 油浸式配电变压器结构

（1）总体结构概况

图 1-1 是一台容量为 1000kV·A，高压侧额定电压为 10kV 的油浸式配电变压器。为了看清器身在油箱内的放置情况，将油箱作了局部剖视。变压器的器身放在油箱内，浸泡在变压器油中。变压器油起到绝缘和带走器身热量的作用。变压器线圈的出线分别由高、低压套管引导。在油箱外壁有很多散热管，以增大变压器油和周围空气的热交换面积。另外，为了维持变压器的正常工作条件并在变压器出现故障时保护它不受损坏，还设置了保护装置，即储油柜（油枕）、安全气道（防爆管）、吸湿器（呼吸器）、气体继电器（瓦斯继电器）等。

容量更小的油浸式配电变压器，其总体结构与上述变压器相同，只是由于容量小，油箱外的散热管数量也相应减少。同时，由于容量小，设备的重要程度也较低，故除有油枕外，未设置安全气道、吸湿器和气体继电器等保护装置。图 1-2 是这类配电变压器的外形。它的容量在 100kV·A 左右，高压侧额定电压为 10kV。

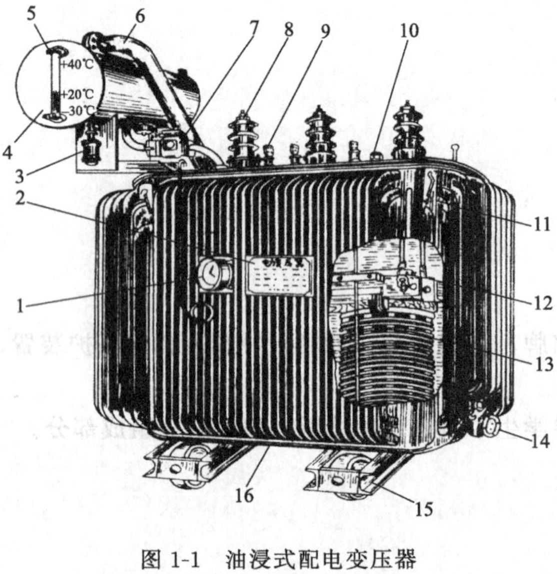

图 1-1 油浸式配电变压器

1—温度计；2—铭牌；3—除湿器；4—储油柜；5—油表；6—安全气道；7—气体继电器；8—高压套管；9—低压套管；10—分接开关；11—油箱；12—铁芯；13—线圈及绝缘；14—放油阀；15—小车；16—引线

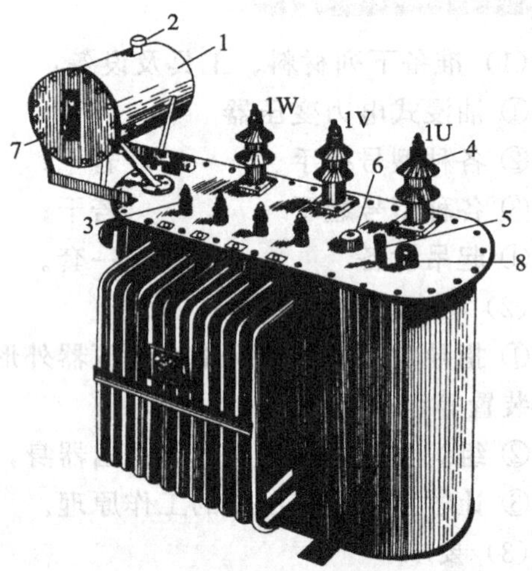

图 1-2 小容量油浸式配电变压器

1—储油柜；2—加油栓；3—低压套管；4—高压套管；5—温度计；6—分接开关；7—油表；8—吊环

油浸式电力变压器的结构概况可归纳为：

① 变压器由器身、油箱、冷却装置、保护装置、出线装置等几部分组成；

② 器身由铁芯、线圈、绝缘、引线及分接开关等几部分组成；

③ 油箱由本体（箱盖、箱壁、箱底）和附件（放油阀门、小车、油样活门、接地螺栓、

铭牌）组成；

④ 冷却装置主要由散热器组成；

⑤ 保护装置由储油柜、油位计、安全气道、吸湿器、测温元件、气体继电器等部分组成；

⑥ 出线装置由高压套管和低压套管组成。

(2) 器身

图 1-3 是油浸式电力变压器的器身装置后的外观。它主要由导磁的铁芯和导电的线圈两大部分组成。在铁芯和线圈之间、高低压线圈之间及线圈中各匝之间均有相应的绝缘。图中还可见到高压侧的引线 1U、1V、1W，低压侧的引线 2U、2V、2W、N。另外，在高压侧设有调节电压用的无励磁分接开关。

电力变压器铁芯采用三相三芯柱结构，如图 1-4 所示。这种铁芯结构简单，制造工艺性好，使用极为广泛。铁芯的芯柱和铁轭均由硅钢片叠成，叠好后，芯柱用绝缘带绑扎，铁轭由上下夹件夹紧。为了保持整体性，上下夹件间用拉螺杆紧固。铁芯叠片通过接地片与夹件连接实现接地。铁芯叠好后，把高低压线圈套在各相芯柱上，就装配出了器身。

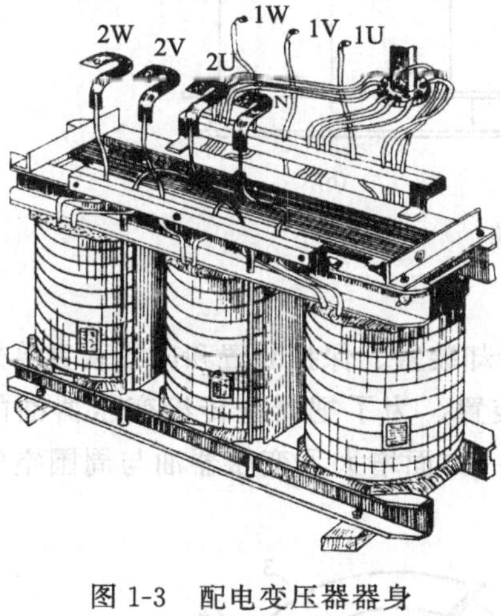

图 1-3 配电变压器器身

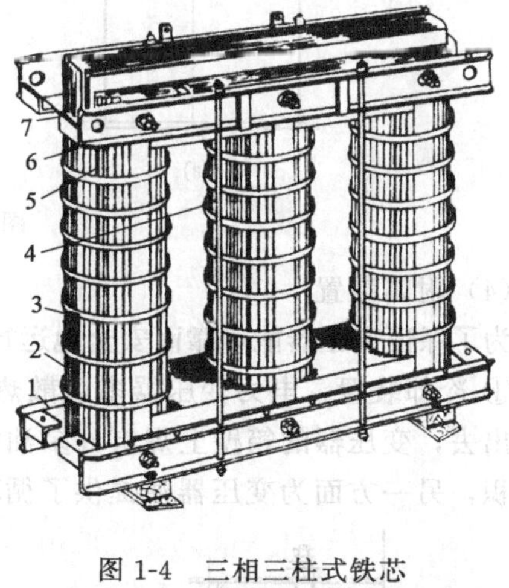

图 1-4 三相三柱式铁芯

1—下夹件；2—叠片铁芯；3—芯柱绑扎；4—拉螺杆；5—夹紧螺杆；6—上夹件；7—接地片

电力变压器线圈广泛采用同心式结构，同心式结构的特点是低压绕组套在铁芯柱上，高压绕组同心地套在低压绕组外面。电力变压器线圈都采用圆筒式绕法。圆筒式线圈结构如图 1-5 所示。它的绕法是把一根或几根并联的导线在绝缘纸筒上沿铁芯柱高度方向依次连续绕制而成。一般低压绕组用扁铜线绕成单层或双层［图 1-5(a)］；高压绕组用圆导线绕成多层［图 1-5(b)］。绕制时，在线圈某些层间用绝缘撑条垫入构成油道；低压绕组与铁芯之间、高低压绕组

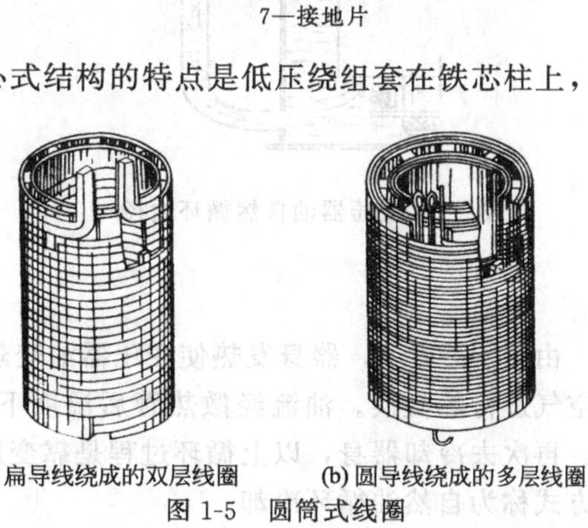

(a) 扁导线绕成的双层线圈　(b) 圆导线绕成的多层线圈

图 1-5 圆筒式线圈

之间也有相应的油道。

（3）油箱

油箱的作用是容纳变压器油，使器身在运行时浸泡在油中，以满足绝缘和散热的要求。油箱有箱式和钟罩式两种：如图 1-6 所示，箱式油箱的箱壁和箱底焊为整体，器身由螺杆吊在箱盖上，检修时，把箱盖连同器身一起吊出［图 1-6(a)］。装配时，箱盖和箱壁之间有耐油胶垫，用箱盖螺栓上紧，以防止变压器油泄漏。［图 1-6(b)］所示为钟罩式油箱，变压器器身用螺栓固定在箱底上，箱盖和箱壁制成一体，像一个钟罩扣在器身和箱底上。检修时，需先把箱内变压器油放出，然后吊起钟罩、露出器身。钟罩式一般用于大型变压器（器身重 15t 以上；容量在 5000kV · A 以上）。电力变压器广泛采用箱式油箱。

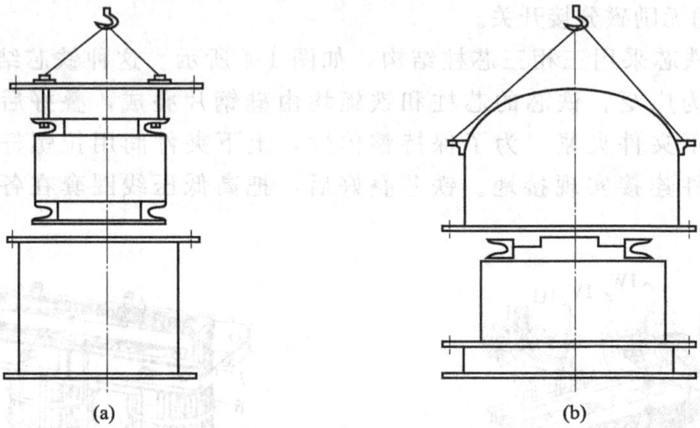

图 1-6　变压器油箱

（4）附属装置

为了保证变压器能可靠而安全地运行，它还附有冷却装置、保护装置和出线装置等部件。

① 冷却装置：电力变压器多以散热管作为冷却装置。为了把器身传给变压器油的热量散发出去，变压器的箱壁上焊有许多油管。这些油管一方面增大了变压器油与周围空气的散热面积，另一方面为变压器油提供了循环路径。

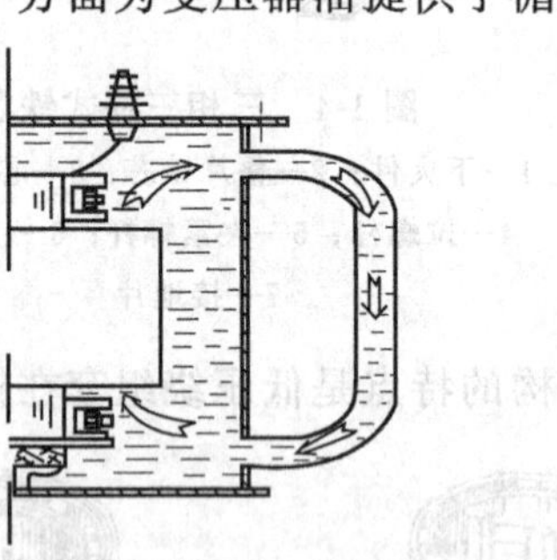

图 1-7　变压器油自然循环途径

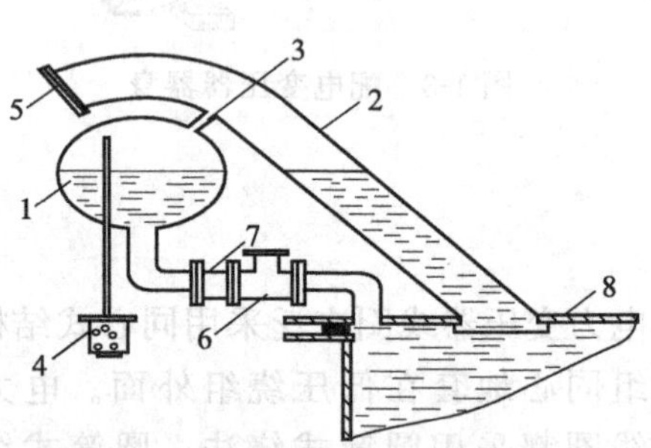

图 1-8　变压器保护装置的设置

1—油枕；2—安全气道；3—连通管；4—呼吸器；5—防爆膜；6—气体继电器；7—蝶形阀；8—箱盖

由图 1-7 可见，器身发热使变压器油变热，密度减小。热油在油箱内上升，进入散热管与空气进行热交换。油流经散热管后温度下降，密度增加。它沿散热管下降，重新进入油箱，再次去冷却器身，以上循环过程是靠变压器油受热后密度变化而自然完成的，故这种冷却方式称为自然油循环冷却。

为了增加散热面积，很多变压器的散热管采用扁管。对容量很小的电力变压器，为了简化制作工艺，也有在箱壁上焊一些散热的铁片（散热片）来扩大散热面积而不用散热管的。容量较大的变压器（≥2500kV·A），为了便于运输，把散热管做成可拆卸的形式，成为单独的散热器。以上各种变压器均为自然油循环冷却，属于油浸自冷式。

② 保护装置：保护装置包括储油柜、安全气道、吸湿器及气体继电器等。它们在变压器油箱盖上设置的情况见图 1-1～图 1-8。

储油柜也称为油枕。它设在箱盖上方，由管道与油箱连通。设置油枕后，变压器油面可以高于箱盖和套管，使变压器引线和套管内出线都浸在油中，增加了绝缘强度。同时，油枕也给变压器油的热胀冷缩提供了一个膨胀室。

吸湿器又称为呼吸器。它内部装有用氯化钴浸渍过的硅胶。硅胶的吸湿能力很强，在变压器油胀、缩时，油枕上部空间的空气通过吸湿器与大气交换，硅胶就会吸收掉这些空气中的水分。用氯化钴浸过的硅胶干燥时为蓝色，吸湿饱和后变为红色。运行中可根据颜色的变化来判断是否应更换硅胶。

气体继电器又称为瓦斯继电器。它装在油枕与油箱间的管道中。当变压器油箱内产生电弧、局部高热等内部故障时，会出现大量气体，造成变压器油气流通过气体继电器使它动作。根据故障程度不同，气体继电器或作用于发信装置发出警告信号，或作用于跳闸回路使变压器从电网中断开，起到保护作用。

安全气道又称为防爆管。它的下部分与油箱连通，上部与油枕膨胀室连通。防爆管顶部用 2～3mm 的玻璃密封，形成防爆膜。当变压器发生严重内部故障时，产生大量油气，使油枕和安全气道上部压力骤增，玻璃破裂，油气喷出，防止了油箱爆裂的重大事故。

除以上各装置外，油枕侧面还装有显示油面高低的油表，箱盖上装有温度计。

③ 出线装置：变压器线圈的高低压出线，必须穿过油箱盖与电网连接。这些出线既需要与油箱间绝缘，又需要得到必要的支承。高低压套管构成了变压器的出线装置，由它们担任出线的绝缘和支承。

低压套管通常采用图 1-9 的结构。这种套管称为复合瓷绝缘式套管。它由装在箱盖上面的上瓷套管 6 和装在箱盖下面的下瓷套管 9 两部分构成。二者中间夹着箱盖钢板。导电杆 10 为一螺杆，既导电又通过螺母把上、下瓷套夹紧。纸垫圈 8 和 11 起缓冲作用，避免压紧时损坏瓷套。瓷套管的接线形式因导通电流的大小不同而不同。图 1-9(a) 中套管上部采用杆式接线，下部用一片软铜皮连接，适用于工作电流≤600A 的场合；图 1-9(b) 上部为板式接线，下部用两片软铜皮，适用于电流为 800～1200A 的场合；图 1-9(c) 中，上、下部均采用板式接线，适用于电流为 2000～3000A 的场合。

高压瓷套管一般采用图 1-10 的结构，该瓷套与前述低压套管不同，它只有一个瓷套构成，通常称为单体绝缘瓷套管。该套管中部制有台阶，以便能通过夹持法兰和压钉把它压紧、固定在箱盖上。在瓷套与箱盖压接处设有密封垫，以防止变压器油泄漏。导电杆贯穿套管上下，其上、下部的接线方式是采用杆式或是板式，仍以工作电流大小来确定。在导通电流较大时，套管内应充满变压器油，以增加散热和提高绝缘能力。

1.2.2 变压器的工作原理

从原理上讲，三相变压器可以由三个单相变压器并联而成，所以我们可从单相变压器的原理出发去学习三相变压器。

(1) 单相变压器的空载运行

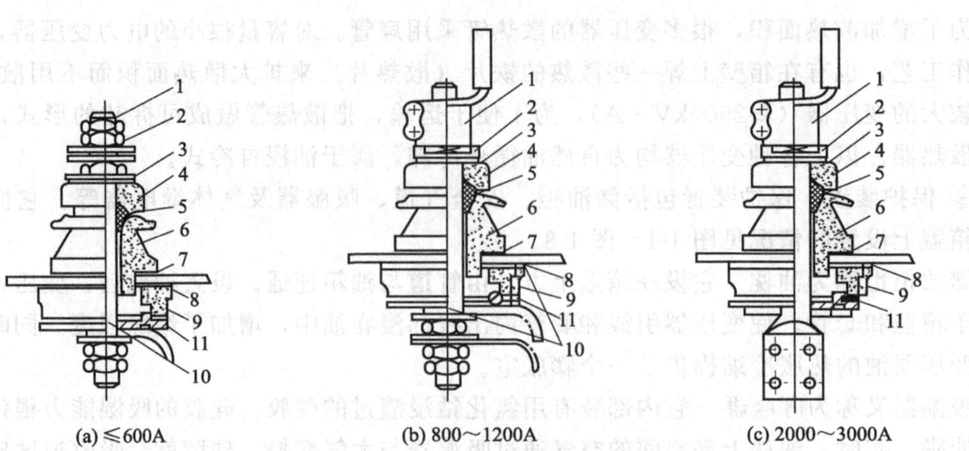

(a) ≤600A　　(b) 800～1200A　　(c) 2000～3000A

图 1-9　复合瓷绝缘套管

1—接线头；2—圆螺母；3—衬垫；4—瓷盖；5—密封环；6—上瓷套管；7—密封垫圈；8,11—纸垫圈；9—下瓷套管；10—导电杆

变压器原绕组接上交流电源，副绕组不接负载时的工作状态，称为空载运行。

如图 1-11 为单相变压器空载运行时的示意图。原绕组中的电流称为空载电流 i_0，又称为励磁电流。一般变压器的空载电流很小，电力变压器的空载电流是原边额定电流的3%～8%。

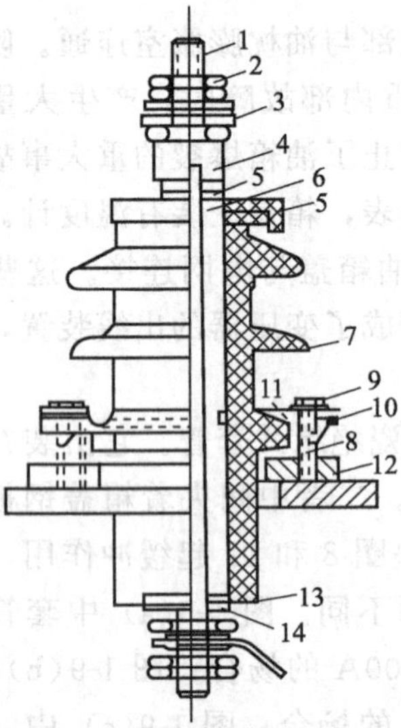

图 1-10　单体绝缘瓷套管

1—导电杆；2,9—螺母；3—垫圈；4—铜套；5—衬垫；6—瓷盖；7—瓷伞；8—螺杆；10—夹持法兰；11—压钉；12—钢板；13—绝缘垫圈；14—铜垫圈

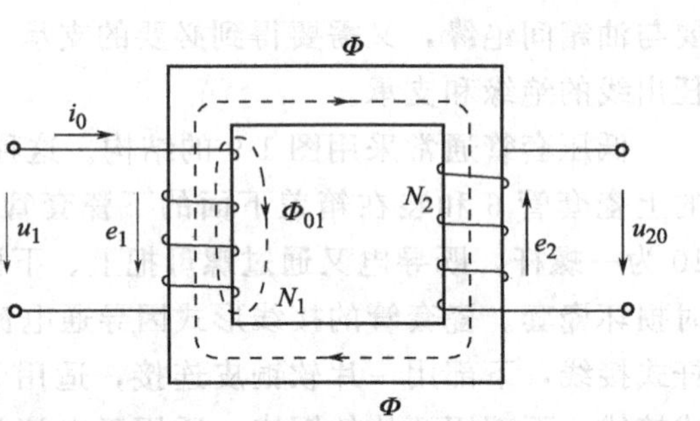

图 1-11　变压器的空载运行

空载时，原绕组的磁动势 i_0N_1，产生的磁通大部分通过铁芯磁路交链着原、副绕组，称为主磁通。只有少量的磁通经过空气或变压器油与原绕组交链，称为漏磁通。漏磁通很小，可忽略不计。

由于磁动势按正弦规律变化（i_0N_1 中电流 i_0 按正弦规律变化），其产生的磁通也按正弦规律变化。设 $\Phi=\Phi_m \sin\omega t$，Φ_m 为主磁通的最大值。根据电磁感应，在原、副绕组中分别产生感应电动势

$$e_1 = -N_1 \mathrm{d}\Phi/\mathrm{d}t = -N_1 \mathrm{d}\Phi_m \sin\omega t/\mathrm{d}t$$
$$= -N_1 \omega \Phi_m \cos\omega t = E_{1m} \sin(\omega t - 90°) \quad (1\text{-}1)$$
$$e_2 = -N_2 \mathrm{d}\Phi/\mathrm{d}t = E_{2m} \sin(\omega t - 90°) \quad (1\text{-}2)$$

它们的有效值分别为

$$E_1 = E_{1m}/\sqrt{2} = N_1 \omega \Phi_m/\sqrt{2} = 4.44 N_1 f \Phi_m \quad (1\text{-}3)$$
$$E_2 = E_{2m}/\sqrt{2} = 4.44 N_2 f \Phi_m \quad (1\text{-}4)$$

式(1-3) 除以式(1-4) 得

$$E_1/E_2 = 4.44 N_1 f \Phi_m/(4.44 N_2 f \Phi_m) = N_1/N_2 = k \quad (1\text{-}5)$$

若忽略原绕组的电阻压降（I_0 很小）:

$$E_1 \approx U_1$$
$$E_2 = U_{20}$$

则得

$$U_1/U_{20} \approx E_1/E_2 = N_1/N_2 = k \quad (1\text{-}6)$$

称 k 为变压器的变压比。当 $k>1$，即 $U_1>U_{20}$ 时，为降压变压器；当 $k<1$，即 $U_1<U_{20}$ 时，为升压变压器。由此可见，变压器具有变换电压的作用。

(2) 单相变压器的有载运行

原绕组接上交流电源，副绕组接上负载，称为变压器有载运行。

变压器有载运行时，副绕组中也有电流，如图 1-12。在忽略了副绕组的阻抗压降时，副边电压

$$U_2 \approx U_{20} = E_2$$

由式(1-3) 可得

$$U_1 \approx E_1 = 4.44 f N_1 \Phi_m \quad (1\text{-}7)$$

式(1-7) 是反映变压器基本原理的重要公式。可以看出，在电源电压 U_1 及频率 f 不变的情况下，不论变压器是空载运行还是有载运行，铁芯中的主磁通 Φ 基本不变。

变压器有载运行时，铁芯中的磁通由原、副绕组的磁动势共同产生。

即
$$i_1 N_1 + i_2 N_2 = i_0 N_1 \quad (1\text{-}8)$$

式(1-8) 为变压器的磁动势平衡方程式。

由于空载电流 i_0 很小，故 $i_0 N_1$ 也很小，可忽略，则上式可写成

$$i_1 N_1 \approx -i_2 N_2 \quad (1\text{-}9)$$

对应有效值关系为

$$I_1 N_1 \approx I_2 N_2 \quad (1\text{-}10)$$
$$I_1/I_2 \approx N_2/N_1 = 1/k \quad (1\text{-}11)$$

变压器有载运行时，原、副绕组中的电流比等于变压比的倒数。

由此可见，变压器具有变换电流的作用。

由式(1-9) 可以看出，变压器原、副绕组的磁动势是反相的，即副边磁动势 $i_2 N_2$ 所产生的磁通总是起着抵消原绕组磁动势 $i_1 N_1$ 所产生的磁通的作用。为了保持铁芯中的主磁通基本不变，当副边电流增大时，原绕组中电流相应地增加，从而使电源的电能以主磁通为媒介，通过电磁感应，传递给负载。

变压器有载运行时，在原绕组外加电源电压不变的情况下，副边负载电流增大时，副绕组的内压降相应地增大，副绕组的端电压相应地下降。变压器副绕组的端电压随负载电流的变化而变化的特性，称为变压器的外特性，它的图像称为变压器的外特性曲线，如图 1-13。

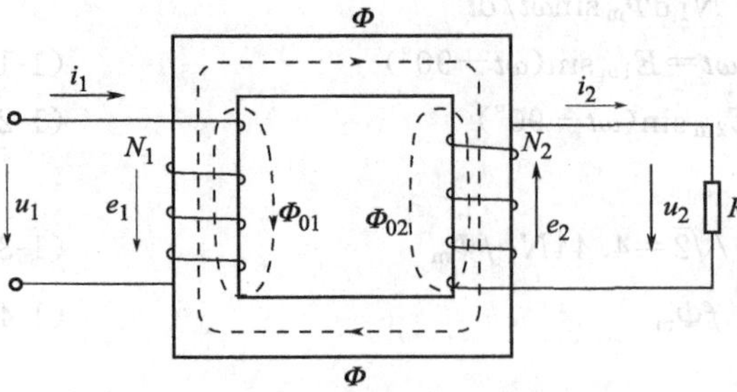

图 1-12　变压器有载运行

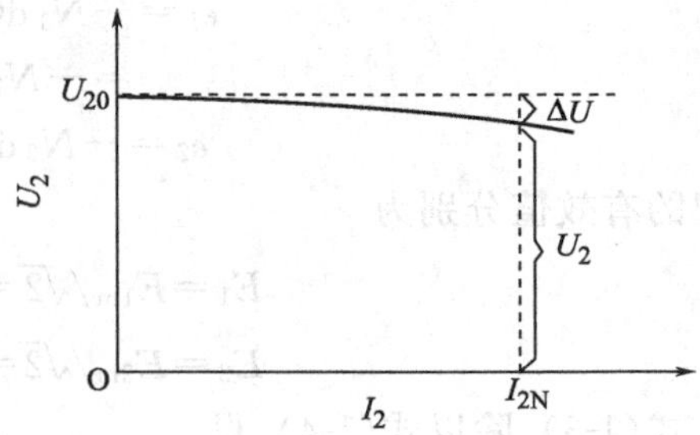

图 1-13　变压器的外特性曲线

电力变压器从空载到满载，端电压的变化约为副边额定电压的 4%～6%。

图 1-14(a) 为变压器副边接上阻抗为 Z 的负载的原理图。在忽略原、副绕组的阻抗时，副边电流为

$$I_2 = U_2 / Z$$

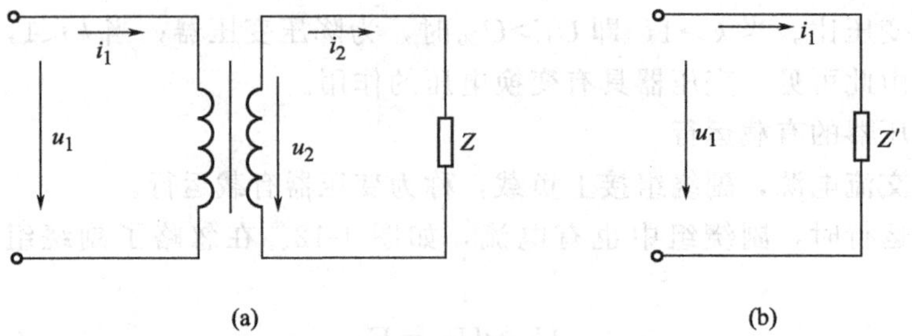

图 1-14　变压器的阻抗变换

从原绕组看进去，等效电路如图 1-14(b)，即

$$Z' = U_1 / I_1 = kU_2 \cdot k / I_2 = k^2 \cdot U_2 / I_2 = k^2 Z \tag{1-12}$$

式(1-12) 表明，反映到原边的阻抗值 Z' 近似为副边阻抗值 Z 的 k^2 倍。

由此可见，变压器具有变换阻抗的作用。

在电子技术中，常用输出变压器对负载进行阻抗变换，以使负载获得最大功率。这种做法称为阻抗匹配。

(3) 变压器的额定值

① 额定电压：根据变压器的绝缘强度和允许温升，而规定的加在原绕组上的电压称为原边额定电压。原绕组加上额定电压时，副绕组的空载电压称为副边额定电压。分别用 U_{1N} 和 U_{2N} 表示。三相变压器中，原、副边额定电压都是指线电压。

② 额定电流：变压器原绕组加上额定电压 U_{1N} 时，根据变压器允许温升而规定的原、副绕组中长时间允许通过的最大电流称为额定电流。分别用 I_{1N} 和 I_{2N} 表示。若电流超过额定值，则由于发热过多而使变压器的绝缘受到损害。三相变压器的额定电流是指线电流。

③ 额定容量：单相变压器副绕组的额定电压与额定电流的乘积称为单相变压器的额定容量。变压器的额定容量用 S_N 表示，即

单相：$S_N = U_{2N} I_{2N}$ (1-13)

单位为 V·A。

单相变压器原、副边的额定容量近似相等：

$$S_N = U_{2N} I_{2N} = kI_{1N} U_{1N} / k = U_{1N} I_{1N} \tag{1-14}$$

三相电力变压器的额定容量为：

$$S_N = \sqrt{3}U_{2N}I_{2N} \tag{1-15}$$

单位常用 kV·A。

（4）三相变压器

三相变压器用于电力系统，用以变换电压和变换电流。

① 结构和绕组连接：三相变压器的铁芯有三个芯柱。每相的高、低压绕组绕在同一个铁芯柱上，由同一磁通联系起来。三相高压绕组和三相低压绕组完全对称。

三相变压器的原、副绕组可以分别接成星形和三角形。我国规定的五种标准连接组是：Y，yn0、Y，y0、YN，y0、Y，d11 和 YN，d11。其中 Y、y 分别表示高、低压绕组为星形连接；d 表示低压绕组为三角形连接；N、n 分别表示高、低压绕组接中线；0、11 分别表示原、副绕组线电压的相位差为 0°和 30°。

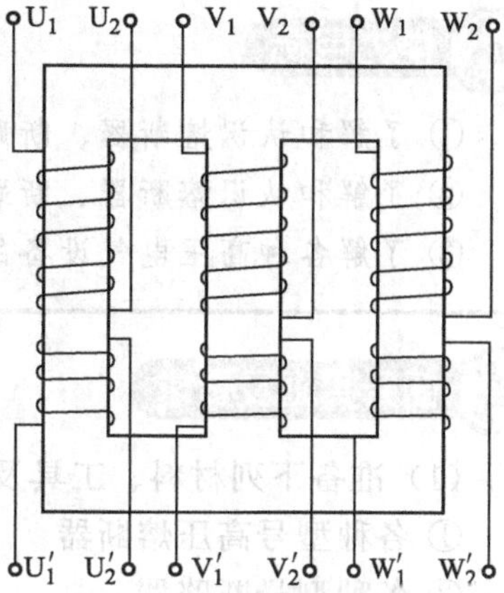

图 1-15　三相变压器铁芯和绕组

图 1-15 为三相变压器的铁芯和绕组，对于原边绕组，如果把 U_2、V_2、W_2 三个端子连接在一起，把 U_1、V_1、W_1 三个端子去接电源，原绕组便接成星形；如果把 U_2、V_2、W_2 三个端子分别与 V_1、W_1、U_1 三个端子连接，并从三个连接点引出三根线去接电源，原绕组便接成三角形。同理，对于副边绕组，如果把 U_2'、V_2'、W_2'三个端子分别与 V_1'、W_1'、U_1'三个端子连接，并从三个连接点引出三根线去接负载，副绕组便接成三角形。如果把 U_2'、V_2'、W_2'三个端子连接在一起，把 U_1'、V_1'、W_1'三个端子去接负载，副绕组便接成星形；如果把 U_2'、V_2'、W_2'三个端子连接在一起接入中线，把 U_1'、V_1'、W_1'三个端子去接负载，副绕组便接成星形三相四线制。

② 变压器的铭牌：三相电力变压器的铭牌上，一般标有型号，连接组别，额定容量，高、低压侧额定电压及额定电流，阻抗压降等。图 1-16 是一台三相变压器的铭牌。

电 力 变 压 器

型式S9-1000/10　　连接组Y·yn0
相数3相　　总重3700kg
频率50Hz　　出厂　年　月　日

容　量	高压侧		低压侧		阻抗压降
kV·A	V	A	V	A	%
1000	10500 10000 9500	58	400	1445	4.5

××变压器厂

图 1-16　电力变压器的铭牌

【思考与练习】

1. 变压器主要由哪几部分组成？

2. 变压器的器身包括哪几部分？

3. 变压器的额定参数有哪些？

4. 变压器的基本原理是什么？

任务 1.3 认识高压电气设备

能力目标

① 了解和认识熔断器、断路器、隔离开关、互感器等高压电气设备的名称、型号。

② 了解和认识熔断器、断路器、隔离开关、互感器等高压电气设备的结构。

③ 了解各种高压电气设备的作用、使用场合及注意事项。

任务实施及要求

（1）准备下列材料、工具及设备：

① 各种型号高压熔断器　　若干；

② 各种型号断路器　　若干；

③ 各种型号隔离开关　　若干；

④ 各种型号互感器　　若干；

⑤ 各种型号扳手　　若干；

⑥ 各种型号起子　　若干。

（2）任务实施

① 根据各种高压电气设备的实物，指导学生认识和熟悉各种设备的外形及型号。

② 对能拆卸的高压电气设备，组织学生进行拆装，让学生了解和认识这些高压电气设备的内部结构。

③ 教师给学生讲解这些高压电气设备的作用、使用场合及注意事项。

（3）要求

① 正确使用扳手、起子等工具。

② 正确拆卸和装配能拆卸的高压电气设备。

③ 注意人身安全和设备安全。

④ 分 10～15 人为一组，由实训教师和理论老师带领，组织拆卸学习及讲授。

考核标准及评价

① 能一一对应地说出每种设备的名称及型号 50 分，错误时酌情扣分。

② 能正确说出每种设备的作用、使用场合及注意事项 50 分，错误时酌情扣分。

相关知识介绍

1.3.1 高压熔断器

熔断器是一种在通过的电流超过规定值时使其熔体熔化而切断电路的保护电器。熔断器的功能主要是对电路及其电气设备进行短路保护，但也有的具有过负荷保护的功能。

在 6kV 以上高压电路中使用的熔断器称为高压熔断器。

在 6～10kV 系统中，户内广泛采用 RN1、RN2 型管式熔断器，户外则广泛采用 RW4 型跌落式熔断器。

RN1 和 RN2 的结构基本相同，均为瓷质熔管内充有石英砂填料的密闭管式熔断器。

RN1 用作高压电力线路及其设备的短路保护，也能进行过负荷保护。RN1 型最大断流容量为 200MV·A，额定电压有 3、6、10、35（kV）四种规格，额定电流为 2～200A 不等。而 RN2 型只用作电压互感器的短路保护，其额定电压规格与 RN1 型相同，额定电流只有 0.5A 一种规格，但最大断流容量却可达 1000MV·A。图 1-17 和图 1-18 分别为 RN 型管式熔断器的外形图和熔管剖面示意图。

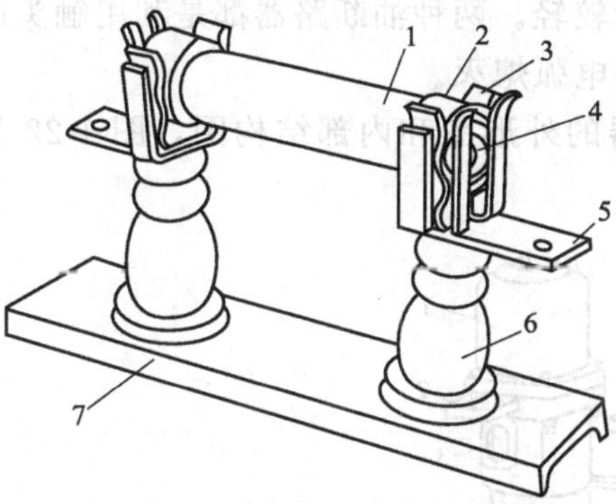

图 1-17　RN1、RN2 型高压管式熔断器

1—瓷熔管；2—金属管帽；3—弹性触座；4—熔断指示器；5—接线端子；6—瓷绝缘子（支柱瓷瓶）；7—底座

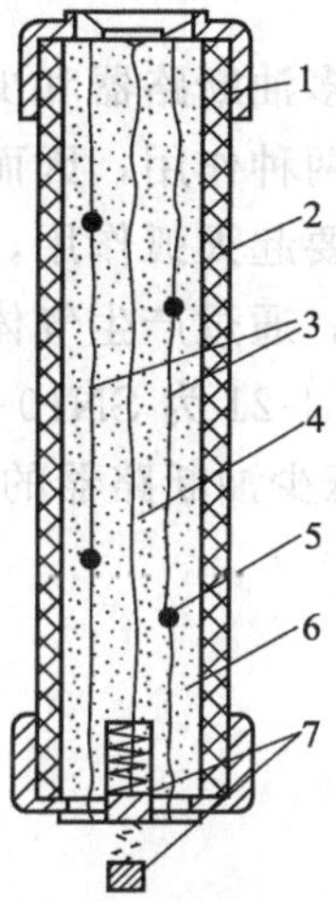

图 1-18　RN1、RN2 型高压管式熔断器的熔管剖面示意图

1—金属管帽；2—瓷熔管；3—工作熔体；4—指示熔体；5—锡球；6—石英砂填料；7—熔断指示器（虚线表示指示器在熔体熔断时弹出）

RW4 型户外跌落式熔断器，一般作为 6～10kV 电力线路和变压器的短路保护。同时还可以用来隔离电源，以保证安全检修。图 1-19 是 RW4-10 型高压跌落式熔断器的基本结构。这种熔断器的结构特点是熔断器熔管内衬以消弧管，熔丝在过负荷或短路电流的作用下熔断时，在管内产生电弧。此刻管内壁纤维质物质受高温产生大量气体，高速向管外喷出，电弧被强烈地去游离，当电流过零时电弧熄灭。熔丝一旦熔断，熔管靠自身重量绕下端的轴自行跌落，造成明显可见的断开间隙。根据系统运行的需要，这种熔断器的熔管可以利用高压绝缘钩棒进行操作分闸和合闸。但由于它没有专门的灭弧装置，因此不能带负荷操作。

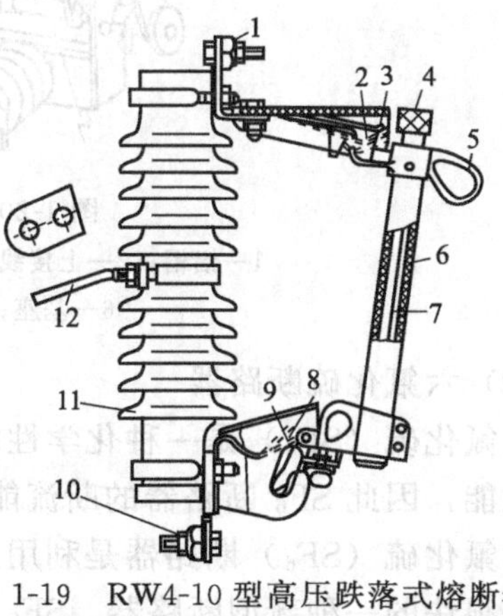

图 1-19　RW4-10 型高压跌落式熔断器

1—上接线端子；2—上静触头；3—动触头；4—管帽（带薄膜）；5—操作环；6—熔管（外层为酚醛纸管或环氧玻璃布管，内衬纤维质消弧管）；7—铜熔丝；8—下动触头；9—下静触头；10—下接线端子；11—绝缘瓷瓶；12—固定安装板

RW4-10 型跌落式熔断器，额定电压为

10kV，其熔丝额定电流规定为3～200A共十三个等级。由于其灭弧能力不强，灭弧速度较慢，所以属非限流式熔断器。

1.3.2 高压断路器

高压断路器是供电系统中最重要的电气设备之一。高压断路器具有相当完善的灭弧装置，其用途是使高压电路在正常负荷下接通和断开，在发生短路故障时，通过继电保护装置的作用将故障线路自动断开，使非故障部分正常运行。

高压断路器按安装地点不同分为户内断路器和户外断路器，按其结构和灭弧方法分为油断路器、六氟化硫断路器、真空断路器、压缩空气断路器、磁吹断路器等多种类型。在此重点介绍油断路器、六氟化硫断路器、真空断路器。

（1）油断路器

油断路器分为多油断路器和少油断路器两种。多油断路器的特点是油箱内充油较多，油介质起灭弧和绝缘两种作用，因而体积大，笨重，目前已用得很少。少油断路器的特点是充油较少，油介质主要起灭弧作用，因此体积较小，重量较轻。两种油断路器都是利用触头产生的电弧使油分解，通过产生气体的吹动和冷却作用将电弧熄灭。

如图1-20和图1-21为SN10-10型高压少油断路器的外形图和内部结构图，图1-22为SW6-110GA型高压少油断路器的外形图。

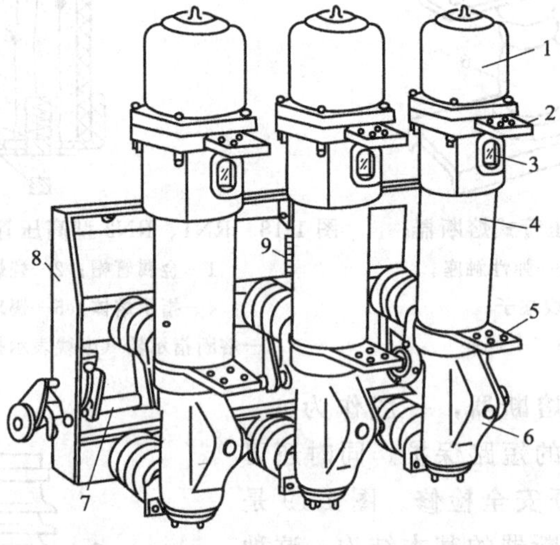

图1-20　SN10-10型高压少油断路器

1—铝帽；2—上接线端子；3—油标；4—绝缘筒；5—下接线端子；6—基座；7—主轴；8—框架；9—断路弹簧

（2）六氟化硫断路器

六氟化硫（SF_6）是一种化学性能稳定的惰性气体。由于SF_6具有优良的灭弧性能和电绝缘性能，因此SF_6断路器的断流能力强，灭弧速度快，适于频繁操作。

六氟化硫（SF_6）断路器是利用SF_6气体作为灭弧介质和绝缘介质的断路器。这是近年来发展很快的一种新型断路器。SF_6的绝缘强度是空气的2.5～3倍，其灭弧能力比空气高几十倍到几百倍，所以利用简单的灭弧机构就可以达到很高的技术参数。

图1-23为LN2-10型SF_6断路器外形图，图1-24为FA2-252型SF_6断路器单相剖面图。

六氟化硫断路器与油断路器比较，具有下列优点：断流能力强，灭弧速度快，电绝缘性能好，适于频繁操作，且无燃烧爆炸危险。目前，主要应用在需频繁操作及有易燃易爆危险

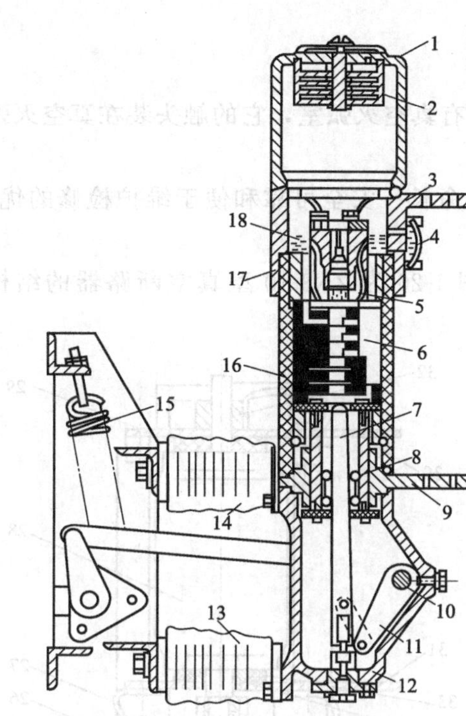

图 1-21　SN10-10 型高压少油断路器的油箱内部结构

1—铝帽；2—油气分离器；3—上接线端子；4—油标；
5—静触头（插座式）；6—灭弧室；7—动触头（导电杆）；
8—中间滚动触头；9—下接线端子；10—转轴；
11—拐臂；12—基座；13—下支柱绝缘子；
14—上支柱绝缘子；15—断路弹簧；16—绝缘筒；
17—逆止阀；18—绝缘油

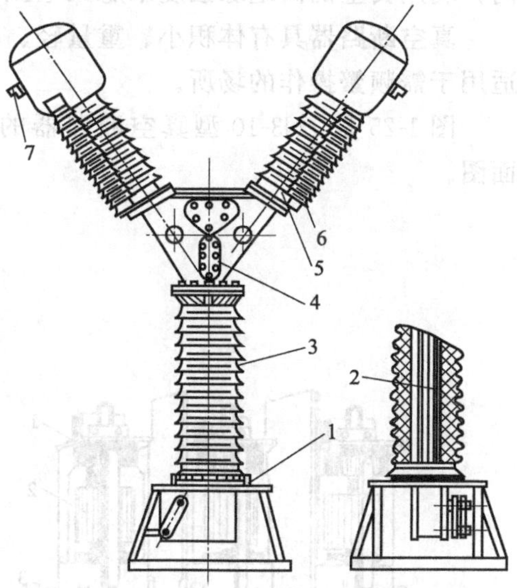

图 1-22　SW6-110GA 型少油断路器外形图

1—底架；2—提升杆；3—支柱瓷瓶；
4—中间机构箱；5—灭弧室；
6—均压电容；7—接线板

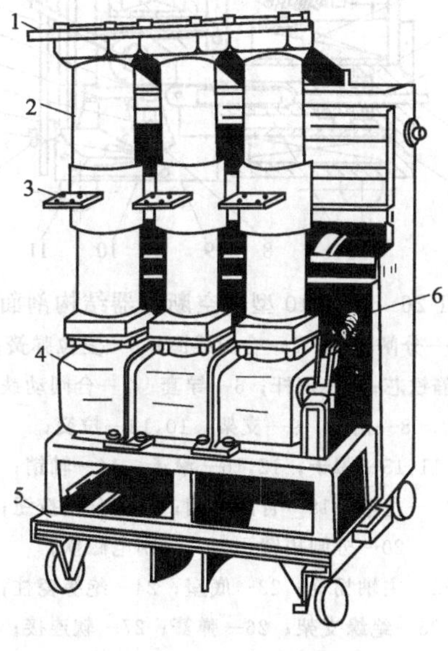

图 1-23　LN2-10 型 SF_6 断路器

1—上接线端子；2—绝缘筒（内为气缸及触头系统）；
3—下接线端子；4—操动机构箱；
5—小车；6—断路弹簧

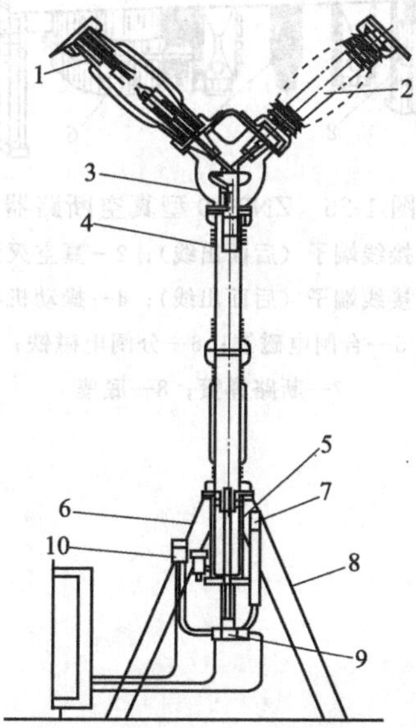

图 1-24　FA2-252 型 SF_6 断路器单相剖面图

1—灭弧室；2—均压电容器；3—三联箱；4—支柱；
5—连接座；6—密度继电器；7—主储压器；
8—工作缸；9—供排油阀；10—辅助油箱

的场所。

(3) 真空断路器

真空断路器是一种利用真空灭弧的断路器。内有真空灭弧室，它的触头装在真空灭弧室内，利用真空的高绝缘强度来熄灭电弧。

真空断路器具有体积小、重量轻、动作快、寿命长、安全可靠和便于维护检修的优点，适用于需频繁操作的场所。

图 1-25 是 ZN3-10 型真空断路器的外形图，图 1-26 为 ZN3-10 型真空断路器的结构剖面图。

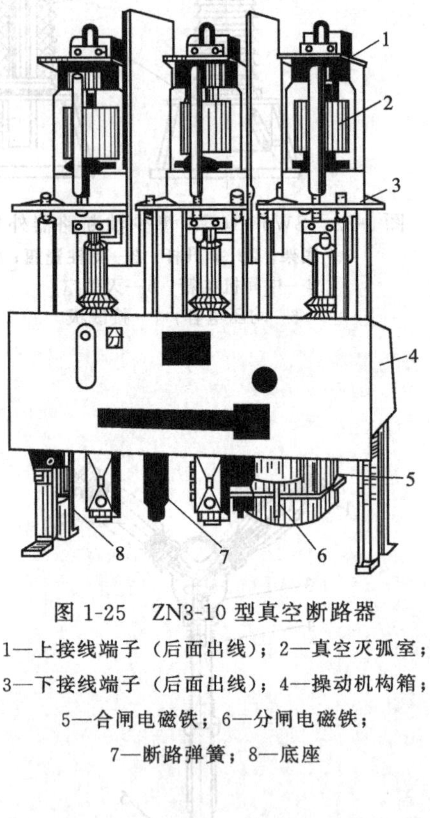

图 1-25　ZN3-10 型真空断路器

1—上接线端子(后面出线)；2—真空灭弧室；3—下接线端子(后面出线)；4—操动机构箱；5—合闸电磁铁；6—分闸电磁铁；7—断路弹簧；8—底座

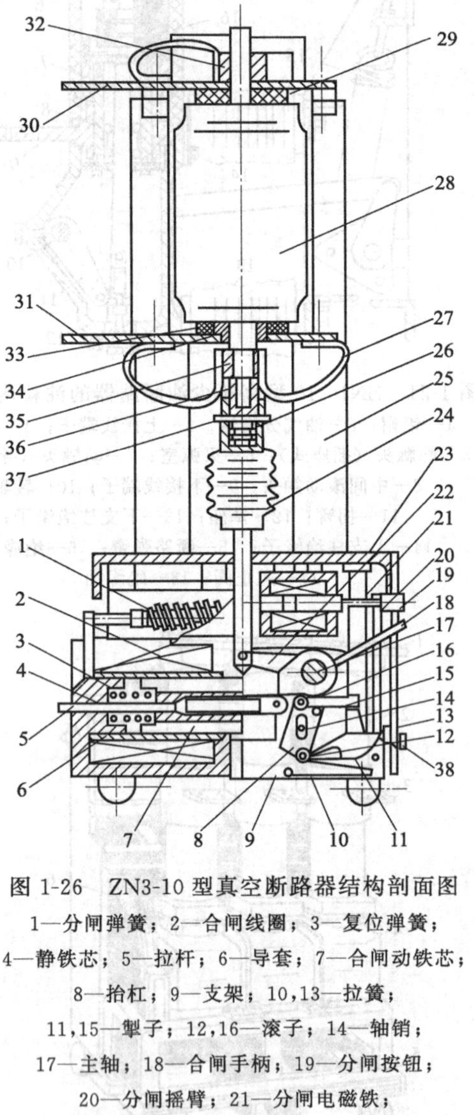

图 1-26　ZN3-10 型真空断路器结构剖面图

1—分闸弹簧；2—合闸线圈；3—复位弹簧；4—静铁芯；5—拉杆；6—导套；7—合闸动铁芯；8—抬杠；9—支架；10,13—拉簧；11,15—掣子；12,16—滚子；14—轴销；17—主轴；18—合闸手柄；19—分闸按钮；20—分闸摇臂；21—分闸电磁铁；22—主轴拐臂；23—底座；24—绝缘瓷柱；25—绝缘支架；26—弹簧；27—软连接；28—真空灭弧室；29—橡胶垫；30—上压板；31—下压板；32—上导电夹；33—橡胶垫；34—导套；35—下导电夹；36—连接头；37—带孔销；38—调节螺钉

（4）压缩空气断路器

压缩空气断路器是利用压缩空气作为灭弧介质。压缩空气有三方面作用：一是吹弧，使电弧冷却而熄灭；二是作为触头断开后的绝缘介质；三是为分合闸操作提供气动动力。这种断路器技术性能优越；但设备复杂。

（5）磁吹断路器

磁吹断路器在断路时，利用自身流过的电流产生的电磁力，将电弧拉长并进入灭弧室内灭弧。这种断路器性能较差，目前较少采用。

1.3.3 高压隔离开关

高压隔离开关主要用于隔离高压电源，将线路中的高压电气设备与带电部分可靠地断开，使其有一个明显可见的断开点，确保其它高压电气设备及工作人员安全检修。在供配电系统中，利用隔离开关可进行倒闸操作。但由于高压隔离开关没有灭弧装置，因此不得带负荷操作。

在小电流电路中，高压隔离开关可直接接通或断开电路。如：

① 接通或断开电压互感器和阀型避雷器；

② 接通或断开 35kV 不超过 10km 距离的空载输电线路；

③ 接通或断开 10kV 不超过 5km 距离的空载输电线路；

④ 接通或断开 1000kV·A/35kV，3200kV·A/110kV 及以下的空载变压器。

图 1-27 为 GN8-10/600 型高压隔离开关结构图，图 1-28 为 GW5-110D 型高压隔离开关结构图。

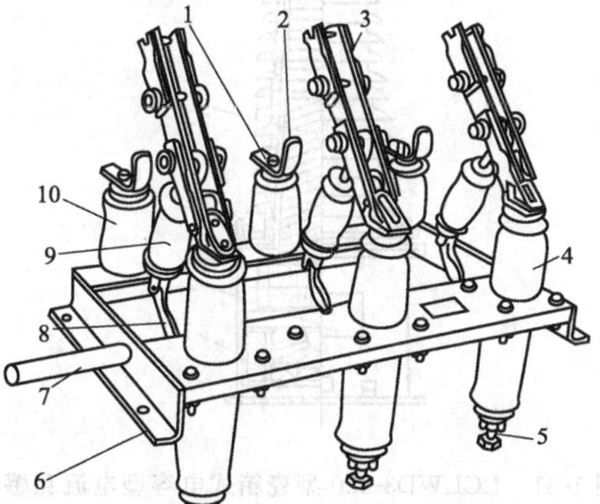

图 1-27 GN8-10/600 型高压隔离开关

1—上接线端子；2—静触头；3—闸刀；4—套管绝缘子（GN6 型为支柱绝缘子）；5—下接线端子；6—框架；7—转轴；8—拐臂；9—升降绝缘子；10—支柱绝缘子

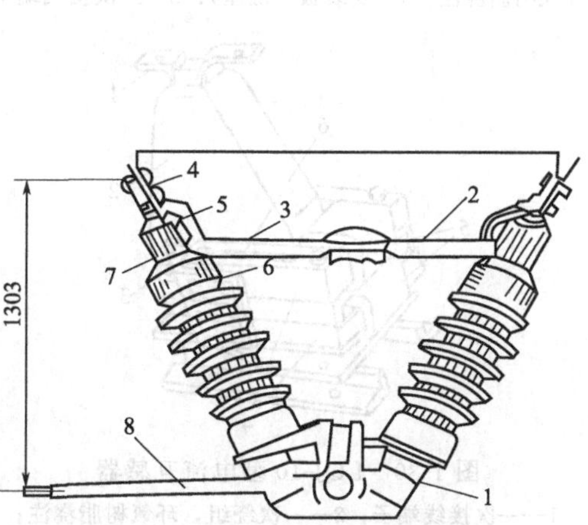

图 1-28 GW5-110D 型高压隔离开关

1—底座；2,3—闸刀；4—接线端子；5—挠性连接导体；6—棒式绝缘子；7—支承座；8—接地刀闸

1.3.4 互感器

互感器含电流互感器和电压互感器，是电流互感器和电压互感器的统称。从其基本结构和工作原理来说，互感器是一种特殊的变压器。它是一次电路和二次电路之间的联络元件，用以分别向测量仪表、继电器的电流线圈和电压线圈供电。

(1) 电流互感器

电流互感器的结构特点是，一次绕组匝数很少（可少到 1 匝），而二次绕组匝数很多。其一次绕组串联接入一次电路，而二次绕组则与仪表、继电器等电流线圈串联，形成一个闭合回路。由于二次电路中仪表、继电器的电流线圈阻抗很小，所以电流互感器工作时其二次电路近于短路状态。二次绕组的额定电流一般为 5A。

电流互感器在三相电路中常用的结线方式有一相式结线、两相 V 形结线和两相电流差结线三种。

在使用电流互感器时其二次侧不允许开路，且二次侧有一端必须接地，在连接时，要注意其端子的极性。

图 1-29 为 LMZJ1-0.5 型电流互感器，图 1-30 为 LQJ-10 型电流互感器，图 1-31 为 LCLWD3-220 型瓷箱式电容型电流互感器。

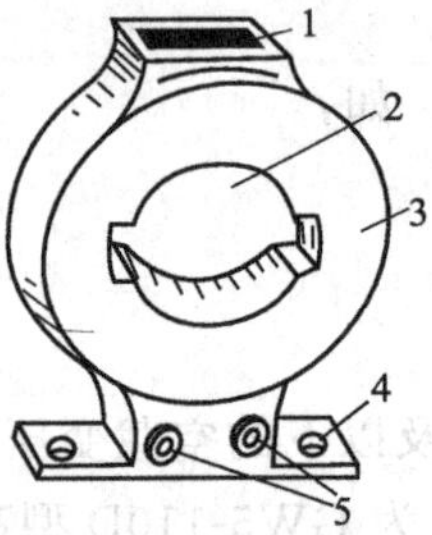

图 1-29　LMZJ1-0.5 型电流互感器

1—铭牌；2—一次母线穿孔；3—铁芯；外绕二次绕组，环氧树脂浇注；4—安装板（底座）；5—二次接线端子

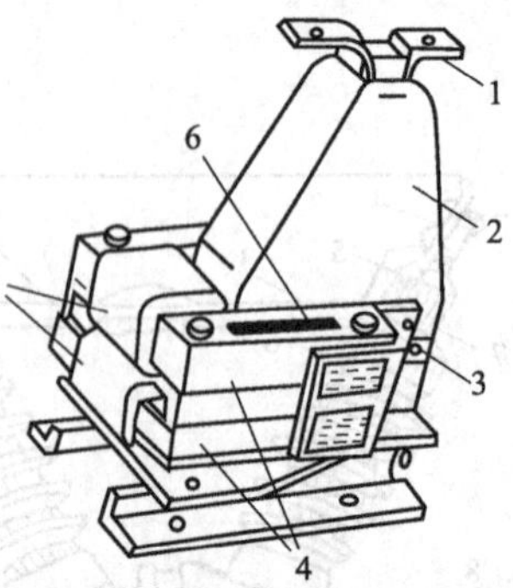

图 1-30　LQJ-10 型电流互感器

1—一次接线端子；2—一次绕组，环氧树脂浇注；3—二次接线端子；4—铁芯（两个）；5—二次绕组（两个）；6—警告牌（上写“二次侧不得开路”等字样）

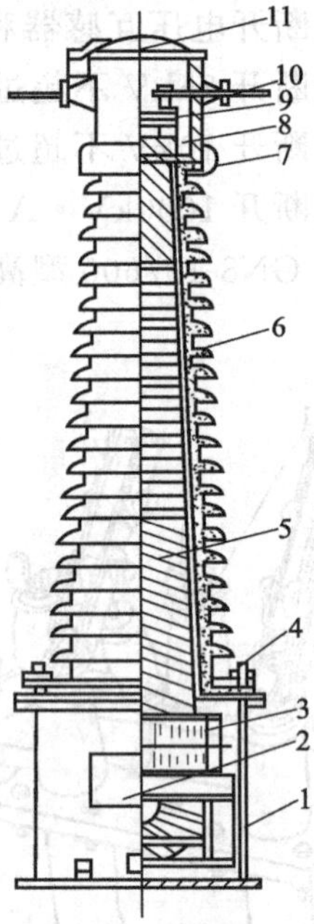

图 1-31　LCLWD3-220 型瓷箱式电容型电流互感器

1—油箱；2—二次接线盒；3—环形铁芯及二次绕组；4—压圈式卡接装置；5—U 字形一次绕组；6—瓷套；7—均压护罩；8—储油柜；9—一次绕组切换装置；10—一次出线端子；11—呼吸器

(2) 电压互感器

电压互感器的结构特点是：一次绕组匝数很多，而二次绕组匝数较少，相当于降压变压器。其一次绕组并联在一次电路中，而二次绕组则并联在仪表、继电器的电压线圈上。由于二次侧所接仪表、继电器等的电压线圈阻抗很大，所以电压互感器工作时二次回路近于空载状态。二次绕组的额定电压一般为 100V。

电压互感器在三相电路中常用的结线方式有一个单相电压互感器的结线、两个单相电压互感器V/V形结线、三个单相电压互感器接成Yo/Yo形结线、三个单相三绕组电压互感器或一个三相五芯柱三绕组电压互感器接成 Yo/Yo/△（开口三角形）结线。

在使用电压互感器时其二次侧不允许短路，且二次侧有一端必须接地，在连接时，要注意其端子的极性。

图 1-32 为 JDZJ-10 型电压互感器，图 1-33 为 JCC1-110 型串级式电压互感器结构剖面图。

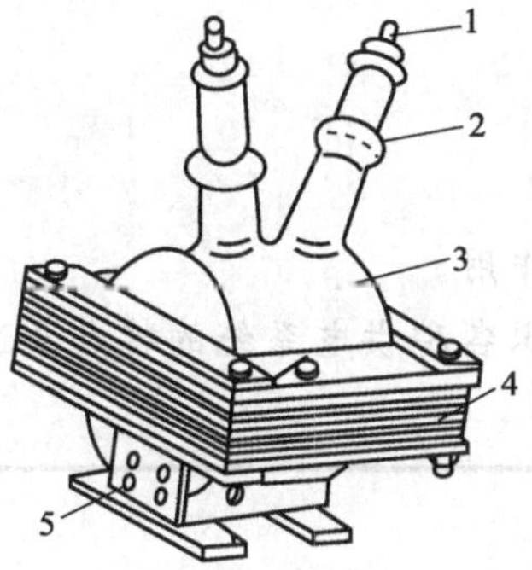

图 1-32　JDZJ-10 型电压互感器

1—一次接线端子；2—高压绝缘套管；3—一、二次绕组，环氧树脂浇注；4—铁芯；5—二次接线端子

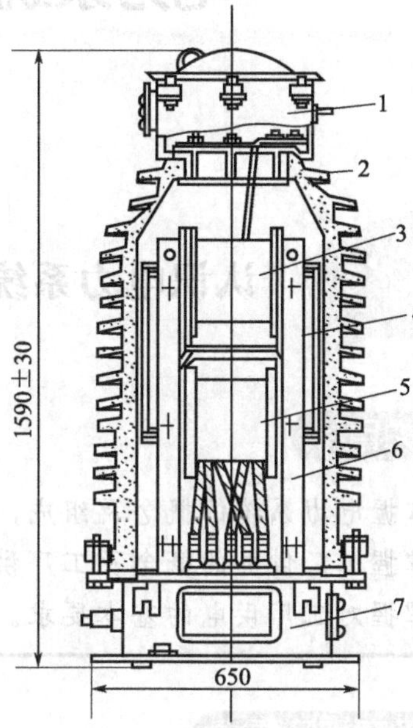

图 1-33　JCC1-110 型串级式电压互感器结构剖面图

1—油扩张器；2—瓷外壳；3—上柱绕组；4—铁芯；5—下柱绕组；6—支撑电木板；7—底座

【思考与练习】

1. 熔断器有哪些功能？常用的 RN1 型和 RN2 型高压熔断器各用于什么场合？
2. 断路器有哪些功能？油断路器中的油起什么作用？
3. 六氟化硫断路器较油断路器具有哪些优点？
4. 真空断路器适用于哪些场所？
5. 高压隔离开关在供配电系统中的作用是什么？为什么它不能带负荷操作？
6. 电流互感器和电压互感器具有哪些功能？结构各有什么特点？
7. 电流互感器工作时二次侧为什么不允许开路？如开路会造成什么严重后果？
8. 电压互感器工作时二次侧为什么不允许短路？如短路会造成什么严重后果？

项目2

电力系统的认识

任务2.1 认识电力系统与工厂供电系统

能力目标

① 掌握电力系统的概念及组成，了解各组成部分的作用。

② 掌握工厂供电的概念及工厂供电系统的构成，认识各种供电系统的特点及适用场合。

③ 掌握对工厂供电的基本要求。

任务实施及要求

(1) 准备下列模型或挂图

① 电力系统模型或电力系统模型挂图。

② 各种供电系统挂图。

(2) 要求

① 通过教师课堂讲授，使学生掌握电力系统及工厂供电系统的有关基本概念和组成，认识各种供电系统的特点及适用场合。

② 结合模型或模型图、挂图等，教会学生熟练读图。

③ 以班级为单位进行讲授学习，有条件的也可分20～25人一组进行讲授学习。

考核标准及评价

① 能正确读出图中各元件符号30分，每错一个扣5分。

② 能正确分析系统图原理50分；分析不完整或有错误适当扣分。

③ 认识各种供电系统的特点及适用场合20分，有错误时适当扣分。

相关知识介绍

电能是现代人们生产和生活的重要能源。电能既易于由其他形式的能量转换而来，又易于转换为其他形式的能量以供应用。电能的输送和分配既简单经济，又便于控制、调节和测量，利于实现生产过程的自动化。因此，电能在工农业生产、交通运输、科学技术、国防建设和人民生活等方面得到广泛应用。

工厂供电，就是指工厂所需电能的供应和分配。在介绍工厂供电系统之前，要先了解电力系统的基本知识。

2.1.1 电力系统的基本概念

由发电厂、电力网和电能用户组成的一个发电、输电、变配电和用电的整体，称为电力系统，如图 2-1 所示。

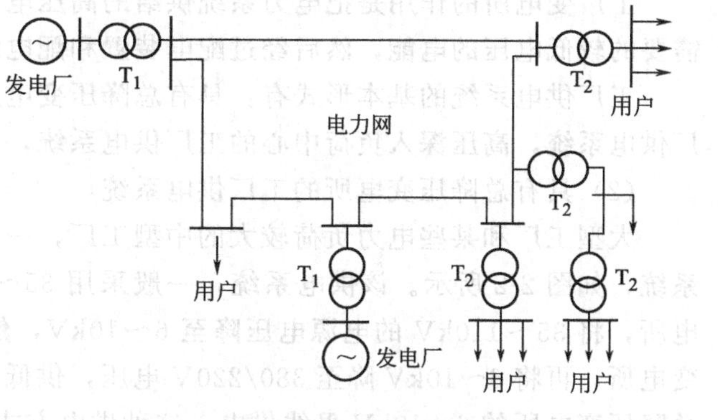

图 2-1 电力系统示意图

T_1—升压变压器；T_2—降压变压器

电力系统中的各级电压线路及其联系的变配电所，称为电力网。电力网是电力系统的重要组成部分。电力网的作用是将电能从发电厂输送并分配到电能用户。

(1) 发电厂

发电厂又称发电站，它是将自然界蕴藏的多种形式的能源转换为电能的特殊工厂。发电厂的种类很多，一般根据所利用能源的不同分为火力发电厂、水力发电厂、原子能发电厂。此外，还有风力、地热、潮汐、太阳能等发电厂。

(2) 变配电所

变配电所又称为变配电站。变电所是接受电能、变换电压和分配电能的场所。而配电所只用来接受和分配电能，不承担变换电压的任务。

变电所又可分为升压变电所和降压变电所两大类。升压变电所是将低电压变换为高电压，一般建在发电厂；降压变电所是将高电压变换到一个合理的电压等级，一般建在靠近用电负荷中心的地点。降压变电所根据其在电力系统中的地位和作用的不同，又分为地区变电所和工厂变电所等。工厂变电所和工厂配电所，一般建在工厂内部。

(3) 电力线路

电力线路又称输电线。由于各种类型的发电厂多建于自然资源丰富的地方，一般距电能用户较远，所以需要各种不同电压等级的电力线路，将发电厂生产的电能源源不断地输送到各电能用户。电力线路的作用是输送电能，并把发电厂、变配电所和电能用户连接起来。

电力线路按其用途及电压等级分为输电线路和配电线路。电压在 35kV 及以上的电力线路为输电线路；电压在 10kV 及以下的电力线路称为配电线路。电力线路按其架设方式可分为架空线路和电缆线路；按其传输电流的种类又可分为交流线路和直流线路。

(4) 电能用户

电能用户又称电力负荷。在电力系统中，一切消耗电能的用电设备均称为电能用户。

用电设备按其用途可分为：动力用电设备（如电动机等）、工艺用电设备（如电解、电镀、冶炼、电焊、热处理等设备）、电热用电设备（如电炉、干燥箱、空调器等）、照明用电设备和试验用电设备等，它们分别将电能转换为机械能、热能和光能等不同形式的适于生产、生活需要的能量。

2.1.2 工厂供电系统基础知识

(1) 工厂供电系统的构成

工厂供电系统是指工厂所需的电力电源从进厂起到所有用电设备入端止的整个电路。它由工厂降压变电所（高压配电所）、高压配电线路、车间变电所及低压配电线路组成。

工厂变电所的作用是把电力系统供给的高压电能，经过变电所的降压，变为用电设备所需要的较低电压的电能，然后经过配电装置和配电线路将电能送到各车间。

工厂供电系统的基本形式有：具有总降压变电所的工厂供电系统，具有高压配电所的工厂供电系统，高压深入负荷中心的工厂供电系统，只有一个变配电所的工厂供电系统等。

(2) 具有总降压变电所的工厂供电系统

大型工厂和某些电力负荷较大的中型工厂，一般采用具有总降压变电所的两次降压供电系统，如图 2-2 所示。该供电系统，一般采用 35～110kV 电源进线，先经过工厂总降压变电所，将 35～110kV 的电源电压降至 6～10kV，然后经过高压配电线路将电能送到各车间变电所，再将 6～10kV 降至 380/220V 电压，供低压用电设备使用。高压用电设备则直接由总降压变电所的 6～10kV 母线供电。这种供电方式称为二次降压供电方式。

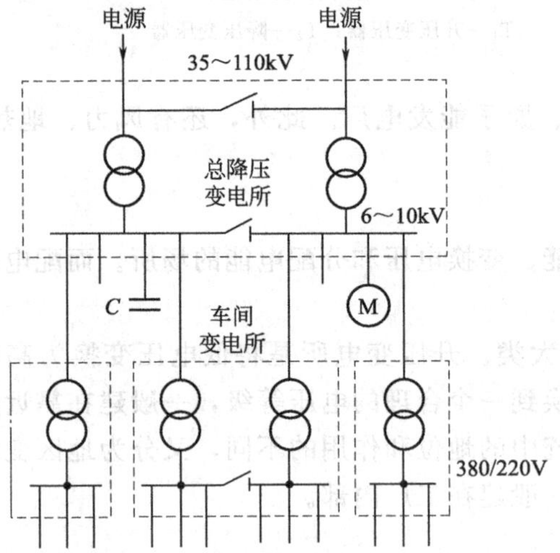

图 2-2 工厂二次降压供电方式示意图

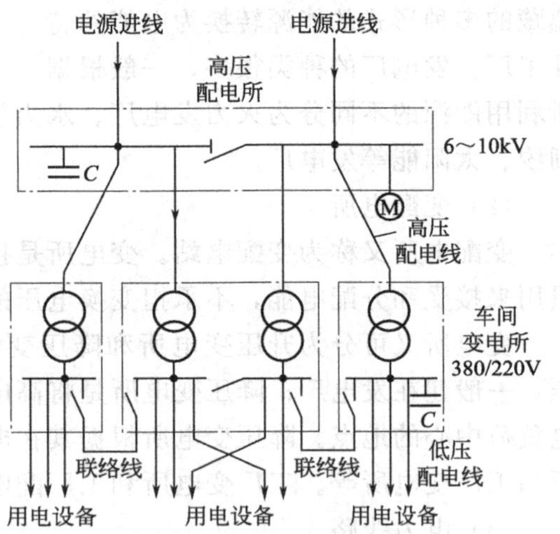

图 2-3 具有高压配电所的工厂供电系统图

(3) 具有高压配电所的工厂供电系统

一般中型工厂，多采用 6～10kV 电源进线，经高压配电所将电能分配给各车间变电所，由车间变电所将 6～10kV 电压降至 380/220V 电压，供低压用电设备使用。同样，高压用电设备直接由高压配电所的 6～10kV 母线供电，如图 2-3 所示。

(4) 高压深入负荷中心的工厂供电系统

某些中小型工厂，如果本地电源电压为 35kV，且工厂的各种条件允许时，可直接采用 35kV 作为配电电压，将 35kV 配电线路直接引入靠近负荷中心的工厂车间变电所，再由车间变电所一次降压为 380/220V，供低压用电设备使用，如图 2-4 所示。这种高压深入负荷中心的一次降压供电方式，可节省一级中间变压，从而简化了供电系统，节约有色金属，降低电能损耗和电压损耗，提高了供电质量，而且适应工厂电力负荷的发展。

(5) 只有一个变配电所的工厂供电系统

对于小型工厂，由于用电较少，通常只设一个将 6～10kV 电压降为 380/220V 电压的变电所，如图 2-5 所示。

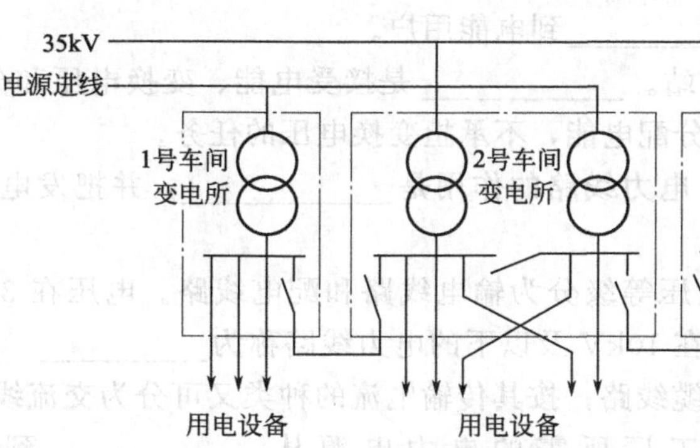

图 2-4 高压深入负荷中心的工厂供电系统图

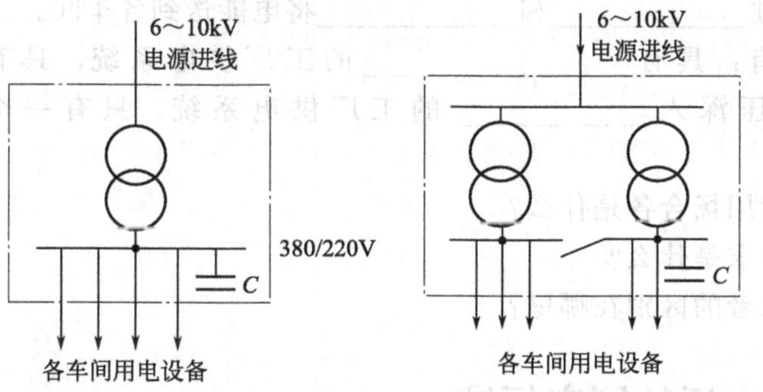

(a) 装有一台电力变压器　(b) 装有两台电力变压器

图 2-5 只有一个降压变配电所的工厂供电系统图

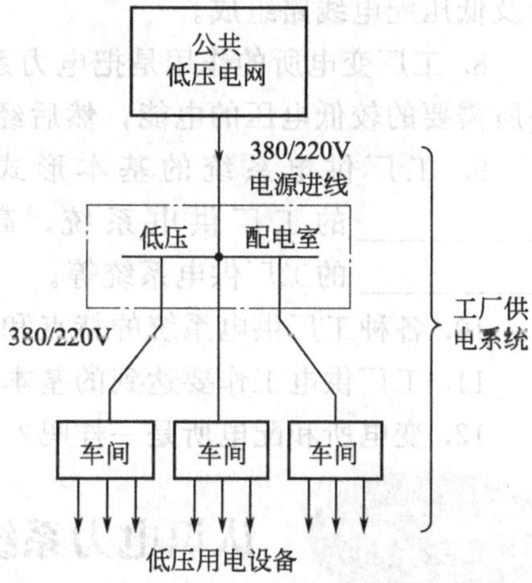

图 2-6 低压进线的小型工厂供电系统图

某些小型工厂，有时也采用 380/220V 低压电源进线，只需设置一个低压配电室，直接分给各车间低压用电设备使用。如图 2-6 所示。

(6) 工厂供电的要求

工厂供电工作要达到的基本要求是：安全、可靠、优质、经济。

① 安全：在电能的供应、分配和使用中，不应发生人身事故和设备事故；

② 可靠：应满足电能用户对供电可靠性的要求；

③ 优质：应满足电能用户对电压质量和频率等方面的要求；

④ 经济：应使供电系统的投资少，运行费用低，并尽可能地节约电能和减少有色金属的消耗量。

在工厂供电中还应采用科学管理方法，合理地处理局部和全局、当前和长远等关系，统筹规划，顾全大局，适应发展。

【思考与练习】

1. 工厂供电，就是指工厂所需电能的____________。

2. 由发电厂、电力网和电能用户组成的一个发电、输电、变配电和用电的整体，称为____________。

3. 电力系统中的各级电压线路及其联系的变配电所，称为____________。电力网的作用是将电能从发电厂输送____________到电能用户。

4. 变配电所又称为变配电站。____________是接受电能、变换电压和分配电能的场所。而____________只用来接受和分配电能，不承担变换电压的任务。

5. 电力线路又称输电线。电力线路的作用是__________，并把发电厂、变配电所和电能用户连接起来。

6. 电力线路按其用途及电压等级分为输电线路和配电线路。电压在 35kV 及以上的电力线路为____________；电压在 10kV 及以下的电力线路称为____________。电力线路按其架设方式可分为架空线路和电缆线路；按其传输电流的种类又可分为交流线路和直流线路。

7. 工厂供电系统是指工厂所需的电力电源从____________到所有用电设备____________的整个电路。它由工厂降压变电所（高压配电所）、高压配电线路、车间变电所及低压配电线路组成。

8. 工厂变电所的作用是把电力系统供给的高压电能，经过变电所的降压，变为用电设备所需要的较低电压的电能，然后经过____________和____________将电能送到各车间。

9. 工厂供电系统的基本形式有：具有________________的工厂供电系统，具有____________的工厂供电系统，高压深入____________的工厂供电系统，只有一个____________的工厂供电系统等。

10. 各种工厂供电系统的特点和适用场合各是什么?

11. 工厂供电工作要达到的基本要求是什么?

12. 变电所和配电所是一样吗？二者的区别在哪里?

任务 2.2 认识电力系统电压的国家标准

能力目标

① 掌握供电的主要质量指标。

② 掌握电力系统额定电压的国家标准。

③ 掌握各种用电设备电压偏差的允许值。

任务实施及要求

① 通过教师讲解清楚相关内容后，让学生熟记电力系统额定电压的国家标准和相关规定。

② 以班级为单位进行讲授学习，有条件的也可分 20～25 人一组进行讲授学习。

考核标准及评价

① 能记住电压和频率是衡量电能质量的两个基本参数 10 分。

② 熟悉和掌握电力线路（即电网）的额定电压国家标准 20 分。

③ 熟悉和掌握用电设备的额定电压与同级电力线路的额定电压相等 10 分。

④ 熟悉和掌握发电机的额定电压 10 分。

⑤ 熟悉和掌握电力变压器一次绕组的额定电压 20 分。

⑥ 熟悉和掌握电力变压器二次绕组的额定电压 20 分。

⑦ 熟悉和掌握电动机、照明灯、其他用电设备等电压偏移的允许值 10 分。

相关知识介绍

2.2.1 工厂供电的质量指标

工厂供电系统的所有电气设备，都规定有一定的工作电压和频率。电气设备在其额定电压和频率条件下工作时，其综合的经济效果最佳。因此，电压和频率被认为是衡量电能质量的两个基本参数。

(1) 电压

额定电压是指用电设备处在最佳运行状态的工作电压。当施加于用电设备两端的电压与用电设备的额定电压差别较大时，对用电设备的危害很大。如：当电压降低时，电动机转矩急剧减小，使得转速降低，甚至停转，从而导致工厂产生废品，甚至引起重大事故。当电压降低时，白炽灯的发光效率降低，灯光变暗，降低工作效率，还可能增加事故的发生率。用电设备除对供电电压有高低的要求之外，还要考虑供电电压波形畸变的问题。

(2) 频率

中国采用的工业标准频率（简称工频）为 50Hz。当电力网低频率运行时，所有电力用户的电动机转速都将相应降低，因而工厂的产量和质量都将不同程度受到影响。电力网频率的变化对工厂供电系统运行的稳定性影响很大，因而对频率的要求比对电压的要求更严格，频率的变化范围不得超过±0.5Hz。

2.2.2 电力系统额定电压的国家标准

中国国家标准规定的三相交流电网和电力设备的额定电压，如表 2-1 所示。

表 2-1 中国三相交流电网和电力设备的额定电压

分类	电网和用电设备额定电压/kV	发电机额定电压/kV	电力变压器额定电压/kV	
			一次绕组	二次绕组
低压	0.22 0.38 0.66	0.23 0.40 0.69	0.22 0.38 0.66	0.23 0.40 0.69
高压	3 6 10 — 35 63 110 220 330 500	3.15 6.3 10.5 13.8,15.75,18,20 — — — — — —	3 及 3.15 6 及 6.3 10 及 10.5 13.8,15.75,18,20 35 63 110 220 330 500	3.15 及 3.3 6.3 及 6.6 10.5 及 11 — 38.5 69 121 242 363 550

(1) 电力线路的额定电压

电力线路（即电网）的额定电压等级是国家根据国民经济发展的需要及电力工业的水平，经全面技术经济分析后确定的。它是确定各类用电设备额定电压的基本依据。

(2) 用电设备的额定电压

用电设备运行时，电力线路上要有负荷电流流过，因而在电力线路上引起电压损耗，造成电力线路上各点电压略有不同，如图 2-7 所示。但成批生产的用电设备，其额定电压不可能按使用地点的实际电压来制造，而只能按线路首端与末端的平均电压即电力线路的额定电压 U_N 来制造。所以用电设备的额定电压与同级电力线路的额定电压是相等的。

(3) 发电机的额定电压

由于同一电压的线路允许电压损耗为±5%，即整个线路允许有 10%的电压损耗，因此为了维持线路首端与末端平均电压的额定值，线路首端（电源端）电压应比线路额定电压高 5%，而发电机是接在线路首端的，所以规定发电机的额定电压高于同级线路额定电压 5%，用以补偿线路上的电压损耗，如图 2-7 所示。

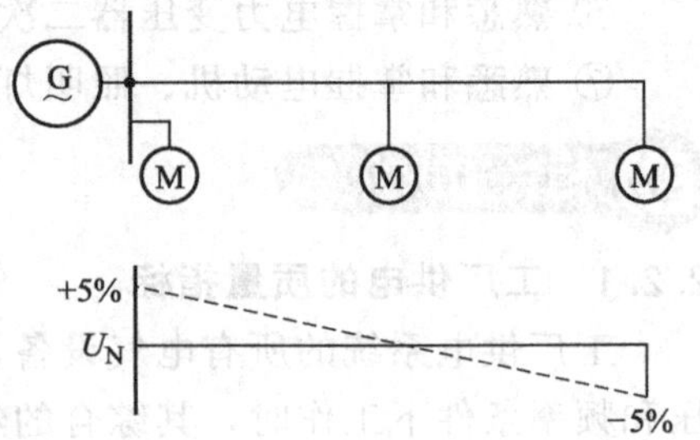

图 2-7 用电设备和发电机的额定电压

(4) 电力变压器的额定电压：

① 变压器一次绕组的额定电压：当变压器直接与发电机相连，如图 2-8 中变压器 T_1，则其一次绕组的额定电压应与发电机额定电压相同，即高于同级线路额定电压 5%。当变压器不与发电机相连，而是连接在线路上，如图 2-8 中变压器 T_2，则可将变压器看作是线路上的用电设备，因此其一次绕组额定电压应与线路额定电压相同。

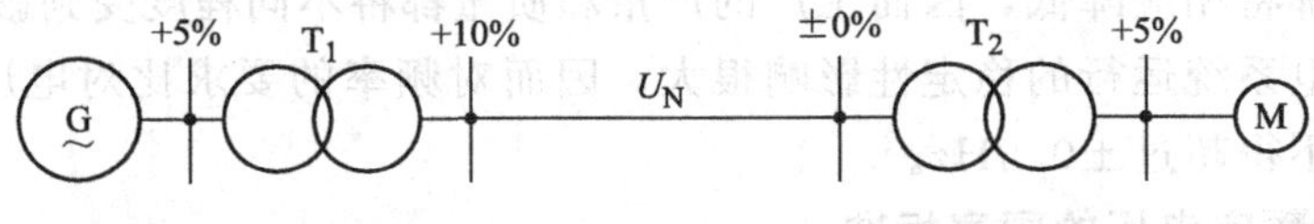

图 2-8 电力变压器的额定电压

② 变压器二次绕组的额定电压：变压器二次绕组的额定电压，是指变压器一次绕组加上额定电压而二次绕组开路时的电压，即空载电压。而变压器在满载运行时，二次绕组内约有 5%的阻抗电压降。因此分以下两种情况。

如果变压器二次侧供电线路很长（例如较大容量的高压线路），则变压器二次绕组额定电压，一方面要考虑补偿变压器二次绕组本身 5%的阻抗电压降，另一方面还要考虑变压器满载时输出的二次电压要满足线路首端要高于线路的额定电压 5%，以补偿线路上的电压损耗。所以变压器二次绕组的额定电压要比线路额定电压高 10%，见图 2-8 中变压器 T_1。

如果变压器二次侧供电线路不长（例如为低压线路，或直接供电给高、低压用电设备的线路），则变压器二次绕组的额定电压，只需高于二次侧线路额定电压 5%，仅考虑补偿变压器内部 5%的阻抗电压降，如图 2-8 中变压器 T_2。

综上所述，在同一电压等级中，电力系统中各个环节（发电机、变压器、电力线路、用电设备）的额定电压数值并不都相同。

2.2.3 电压偏移和电压调整

(1) 电压偏移

电压偏移是指用电设备端电压 U 与用电设备额定电压 U_N 差值的百分数，即

$$\Delta U\% = \frac{U - U_N}{U_N} \times 100\% \tag{2-1}$$

电压偏移是由于供电系统运行方式改变以及电力负荷缓慢变化而引起的，它的变动是相

当缓慢的。

中国规定，正常运行情况下，用电设备端子处电压偏移的允许值为

电动机：±5%；

照明灯：一般场所±5%；在视觉要求较高的场所+5%，−2.5%；

其他用电设备：无特殊规定时±5%。

(2) 电压调整

为了减小电压偏移，保证用电设备在最佳状态下运行，工厂供电系统必须采取相应的电压调整措施：

① 合理选择变压器的电压分接头或采用有载调压型变压器，使之在负荷变动的情况下，有效地调节电压，保证用电设备端电压的稳定。

② 合理地减少供电系统的阻抗，以降低电压损耗，从而缩小电压偏移的范围。

③ 尽量使系统的三相负荷均衡，以降低电压偏移。

④ 合理地改变供电系统的运行方式，以调整电压偏移。

⑤ 采用无功功率补偿装置，提高功率因数，降低电压损耗，缩小电压偏移范围。

2.2.4 工厂供电电压的选择

(1) 高压配电电压的选择

工厂供电系统的高压配电电压，主要取决于当地供电电源电压及工厂高压用电设备的电压和容量等因素。

对于大型工厂和某些电力负荷较大的中型工厂，设备容量在2000～10000kV·A，输送电能距离在20～150km以内的，可采用35～110kV电压供电。

对于中小型工厂，设备容量在100～200kV·A，输送电能距离在4～20km以内的，可采用6～10kV电压供电。

表 2-2 各级电压电力线路合理的输送功率和输送距离

线路电压/kV	线路结构	输送功率/kW	输送距离/km	线路电压/kV	线路结构	输送功率/kW	输送距离/km
0.38	架空线	≤100	≤0.25	10	电缆线	≤5000	≤10
0.38	电缆线	≤175	≤0.35	35	架空线	2000～15000	20～50
6	架空线	≤2000	3～10	63	架空线	3500～30000	30～100
6	电缆线	≤3000	≤8	110	架空线	10000～50000	50～150
10	架空线	≤3000	5～15	220	架空线	100000～500000	200～300

确定工厂的高压配电电压时，应对各种方案的技术和经济指标进行全面比较。表2-2列出了各级电压电力线路合理的输送功率和输送距离。对于采用6～10kV电压作为高压配电电压的工厂，应首选10kV。因为从技术经济指标来看，采用10kV较之采用6kV作高压配电电压有许多优越性：一是在输送功率和输送距离一定时，选用电压越高，可以减小架空导线或电缆截面，从而可减少线路的初投资和有色金属消耗量，且可减少线路的电压损耗和电能损耗，电压质量容易保证。二是10kV电压较之6kV电压输送的功率更大，输送的距离更远，而且适应今后的发展。三是实际使用的6kV开关设备与10kV开关设备在型号规格上基本相同，因此采用10kV电压等级后，开关设备的投资也不会比采用6kV增加多少。四是从供电的安全性和可靠性来说，6kV与10kV相差无几。

采用10kV作为高压配电电压的工厂，如果有6kV的高压用电设备（如6kV高压电

机），则可通过专用的10/6.3kV变压器单独供电。

(2) 低压配电电压的选择

工厂供电系统的低压配电电压，主要取决于低压用电设备的电压，通常采用380/220V。其中线电压380V接三相动力设备，相电压220V供电给照明及其他220V的单相设备。对于容易发生触电或有易燃易爆的个别车间、工段或厂房，可考虑采用220/127V作为工厂的低压配电电压。至于一些有特殊要求的场所，应根据国家有关规定，局部采用安全电压供电。

【思考与练习】

1. ________________是衡量电能质量的两个基本参数。

2. 中国采用的工业标准频率（简称工频）为__________Hz。频率的变化范围不得超过±__________Hz。

3. 中国用电设备的额定电压有哪些等级？用电设备的额定电压与同级电力线路的额定电压相等吗？为什么？

4. 为什么发电机的额定电压要高于同级电力线路额定电压5%？

5. 变压器一次绕组额定电压，为什么规定有的要高于同级线路额定电压5%，有的应与同级电力线路额定电压相同？

6. 如果变压器二次侧供电线路很长（例如较大容量的高压线路），则变压器二次绕组额定电压，要比线路额定电压高10%；如果变压器二次侧供电线路不长（例如为低压线路，或直接供电给高、低压用电设备的线路），则变压器二次绕组的额定电压，只需高于二次侧线路额定电压5%。为什么？

7. 电动机、照明灯、其他用电设备等电压偏移的允许值各是多少？

8. 试确定图2-9中变压器T_1、T_2的一、二次绕组的额定电压和路线WL1、WL2的额定电压（把答案填在图中括号内）。

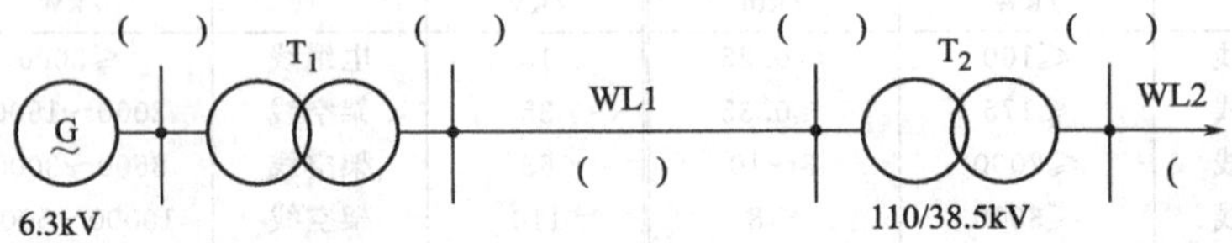

图2-9

9. 试确定图2-10中发电机和所有变压器额定电压（把答案填在图中括号内）。

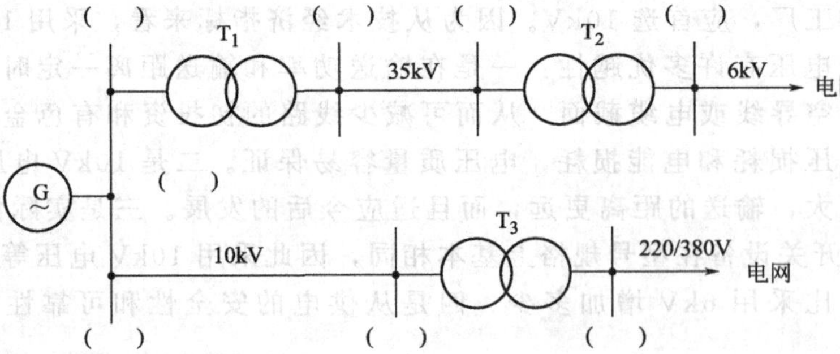

图2-10

任务2.3 认识电力系统中性点运行方式

能力目标

① 掌握电力系统中性点运行方式的三种类型。

② 了解电力系统各种中性点运行方式的特点和适用场合。

③ 了解和掌握低压配电系统的 TN 系统中的三种方式。

任务实施及要求

① 准备电力系统中性点运行方式的模型及挂图。

② 通过教师按照模型或挂图对各种中性点运行方式进行讲解分析，让学生掌握电力系统中性点的三种运行方式和适用场合；教会学生读图。

③ 以班级为单位进行讲授学习，有条件的也可分 20～25 人为一组进行讲授学习。

考核标准及评价

① 能记住电力系统中性点运行方式三种类型的名称 20 分。

② 能记住电力系统各种中性点运行方式的特点和适用场合 40 分。

③ 能记住低压配电系统的 TN 系统中三种方式的名称 10 分。

④ 能记住低压配电系统的 TN 系统中三种方式的特点和适用场合 30 分。

相关知识介绍

电力系统的中性点是指发电机和变压器的中性点。考虑到电力系统运行的可靠性、安全性、经济性及人身安全等因素，电力系统中性点常采用不接地、经消弧线圈接地和直接接地三种运行方式。

(1) 中性点不接地的电力系统

中性点不接地方式，即电力系统的中性点不与大地相接。

电力系统中的三相导线之间和各相导线对地之间都存在着分布电容。设三相系统是对称的，则各相对地均匀分布的电容可由集中电容 C 表示，如图 2-11(a)。线间电容电流数值较小，故可不考虑。

系统正常运行时，三个相电压 $\dot{U}_1$、$\dot{U}_2$、$\dot{U}_3$ 是对称的，三个相的对地电容电流 I_{c1}、I_{c2}、I_{c3} 也是对称的，其相量和为零，所以中性点没有电流流过。各相对地电压就是其相电压。如图 2-11(b) 所示。

当系统任何一相绝缘受到破坏而接地时，各相对地电压、对地电容电流都要发生改变。当故障相（例如第 3 相）完全接地时，见图 2-12(a)。

故障相：对地电压为零；

非故障相：第 1 相对地电压 $\dot{U}_1'=\dot{U}_1+(-\dot{U}_3)=\dot{U}_{13}$

第 2 相对地电压 $\dot{U}_2'=\dot{U}_2+(-\dot{U}_3)=\dot{U}_{23}$

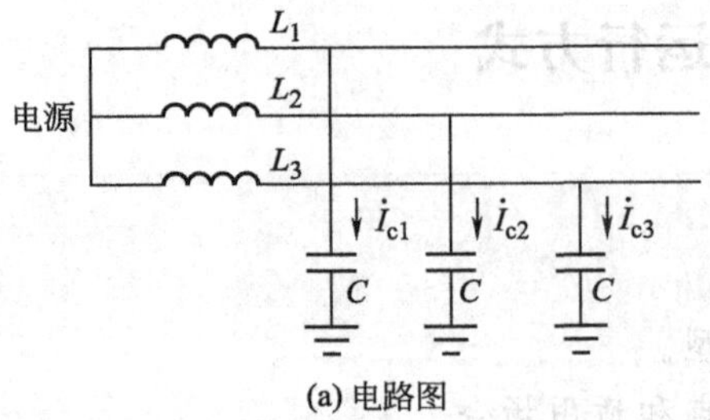

(a) 电路图

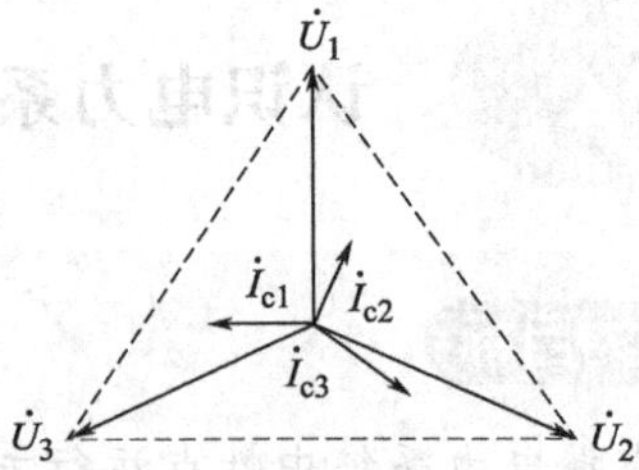

(b) 相量图

图 2-11 正常运行时的中性点不接地的电力系统

即非故障两相对地电压均升高$\sqrt{3}$倍，变为线电压，如图 2-12(b) 所示。

第 3 相接地时，由于第 1、2 两相对地电压升高$\sqrt{3}$倍，使得该两相对地电容电流也相应地增大$\sqrt{3}$倍，即 $I'_{c1}=I'_{c2}=\sqrt{3}I_{c0}$

从图 2-12(b) 的相量图可知，单相接地点接地电容电流为

$$I_c=I_3=\sqrt{3}I'_{c1}=\sqrt{3}\times\sqrt{3}I_{c0}=3I_{c0} \tag{2-2}$$

式中 I_c——单相接地电容电流；

I_{c0}——正常运行时每相对地电容电流。

即中性点不接地系统单相接地电容电流为正常运行时每相对地电容电流的 3 倍。

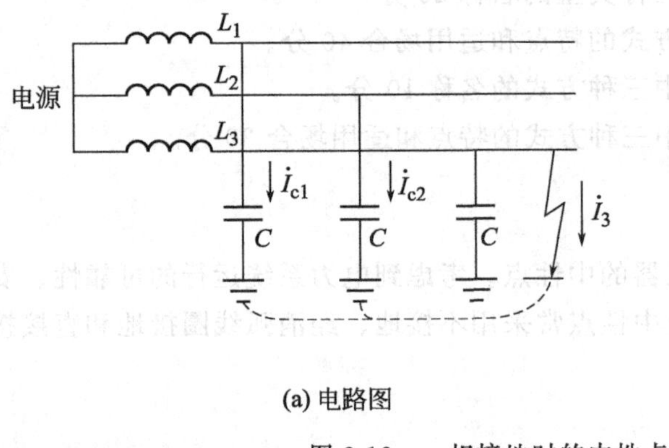

(a) 电路图

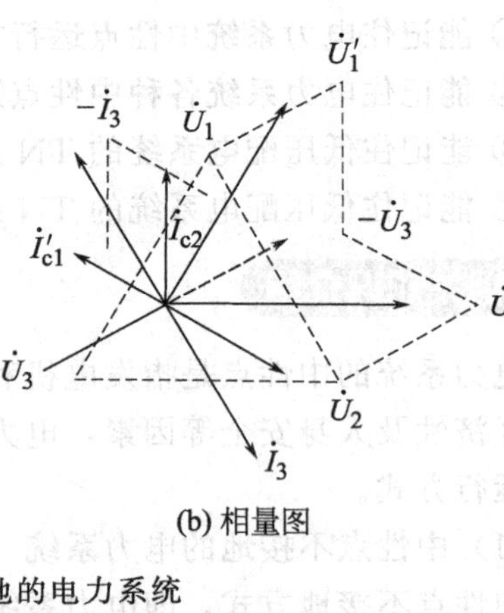

(b) 相量图

图 2-12 一相接地时的中性点不接地的电力系统

从图 2-12(b) 的相量图还可看出，系统的三个线电压无论相位和量值均未发生变化，因此系统中所有用电设备仍可继续运行。

值得指出：一是这种单相接地状态不允许长时间运行，否则如果另一相又发生接地故障，则形成两相接地短路，产生很大的短路电流而损坏线路及其用电设备；二是单相接地电容电流会在接地点引起电弧，形成间歇电弧过电压，将威胁电力系统的安全运行。因此，我国电力规程规定，中性点不接地的电力系统发生单相接地故障时，单相接地运行时间不应超过两小时。

为了保证在发生单相接地故障时能够及时发现并得到处理，中性点不接地系统一般都装有单相接地保护装置或绝缘监测装置。在发生接地故障时及时发出警报，使工作人员尽快排除故障，在可能的情况下，应把负荷转移到备用线路上去。

中国 6～10kV 电力网和部分 35kV 电力网中采用中性点不接地方式。

（2）中性点经消弧线圈接地的电力系统

在中性点不接地系统中，当单相接地电流超过规定数值时，电弧不能自行熄灭。一般采用经消弧线圈接地措施减小接地电流，使故障电弧自行熄灭。这种方式称为中性点经消弧线圈接地方式，如图 2-13 所示。

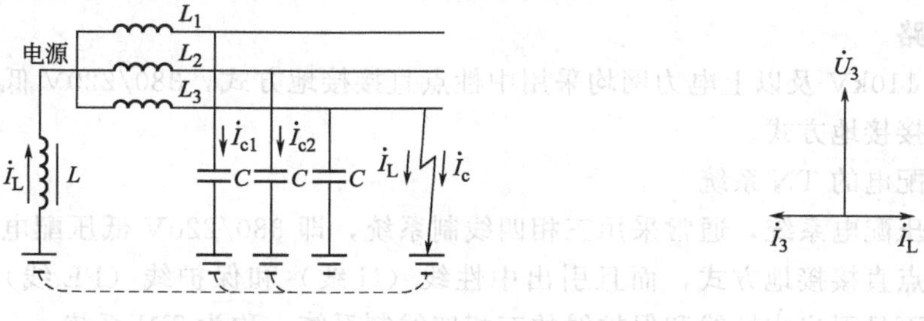

(a) 电路图　　(b) 相量图

图 2-13　一相接地时的中性点经消弧线圈接地的电力系统

消弧线圈 L 是一个具有铁芯的电感线圈，线圈本身电阻很小，感抗却很大。通过调节铁芯气隙和线圈匝数改变感抗值，以适应不同系统运行的需要。

在正常运行情况下，三相系统是对称的，中性点电流为零，消弧线圈中没有电流通过。当发生一相接地（例如第 3 相）时，就把相电压加在消弧线圈上，使消弧线圈有电感电流 I_L 流过。因为电感电流 I_L 和接地电容电流 I_c 相位相反，因此在接地处互相补偿。如果消弧线圈电感选用合适，会使接地电流减到很小，而使电弧自行熄灭。这种系统和中性点不接地系统发生单相接地故障时，接地电流都较小，故通常统称为小电流接地系统。

中性点经消弧线圈接地系统，与中性点不接地系统一样，当发生单相接地故障时，接地相电压为零，三个线电压不变，其他两相电压也将升高$\sqrt{3}$倍，因而单相接地运行也同样不允许超过两小时。

目前在 35～60kV 的电力网中多采用这种接地方式。在 35kV 电力网中当单相接地电流大于 5A；在 6～10kV 电力网中，单相接地电流大于 30A，其中性点均要求采用经消弧线圈接地方式。

（3）中性点直接接地的电力系统

在电力系统中采用中性点直接接地方式，即把中性点直接和大地相接。这种方式可以防止中性点不接地系统中单相接地时产生的间歇电弧过电压。

在中性点直接接地系统中，如发生单相接地，则接地点和中性点通过大地构成回路，形成单相短路，其单相短路电流 $I_K^{(1)}$ 比线路正常负荷电流要大许多倍，使保护装置动作或者使熔断器熔断，将短路故障切除，使其他无故障部分的系统继续正常运行。因而中性点直接接地系统，又称为大电流接地系统。如图 2-14 所示。

中性点直接接地系统发生单相接地时，既不会产生间歇电弧过电压，也不会使非故障相电压升高。因此这种系统中供用电设备的相绝缘只需按相电压设计。这样对超高压系统而言，可以大大降低电网造价，具有经济技术价值。对低压配电系统可以减少对人身及设备的危害。但是，每次发生单相接地故障时，都会

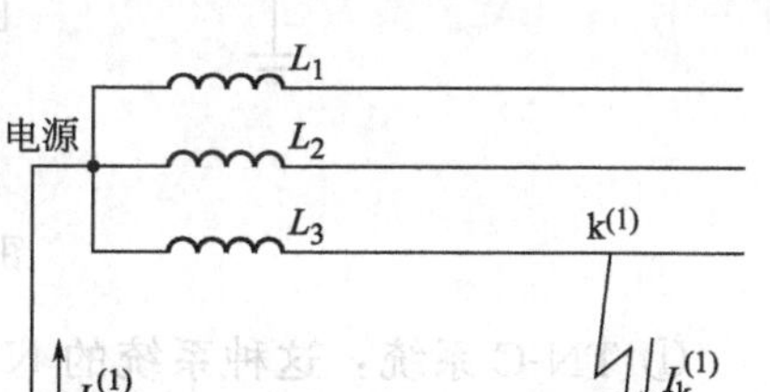

图 2-14　一相接地时的中性点直接接地的电力系统

项目2 电力系统的认识

使保护装置跳闸或熔断器熔断，中断供电，使供电可靠性降低。为了提高供电可靠性，克服单相接地必须切断故障线路这一缺点，目前在中性点直接接地系统中广泛采用自动重合闸装置。当发生单相接地故障时，保护装置自动切断线路，经过一定时间后，自动重合闸装置动作，将线路合闸。如果是瞬时接地故障，线路接通恢复供电，若属持续性接地故障，保护装置再次切断线路。

目前中国 110kV 及以上电力网均采用中性点直接接地方式，380/220V 低压配电系统也采用中性点直接接地方式。

（4）低压配电的 TN 系统

中国的低压配电系统，通常采用三相四线制系统，即 380/220V 低压配电系统。该系统采用电源中性点直接接地方式，而且引出中性线（N 线）和保护线（PE 线）。这种将中性点直接接地，而且引出中性线和保护线的三相四线制系统，称为 TN 系统。

在低压配电的 TN 系统中，中性线（N 线）的作用，一是用来接用相电压 220V 的单相设备，二是用来传导三相系统中的不平衡电流和单相电流，三是减少负载中性点电压偏移。保护线（PE）的作用，是为保障人身安全，防止触电事故发生。在 TN 系统中，当用电设备发生单相接地故障时，就形成单相短路，线路的过电流保护装置动作，迅速切除故障部分，从而防止人身触电。

TN 系统可因其 N 线和 PE 线的不同形式，分为 TN-C 系统、TN-S 系统和 TN-C-S 系统。如图 2-15 所示。

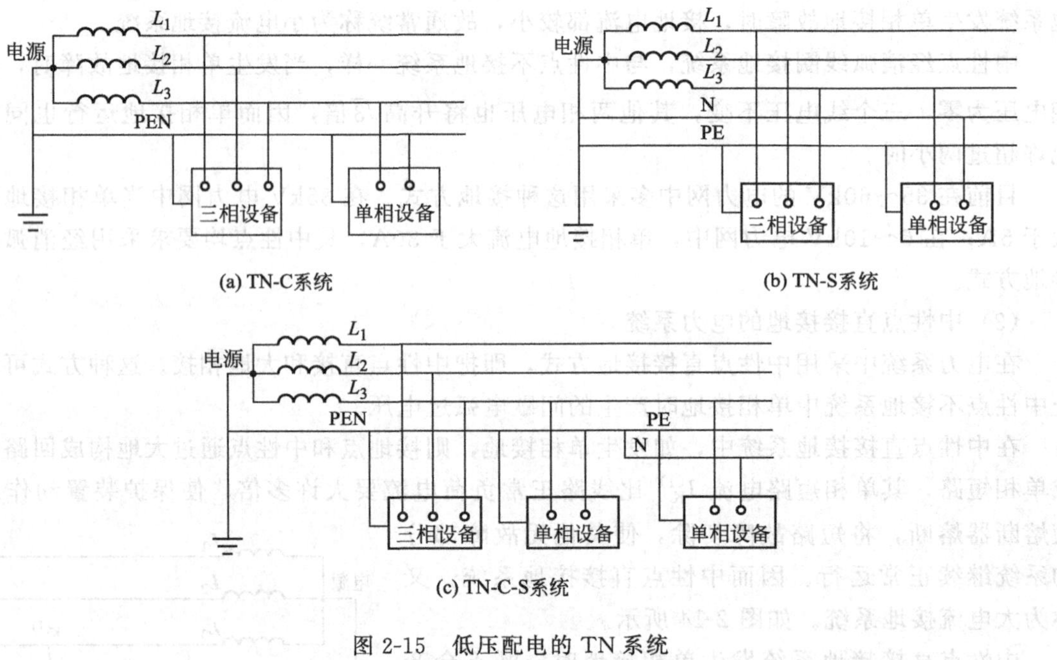

(a) TN-C系统

(b) TN-S系统

(c) TN-C-S系统

图 2-15　低压配电的 TN 系统

① TN-C 系统：这种系统的 N 线和 PE 线合用一根导线，叫保护中性线（PEN 线），所有设备外露可导电部分（如金属外壳等）均与 PEN 线相连。当三相负荷不平衡或只有单相用电设备时，PEN 线上有电流通过。这种系统一般能够满足供电可靠性的要求，而且投资较省，节约有色金属，所以在中国低压配电系统中应用最为普遍。

② TN-S 系统：这种系统的 N 线和 PE 线是分开的，所有设备的外露可导电部分均与公

共PE线相连。这种系统特点是公共PE线在正常情况下没有电流通过，因此不会对接在PE线上的其他用电设备产生电磁干扰。此外，由于其N线与PE线分开，因此N线即使断线也并不影响接PE线的用电设备防间接触电的功能。所以，这种系统多用于环境条件较差，对安全可靠性要求高及用电设备对电磁干扰要求较严的场所。

③ TN-C-S系统：这种系统前边为TN-C系统，后边为TN-S系统（或部分为TN-S系统）。它兼有TN-C系统和TN-S系统的优点，常用于配电系统末端环境条件较差或有要求无电磁干扰的数据处理精密检测装置等设备的场所。

【思考与练习】

1. 电力系统中性点常采用__________、______________和____________三种运行方式。这是考虑到电力系统运行的可靠性、______________、经济性及人身安全等因素而采取的措施。

2. 为什么中性点不接地的电力系统发生单相接地故障时，允许系统暂时继续运行，但运行时间不得超过两小时？

3. 中性点不接地的方式适用于哪些场合？

4. 中性点经消弧线圈接地的方式适用于哪些场合？

5. 中性点直接接地的方式适用于哪些场合？

6. 低压配电的TN系统中的中性线（N线）和保护线（PE线）的作用各有哪些？

7. TN-C系统、TN-S系统、TN-C-S系统三者有什么区别？

项目3 变配电所的接线与配电结构的认识

任务3.1 认识工厂变配电所的电气主接线

能力目标

① 掌握工厂变配电所电气主接线图的定义和对电气主接线的基本要求。

② 学会对变配电所电气主接线图的读图，会分析电气主接线图的原理。

③ 掌握各种形式的电气主接线的特点及适用场合。

任务实施及要求

① 准备变配电所电气主接线图的模型或挂图。

② 通过教师讲述变配电所电气主接线图的定义，对照模型或挂图讲述电气主接线的基本形式、原理和对电气主接线的基本要求等，使学生掌握各种电气主接线图的形式、原理、特点及适用场合等，同时教会学生熟练读电气主接线图。

③ 以班级为单位进行讲授学习，有条件的也可分 20～25 人一组进行讲授学习。

考核标准及评价

① 能正确读出任意一个主接线图中各元件符号 20 分（每错一个扣 4 分）。

② 能正确分析各种形式的接线图原理 50 分，分析不完整或出现错误适当扣分。

③ 能指出各种电气主接线图的特点及适用场合 30 分，说不完整或出现错误适当扣分。

相关知识介绍

工厂供电系统的电气接线图，按其在变配电所的作用分为一次接线图和二次接线图。

一次接线图又称为电气主接线图或一次电路图，是由各种主要电气设备（包括变压器、开关电器、互感器及连接线路等）按一定顺序连接而成的接受和分配电能的总电路图。而二次接线图又称二次电路图，是表示用来控制、指示、测量和保护一次电路及其设备运行的电路图。一次电路中的所有电气设备，称为一次设备或一次元件；二次电路中的所有电气设备，称为二次设备或二次元件。一次电路与二次电路之间的联系，通常是通过电流互感器和电压互感器完成的。

3.1.1 对电气主接线的基本要求

电气主接线是变配电所电气部分的主体，它对安全运行、电气设备的选择、配电装置的布置和电能质量都起着重要的作用。为此对主接线的基本要求是：安全、可靠、灵活、经济。

① 安全：符合有关技术规范的要求，能充分保证人身和设备的安全。

② 可靠：保证在各种运行方式下，能够满足负荷对供电可靠性的要求。

③ 灵活：能适应供电系统所需的各种运行方式，操作简便，并能适应负荷的发展。

④ 经济：在满足安全、可靠、灵活的前提下，应力求投资省、运行维护费用最低。同时为今后发展留有余地。

3.1.2 电气主接线的基本形式

通常电气主接线以单线图形式表示，仅在个别情况下，当三相电路中设备不对称时，则部分地用三线图表示。

电气主接线应按国家标准的图形符号和文字符号绘制。为便于阅读，常在图上标明主要电气设备的型号和技术参数。表 3-1 列出了工厂变配电所主接线的主要电气设备符号。

表 3-1 变配电所主接线的主要电气设备符号

设备名称	文字符号	图形符号	设备名称	文字符号	图形符号
变压器	T		母线	W (WB)	
断路器	QF	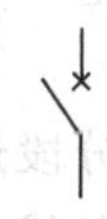	电流互感器	TA	
负荷开关	Q		避雷器	F	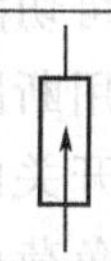
隔离开关	QS		电抗器	L	
熔断器	FU	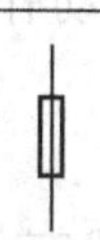	电容器	C	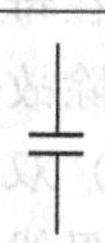
跌落式熔断器	FU		电动机	M	

电气主接线的基本形式有单母线接线、双母线接线、桥式接线三种。

(1) 单母线接线

① 单母线不分段接线：如图 3-1 所示，每条引入线和引出线的电路中都装有断路器和隔离开关。断路器用来切断负荷电流或短路故障电流。隔离开关有两种：靠近母线侧的称为

母线隔离开关，用来隔离母线电源，检修断路器；靠近线路侧的称为线路隔离开关，用于防止在检修断路器时倒送电和雷电过电压沿线路侵入，保证检修人员的安全。

单母线不分段接线的优点是电路简单、使用设备少和配电装置的建造费用低。其缺点是可靠性和灵活性差。当母线和隔离开关发生故障或检修时，必须断开所有回路的电源，因而造成全部用户停电。所以这种接线方式只适用于容量较小和对供电可靠性要求不高的中小型工厂。

② 单母线分段接线：如图 3-2 所示，这种接线是克服不分段母线存在的工作不可靠、灵活性差的有效方法。单母线分段是根据电源的数目、功率和电网的接线情况来确定的。通常每段接一个或两个电源，引出线分别接到各段上，使各段引出线负荷分配应尽量地与电源功率相平衡，尽量减少各段之间的功率变换。

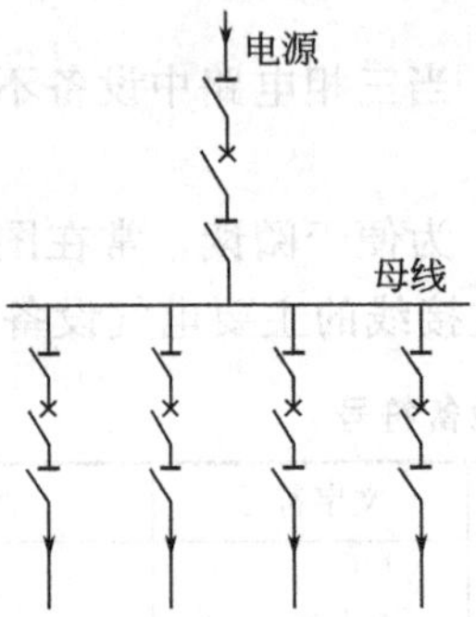

图 3-1　单母线不分段接线

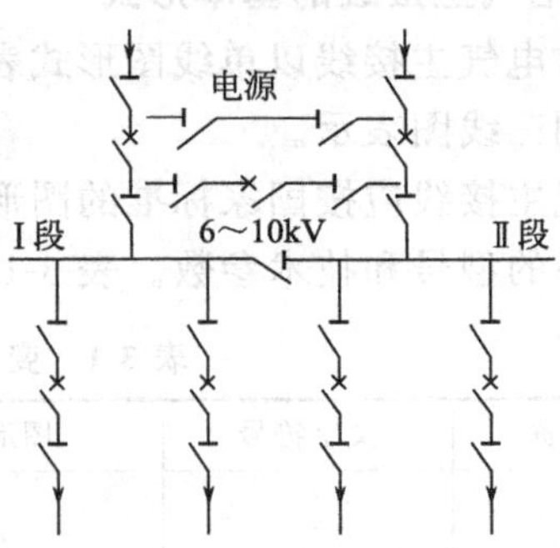

图 3-2　单母线分段接线

单母线用隔离开关分段，也有用断路器分段的。由于分段的开关设备不同，其作用也有差别。

用隔离开关分段的单母线接线：母线检修时可分段进行，当母线发生故障时，经过倒闸操作可切除故障段，保证另一段继续运行，故比单母线不分段接线提高了可靠性。

用断路器分段的单母线接线：分段断路器除具有分段隔离开关的作用，该断路器还装置了继电器保护，不但能切断负荷电流和故障电流，还可自动分、合闸。在检修故障段母线时，不会引起正常段母线的停电，可直接操作分段断路器，拉开分段隔离开关检修，其余各段母线继续运行。在母线发生故障时，分段断路器的继电保护动作，自动切除故障段母线，从而提高了可靠性。

(2) 双母线接线

双母线接线克服了单母线接线的缺点，两根母线互为备用，具有较高的可靠性和灵活性。图 3-3 为双母线接线。双母线接线一般只用在对供电可靠性要求很高的大型工厂总降压变电所的 35～110kV 的母线系统和有重要高压负荷或有自备发电厂的 6～10kV 的母线系统。

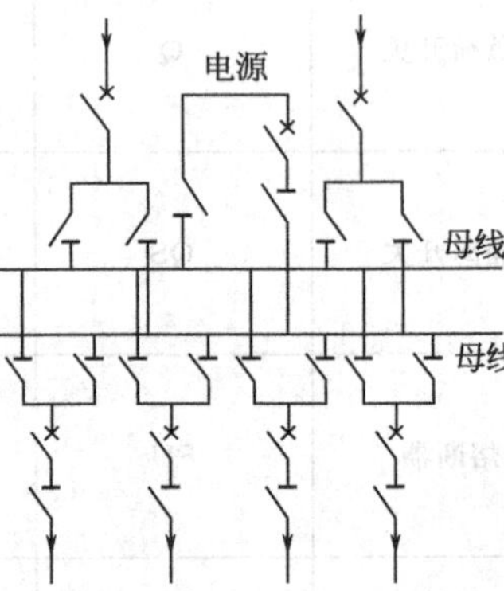

图 3-3　双母线接线

双母线接线有两种运行方式：一种方式是一组母线工作，另一组母线备用，母联断路器正常时是断开状态；另一种运行方式是两组母线同时工作，也互为备用，此时母联断路器及母联隔离开关均为闭合状态。

(3) 桥式接线

对于具有两条电源进线、两台变压器终端式的工厂总降压变电所，可采用桥式接线。其特点是有一条跨接的“桥”。它比单母线分段接线简单，可减少断路器的数量。根据跨接桥横连位置的不同，又分为内桥主接线（图 3-4）和外桥主接线（图 3-5）两种。

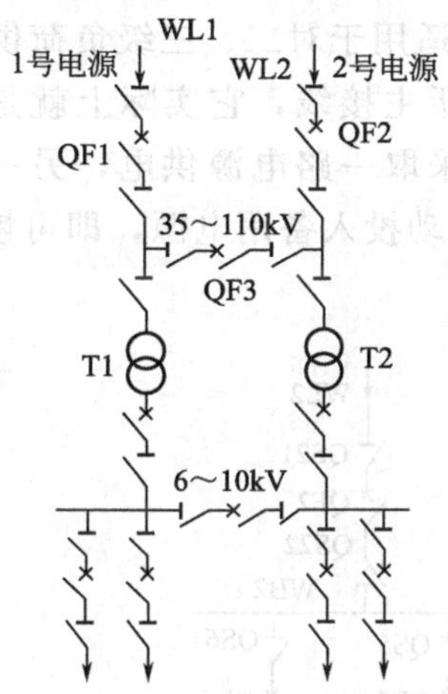

图 3-4　内桥主接线

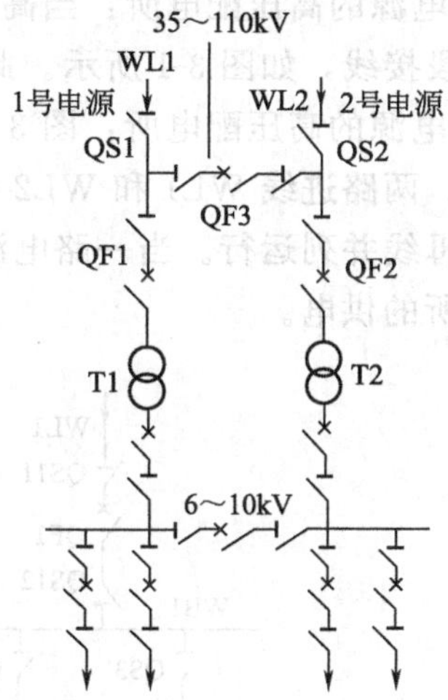

图 3-5　外桥主接线

① 内桥接线　这种接线的跨接桥靠近变压器侧，断路器 QF3 装在线路断路器 QF1 和 QF2 的内侧，变压器回路仅装隔离开关，不装断路器。采用内桥接线可提高改变输电线路运行方式的灵活性。例如，当检修线路 WL1 时，把断路器 QF1 断开，此时变压器 T1 可由线路 WL2 经过跨接桥继续受电，而不致停电。同样当检修线路断路器 QF1 或 QF2 时，借助跨接桥的作用，两台变压器仍能始终维持正常运行。

② 外桥接线　这种结线的跨接桥靠近线路侧，断路器 QF3 装在断路器 QF1 和 QF2 的外侧，进线仅装隔离开关，不装断路器，使外桥结线对变压器的切除和投入都比较方便，但对电源进线回路操作不方便。

(4) 线路变压器组单元接线

在工厂变电所中，当只有一条电源进线和一台变压器时，可采用线路-变压器组单元接线，如图 3-6 所示。这种接线在变压器高压侧可视具体情况的不同，装设不同的开关电器。

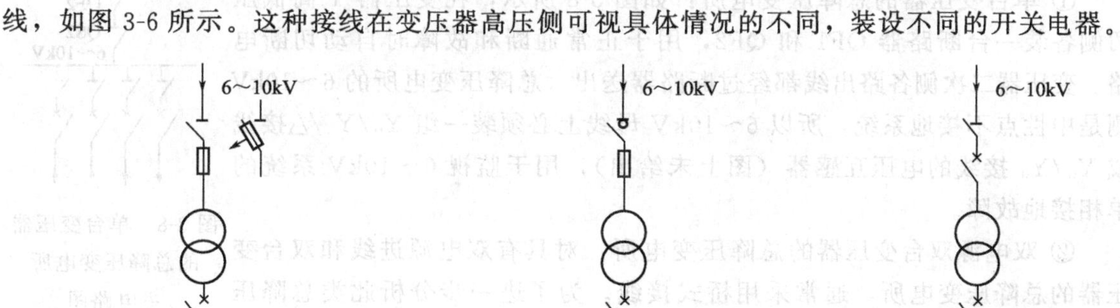

(a) 高压侧采用隔离开关-熔断器或跌落式熔断器　(b) 高压侧采用负荷开关-熔断器　(c) 高压侧采用隔离开关-断路器

图 3-6　单台变压器的变电所主电路图

这种接线的优点：结线简单，所用电气设备少，配电装置简单，占地面积小，投资省。

不足的是，当该单元中任一台设备出现故障或检修时，全部设备将停止工作。但由于变压器故障概率较小，所以仍具有一定的供电可靠性。

3.1.3 工厂变配电所的电气主接线

(1) 高压配电所的电气主接线

① 单电源的高压配电所：当高压配电所只有一条电源进线时，其电气主接线可采用单母线不分段接线，如图 3-1 所示。此类单电源高压配电所适用于对二、三级负荷供电。

② 双电源的高压配电所：图 3-7 为双电源高压配电所主接线，它实际上就是单母线分段式接线。两路进线 WL1 和 WL2 引自不同电源。一般采取一路电源供电，另一路电源备用，两段母线并列运行。当一路电源失电时，可手动或自动投入备用电源，即可恢复对整个高压配电所的供电。

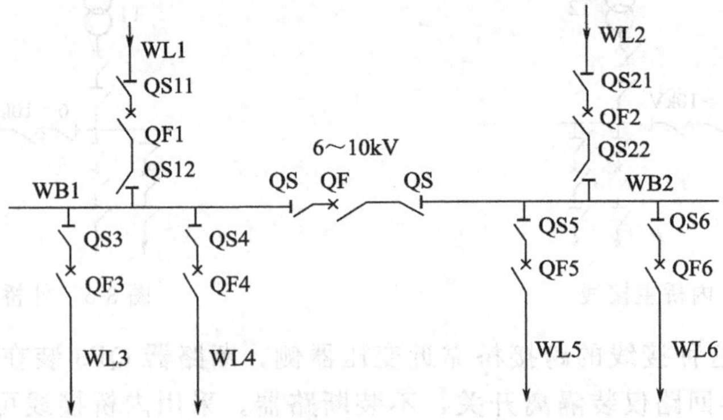

图 3-7 双电源高压配电所主电路图

此类双电源高压配电所适用于对供电可靠性要求较高的一、二级负荷供电。

(2) 总降压变电所的电气主接线

电源进线电压为 35kV 及以上的大型工厂，一般需两级降压，即先经总降压变电所将电压降为 6～10kV 的高压配电电压，然后经车间变电所降为低压用电设备所需电压，如 380/220V。

① 单台变压器的总降压变电所：如图 3-8 所示，在变压器 T 高低压两侧各装一台断路器 QF1 和 QF2，用于正常通断和故障时自动切断电路。变压器二次侧各路出线都经过断路器送出。总降压变电所的 6～10kV 侧是中性点不接地系统，所以 6～10kV 母线上必须装一组 $Y_0/Y_0/\triangle$接线或 Y_0/Y_0 接线的电压互感器（图上未给出），用于监视 6～10kV 系统的单相接地故障。

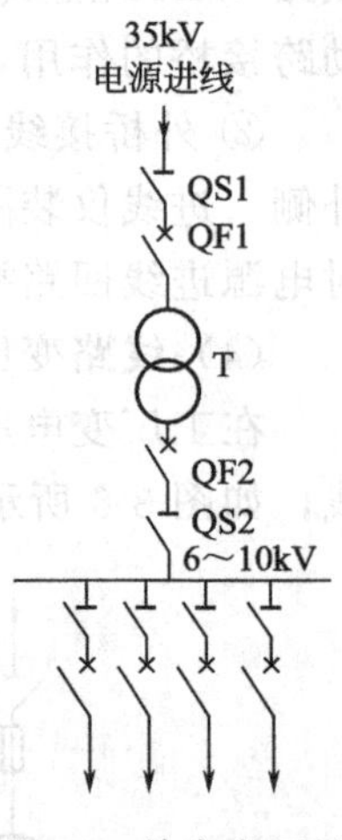

图 3-8 单台变压器的总降压变电所主电路图

② 双电源双台变压器的总降压变电所：对具有双电源进线和双台变压器的总降压变电所，通常采用桥式接线。为了进一步分析此类总降压变电所的运行情况，将两种桥式接线标以文字符号重绘加以说明。

外桥式接线的运行操作：如图 3-9(a) 所示。如果要停用变压器 T1，只要断开断路器 QF11 和 QF21 即可。如果要停用变压器 T2，只要断开断路器 QF12 和 QF22 即可。操作均较简便。

如果要检修电源进线 WL1，则需先断开断路器 QF11 和 QF10，然后断开线路隔离开关

QS111，最后合上断路器 QF11 和 QF10，使两台变压器均由电源进线 WL2 供电，显然操作比较麻烦。

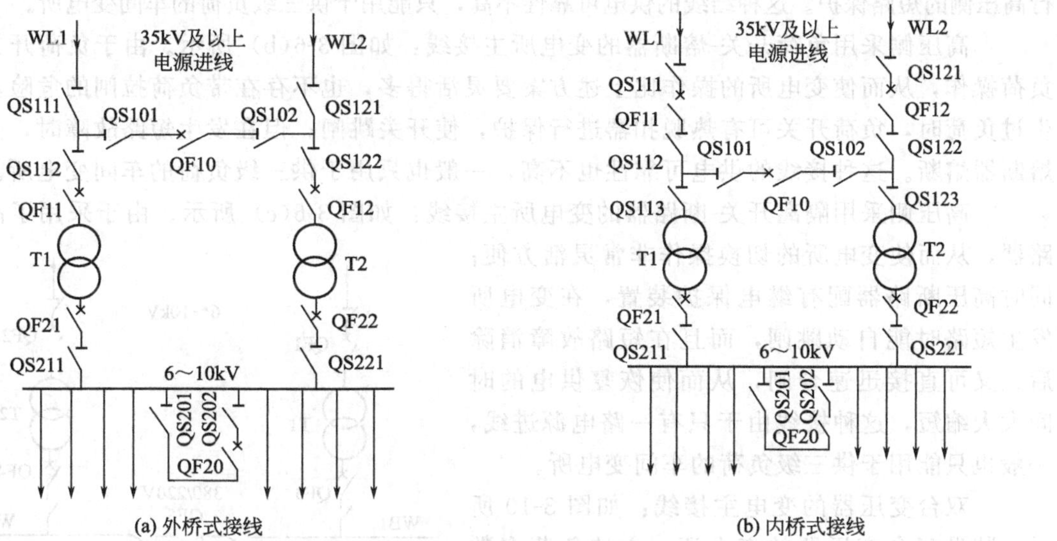

图 3-9　桥式接线的总降压变电所主电路图

由此可见，外桥式接线适用于电源线路较短，故障和检修机会较少但变电所负荷变动较大，需经常切换变压器的总降压变电所。

内桥式接线的运行操作如图 3-9(b) 所示。如果电源进线 WL2 失电或检修时，只要断开断路器 QF12、隔离开关 QS122，然后接通跨桥断路器 QF10，使两台变压器均由电源进线 WL1 供电，操作比较简便。

如果要停用变压器 T2，则需先断开断路器 QF12、QF22 及 QF10，然后断开变压器 T2 的高压侧隔离开关 QS123，最后接通断路器 QF12 和 QF10，使变压器 T1 由两路电源进线供电，显然操作比较麻烦。

由此可见，内桥式接线适用于电源线路较长，故障检修机会较多而变压器不需经常切换的总降压变电所。

(3) 车间变电所的电气主接线

车间（或小型工厂）变电所是工厂供电系统中将高压（6～10kV）降为一般用电设备所需低压（如 380/220V）的终端变电所。这类变电所的主接线相当简单。从车间变电所高压侧主电路的结线方案看，一般分以下两种情况。

① 对于建有工厂总降压变电所或高压配电所的车间变电所来说，用来控制变压器的一些高压开关电器及其保护装置和测量仪表等，通常装设在高压配电线路首端，即工厂的总降压变电所或高压配电所的 6～10kV 配电室内，而车间变电所的高压侧可不装开关设备，或只装简单的隔离开关、熔断器或跌落式熔断器等，因此这类车间变电所不设高压开关柜，当然也没有高压配电室。

② 对于没有总降压变电所和高压配电所的车间变电所或小型工厂降压变电所来说，则其变电所高压侧必须配置足够的高压开关设备。

下面介绍没有总变配电所的车间或小型工厂的变电所常见的主接线方案。

高压侧采用隔离开关-熔断器或跌落式熔断器的变电所主接线：如图 3-6(a) 所示。由于隔离开关不能带负荷操作，只能切断不大于 2A 的变压器空载电流，所以这种接线的变压器容量不能超过 500kV·A，且其低压侧必须装设能带负荷操作的低压断路器、熔断器或跌落式熔断器进行高压侧的短路保护。这种结线的供电可靠性不高，只能用于供三级负荷的车间变电所。

高压侧采用负荷开关-熔断器的变电所主接线：如图 3-6(b) 所示。由于负荷开关能带负荷操作，从而使变电所的操作比上述方案要灵活得多，也不存在带负荷拉闸的危险，在发生过负荷时，负荷开关可有热脱扣器进行保护，使开关跳闸；但在发生短路故障时，只能是熔断器熔断。这种接线的供电可靠性也不高，一般也只用于供三级负荷的车间变电所。

高压侧采用隔离开关-断路器的变电所主接线：如图 3-6(c) 所示。由于采用了高压断路器，从而使变电所的切换操作非常灵活方便；同时高压断路器配有继电保护装置，在变电所发生短路时能自动跳闸，而且在短路故障消除后，又可直接迅速合闸，从而使恢复供电的时间大大缩短，这种接线由于只有一路电源进线，一般也只能用于供三级负荷的车间变电所。

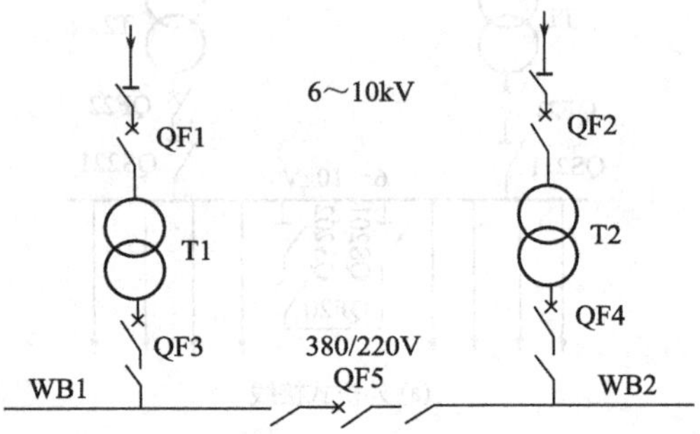

图 3-10 双台变压器的车间变电所主接线图

双台变压器的变电主接线：如图 3-10 所示。装设双台变压器的变电所，它的负荷多数比较重要，或者负荷变动比较大，需要经常负荷切换或自动切换，因此其高低压侧开关都要采用断路器，低压母线通常也采用低压断路器分段。当任一台变压器或任一电源进线检修或发生故障时，只要断开 QF3 或 QF4，接通 QF5，即可恢复整个变电所的供电，如果安装了备用电源自动投入装置（APD），可在失电 1～2s 后即可恢复供电。一般双台变压器的变电所可对一、二级负荷供电。

【思考与练习】

1. 说出工厂变配电所电气主接线图的定义，对电气主接线的基本要求有哪些？

2. 工厂变配电所电气主接线的基本形式有哪些？

3. 分析图 3-10 所示双电源双台变压器的总降压变电所电气主接线的原理，比较内桥式接线和外桥式接线的特点，掌握它们的适用场合。

4. 车间变电所的电气主接线的基本形式有哪些？

任务 3.2 认识工厂变电所的配电结构

能力目标

① 了解变电所总体布置的要求和变电所总体布置方法。

② 了解变电所变压器室、高低压配电室和值班室的结构形式和有关要求。

③ 了解变电所的电气安装图。

任务实施及要求

① 准备下列模型或挂图：变电所模型或模型图；变电所平面布置挂图。

② 通过教师讲授，使学生了解变电所总体布置的要求，掌握变电所总体布置方法，了解变电所变压器室、高低压配电室和值班室的结构形式和有关要求，了解变电所的电气安装图；学会读变电所平面布置图。

③ 先以班级为单位进行讲授学习，有条件的也可分 20～25 人一组进行讲授学习；然后再次带领学生到变电所参观，实地查看变电所的布置情况。

考核标准及评价

① 能正确说出变电所总体布置的要求，掌握变电所总体布置方法 30 分，错误时酌情扣分。

② 能正确分析已知变电所的平面布置图和配电结构 50 分，错误时酌情扣分。

③ 语言表达流畅准确 20 分。

相关知识介绍

3.2.1 变电所的总体布置

(1) 对变电所总体布置的要求

为了操作和检修的安全，变电所的总体布置应满足以下要求。

① 便于运行维护和检修：值班室一般应尽量靠近高低压配电室，如值班室与高压配电室靠近有困难，则值班室可通过走廊与高压配电室相通。

② 要考虑运行的安全：变压器室的大门应避免朝向露天仓库。在炎热地区，变压器室应避免朝西开门，最好朝北开门。变配电所各室的大门都应朝外开，以利于紧急情况时人员外出和处理事故。

③ 便于进出线：如果是架空进线，则高压配电室宜位于进线侧。变压器低压出线一般采用矩形裸母线，因此变压器的安装位置（户内变电所的变压器室），一般宜靠近低压配电室。

④ 注意节约占地和建筑费用：当变电所有低压配电室时，值班室可与低压配电室合并。但这时低压配电屏的正面或侧面离墙的距离不得小于 3m。

⑤ 合理安放电力电容器：高压电力电容器组应装设在单独的高压电容器室内，该室一般邻近高压配电室。而低压电力电容器柜则可装设在低压配电室内。

⑥ 考虑变电所的扩展：应适当考虑变电所本身扩展的余地，且不妨碍工厂或车间的发展。

(2) 变电所总体布置方案

变电所总体布置方案应因地制宜，合理设计。布置方案的最后确定，应该通过几个方案的技术经济比较。

图 3-11 所示为具有高压配电室、低压配电室、变压器室及值班室和高压电容器室的某一车间变电所的平面图和剖面图。高压配电室中的开关柜为双列布置时，按规定通道不得小于 2m，这里按一般设计单位的取法，取为 2.5m，这样，运行维护更为安全方便。变压器尺寸，按所装设的变压器容量增大一级来考虑，以适应变电所在负荷增长时改换大一级容量变压器的要求。高低压配电室也都留有一定的余地，供将来增设高低压开关柜用。

由图 3-11 可以看出：值班室和变压器室紧靠高、低压配电室，而且有门直通，便于运行维护；高、低压配电室和变压器的进出线都较方便；所有大门都要求朝外开设；高压电容器和高压配电室分开，又只一墙之隔，既安全，配线又方便；各室均留有一定的余地，以适应发展的要求。

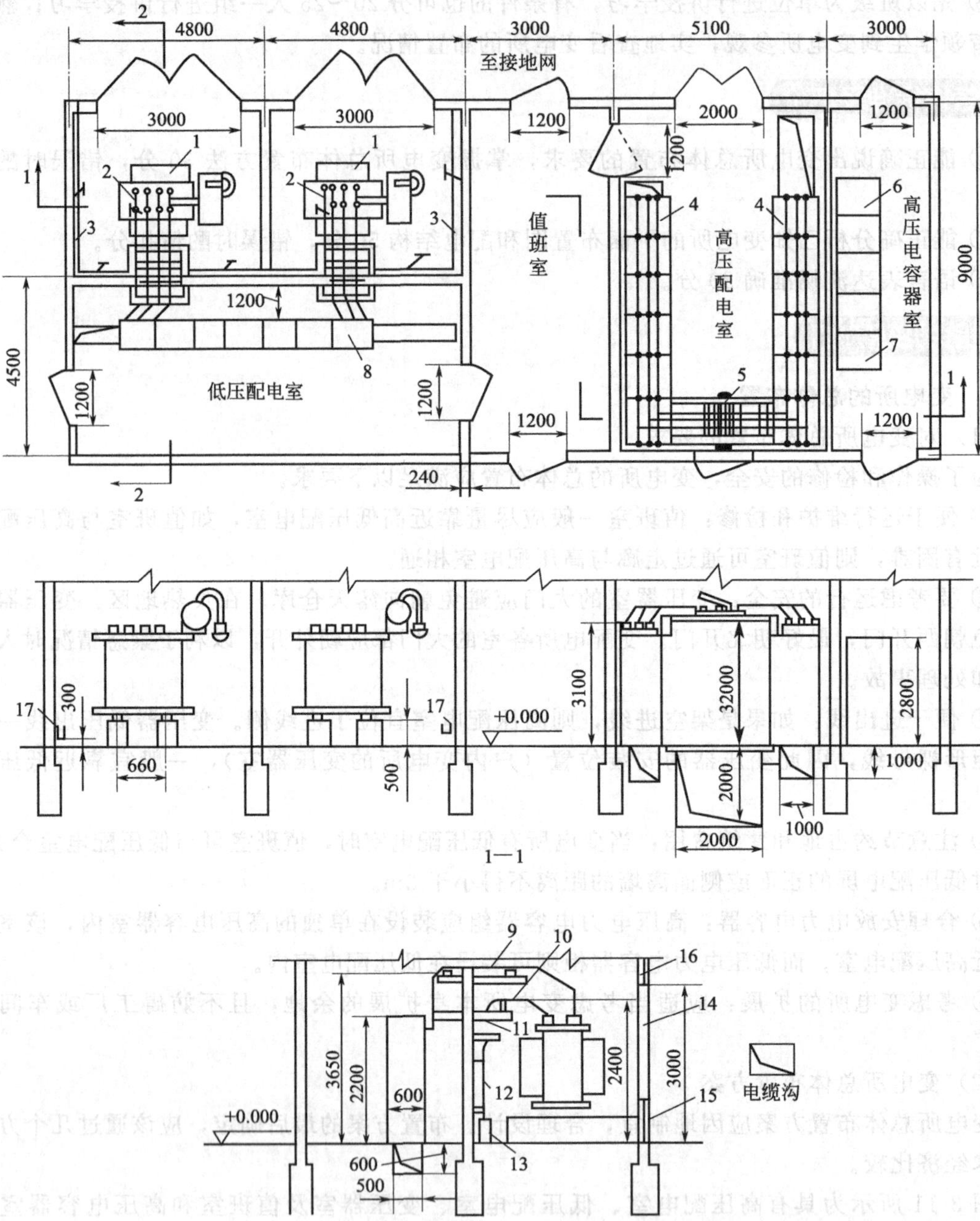

图 3-11　高压配电所及其附设 2 号车间变电所的平面图和剖面图

1—SL7-630/6 型电力变压器；2—PEN 线；3—PE 线；4—GG-1A（F）型高压开关柜；5—分段隔离开关及母线桥；6—GR-1 型高压电容器柜；7—GR-1 型高压电容器的放电互感器柜；8—PGu 型低压配电屏；9—低压母线及支架；10—高压母线及支架；11—电缆头；12—电缆；13—电缆保护管；14—大门；15—进风口（百叶窗）；16—出风口（百叶窗）；17—PE 线及其固定钩

图 3-12 是工厂高压配电所与附设式车间变电所合建的几种平面布置方案。

对于设有高压配电所或设有总降压变电所的工厂，其车间（或工厂）变电所与图 3-11、图 3-12 所示布置方案基本相同，只是高压开关柜的数量较少，因此高压配电室也相应小一些。如果不设高压配电室和高压电容器室，将图 3-11、图 3-12 中的这两个室取消即可。

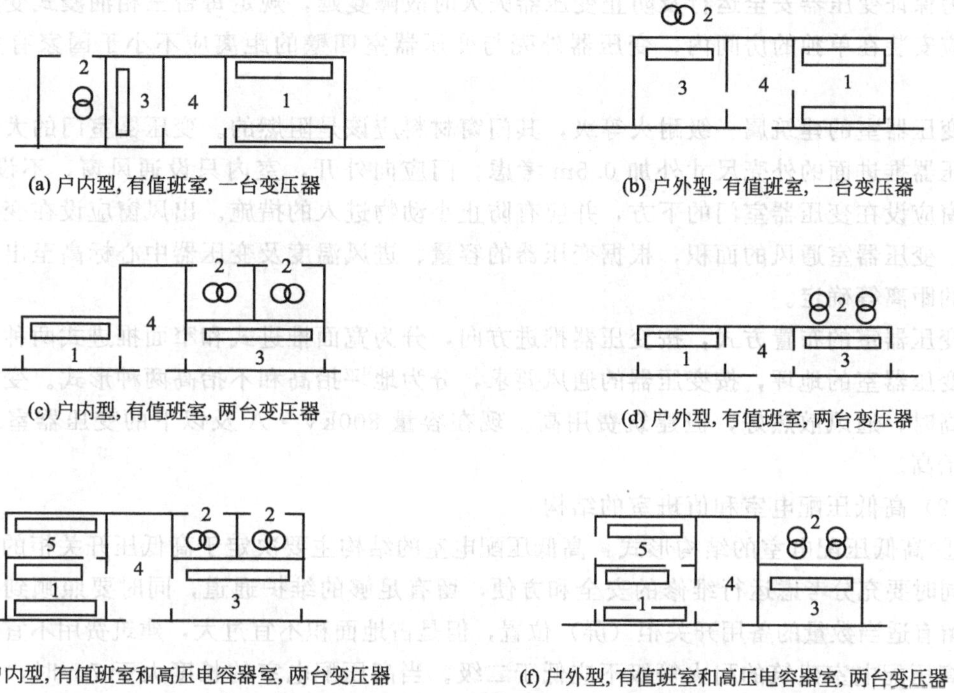

(a) 户内型，有值班室，一台变压器　(b) 户外型，有值班室，一台变压器

(c) 户内型，有值班室，两台变压器　(d) 户外型，有值班室，两台变压器

(e) 户内型，有值班室和高压电容器室，两台变压器　(f) 户外型，有值班室和高压电容器室，两台变压器

图 3-12　工厂高压配电所与附设式车间变电所合建的平面布置方案（示例）

1—高压配电室；2—变压器室或户外变压器装置；3—低压配电室；4—值班室；5—高压电容器室

对于既无高压配电室又无值班室的车间变电所，其平面布置方案更为简单，如图 3-13 所示。

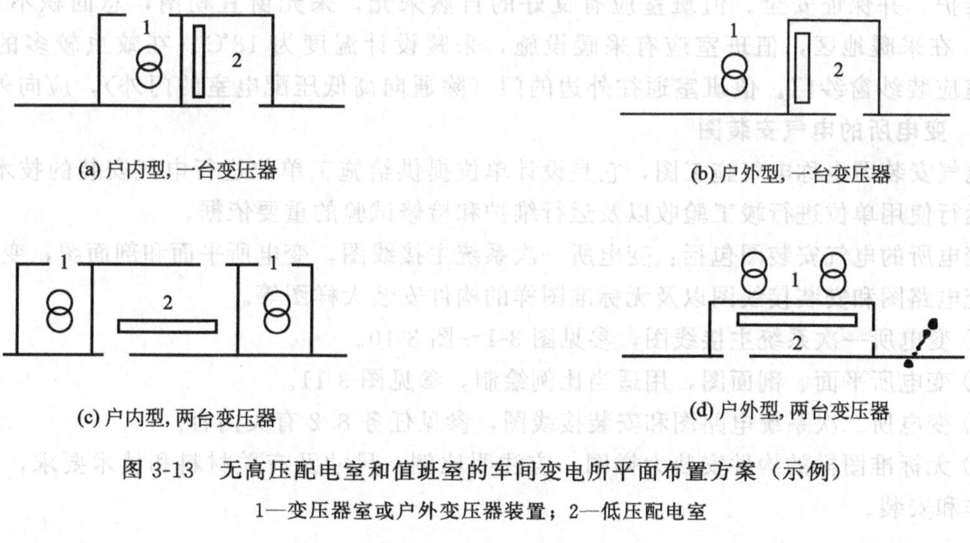

(a) 户内型，一台变压器　(b) 户外型，一台变压器

(c) 户内型，两台变压器　(d) 户外型，两台变压器

图 3-13　无高压配电室和值班室的车间变电所平面布置方案（示例）

1—变压器室或户外变压器装置；2—低压配电室

3.2.2 变电所的配电结构

（1）室内变电所变压器室的结构

变压器的结构形式，决定于变压器的型式、容量、放置方式、主接线方案及进出线方式和方向等因素；并要考虑运行维护的安全及通风、防火等问题；考虑到发展，变压器室宜有更换大一级容量变压器的可能性。

为保证变压器安全运行及防止变压器失火时故障蔓延，规定每台三相油浸式变压器

应安装在单独的房间内，变压器外壳与变压器室四壁的距离应不小于国家有关规定的标准。

变压器室的建筑属一级耐火等级，其门窗材料应该是阻燃的。变压器室门的大小，一般按变压器推进面的外壳尺寸外加 0.5m 考虑。门应向外开，室内只设通风窗，不设采光窗。进风窗应设在变压器室门的下方，并应有防止小动物进入的措施。出风窗应设在变压器室的上方。变压器室通风的面积，根据变压器的容量、进风温度及变压器中心标高至出风窗中心标高的距离等确定。

变压器室的布置方式，按变压器推进方向，分为宽面推进式和窄面推进式两种。

变压器室的地坪，按变压器的通风要求，分为地坪抬高和不抬高两种形式。变压器室地坪抬高时，通风散热好，但建筑费用高。现在容量 800kV・A 及以下的变压器室地坪，一般不抬高。

（2）高低压配电室和值班室的结构

① 高低压配电室的结构形式：高低压配电室的结构主要决定于高低压开关柜的型式和数量，同时要充分考虑运行维修的安全和方便，留有足够的维护通道，同时要照顾到今后的发展，留有适当数量的备用开关柜（屏）位置，但是占地面积不宜过大，建筑费用不宜过高。

高压配电室建筑的耐火等级不应低于二级。当高压配电室的长度大于 7m 时，应设两个门，并宜设在室的两端，门要向外开。

低压配电室建筑的耐火等级不应低于三级。当低压配电室的长度大于 8m 时，应设两个门，也宜设在室的两端，门也要向外开。

高、低压配电室都应考虑通风和自然采光，但应防止小动物窜入，以免造成事故。

② 值班室的结构形式：值班室的结构要结合变配电所总体布置全盘考虑，要有利于运行维护，并保证安全。值班室应有良好的自然采光，采光窗宜朝南，总面积不宜小于 $12m^2$。在采暖地区，值班室应有采暖设施，采暖设计温度为 18℃。在蚊虫较多的地区，值班室应装纱窗纱门。值班室通往外边的门（除通向高低压配电室的门外），应向外开。

3.2.3 变电所的电气安装图

电气安装图也称电气施工图，它是设计单位提供给施工单位进行电气安装的技术图纸，也是运行使用单位进行竣工验收以及运行维护和检修试验的重要依据。

变电所的电气安装图包括：变电所一次系统主接线图，变电所平面和剖面图，变电所二次系统电路图和安装接线图以及无标准图样的构件安装大样图等。

① 变电所一次系统主接线图，参见图 3-1～图 3-10。

② 变电所平面、剖面图，用适当比例绘制，参见图 3-11。

③ 变电所二次系统电路图和安装接线图，参见任务 8.2 有关内容。

④ 无标准图样的构件安装大样图，应注明比例、尺寸及有关材料和技术要求，以便按图制作和安装。

【思考与练习】

1. 对变电所总体布置的要求有哪些？
2. 变电所总体布置方案应怎样确定？
3. 为什么变电所所有大门都要求朝外开设？
4. 对室内变电所变压器室的结构有哪些要求？
5. 对变电所值班室的结构有哪些要求？
6. 变电所的电气安装图包括哪些？

项目4

电力负荷的计算

任务4.1 认识电力负荷与负荷曲线

能力目标

① 掌握电力负荷的概念及分级，明确各级电力负荷对供电电源的要求。

② 掌握用电设备工作制的分类及有关参数。

③ 掌握电力负荷曲线的类型和与负荷曲线有关的物理量。

任务实施及要求

① 通过教师讲解，使学生掌握电力负荷的概念及分级，能对实际电力负荷进行分级，明确各级电力负荷对供电电源的要求，能对实际用电设备的工作制进行分类，读懂各种电力负荷曲线图。

② 以班级为单位进行讲授学习，有条件的也可分20～25人一组进行讲授学习。

考核标准及评价

① 能正确说出电力负荷的概念及分级，并能对实际电力负荷进行分级，30分，错误时酌情扣分。

② 能正确说出各级电力负荷对供电电源的要求30分，错误时酌情扣分。

③ 能对实际用电设备的工作制进行分类20分，错误时酌情扣分。

④ 能读懂各种电力负荷曲线图20分，错误时酌情扣分。

相关知识介绍

4.1.1 电力负荷

电力负荷是指用电单位或电气设备所消耗的功率及线路中流过的电流。

(1) 工厂电力负荷的分级

按照电力负荷在国民经济中的重要性及对供电可靠性的要求，可分为以下三级。

① 一级负荷：一级负荷是指如果供电中断，会造成生命危险或对政治经济造成重大损

失。如损坏重大设备，破坏复杂的工艺流程，造成大量产品报废，破坏政治、经济生活中重要部门的秩序等。这类负荷要求不间断供电。

② 二级负荷：二级负荷是指如果供电中断，将对政治、经济造成较大损失。如损坏设备、大量减产、破坏连续的生产过程等，对这类负荷应尽可能保证不间断供电。

③ 三级负荷：三级负荷是指除了上述的一、二级负荷以外的所有负荷，对这类负荷在供电上没有什么特殊要求。

(2) 各级电力负荷对供电电源的要求

一级负荷属于非常重要的负荷，是绝对不允许断电的。因此要求由两个相互独立的电源供电。这里的相互独立电源，是指当一个电源发生故障时，另一个电源不受其影响，继续供电。如：两路电源来自不同的发电厂或变电所等。负荷较少时，还可采用蓄电池、自备发电机等做为应急电源。

二级负荷是较重要的负荷，要求采用双回路供电。供电变压器通常也采用两个，这样，当其中的一个回路电源（或变压器）故障时，可由另一路供电，增加了供电可靠性。

三级负荷属于一般性负荷，对供电无特殊要求。

(3) 工厂用电设备工作制及有关参数

电力负荷的大小与用电设备的工作制有很大的关系，因此在研究负荷计算之前，讨论用电设备的工作制是十分必要的。用电设备的工作制可分为以下三类。

① 长期连续工作制：这类设备长期连续运行，负荷比较稳定，如风机、泵、电炉、照明设备等。另外，机床电动机的负荷变化虽然较大，但大多数仍是长期连续运行的。

② 短时工作制：这类设备工作时间短，停歇时间非常长，如机床上的进给、升降等辅助电机。

③ 断续周期工作制：这类设备时而工作时而停歇，工作周期一般不超过10min，如电焊机、吊车电动机。断续周期工作制设备可用负荷持续率（又称暂载率）来表征其工作特性，其表达式为一个周期内工作时间与工作周期的比值，即

$$\varepsilon=(t/T)\times100\%=[t/(t+t_0)]\times100\% \tag{4-1}$$

式中 T——工作周期；

t——工作周期内的工作时间；

t_0——工作周期内的停歇时间。

需要说明的是：同一设备在不同负荷持续率下工作时，其出力（输出功率）是不同的。因此在负荷计算时，对于断续周期工作制的设备必须按标准负荷持续率进行设备容量的统一换算。

4.1.2 负荷曲线的类型

(1) 电力负荷曲线

表示电力负荷随时间变化的图形称为负荷曲线。负荷曲线绘在直角坐标系内，纵坐标表示负荷值，横坐标表示时间。其绘制方法是经过一定的时间间隔（如半小时），将负荷的平均值记录下来，然后在直角坐标中逐点描绘出来，描绘出的负荷曲线可以是曲线图，也可以是梯形图，如图4-1。

负荷曲线分类：按负荷的对象分，有工厂的和车间的负荷曲线；按功率性质分，有有功和无功的负荷曲线；按时间分，有年的、月的、日的负荷曲线。

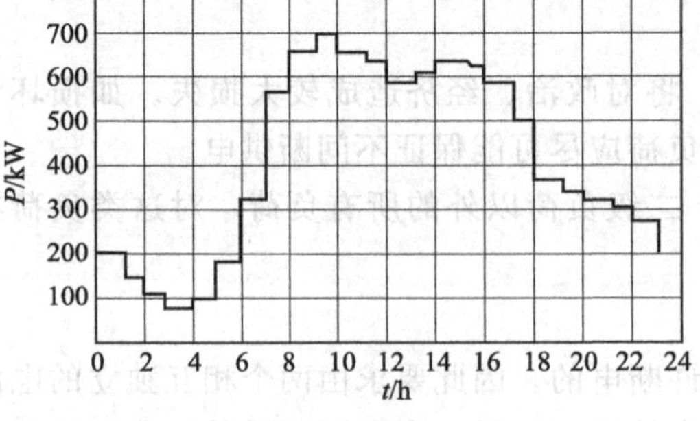

图 4-1　日有功梯形负荷曲线

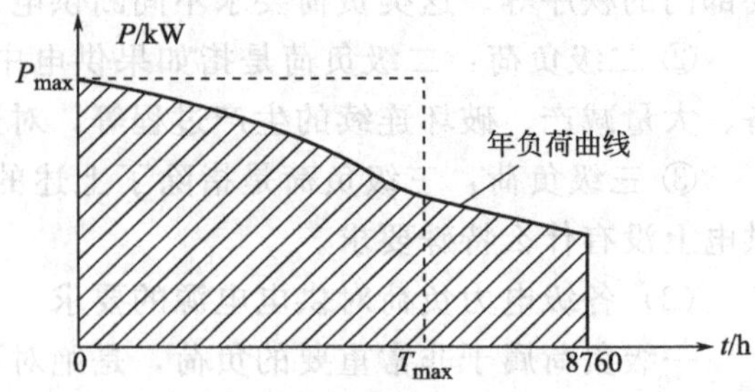

图 4-2　年最大负荷和年最大负荷利用小时

常见的年负荷曲线是一种负荷从大到小依次排列的曲线，反映了全年负荷变动与负荷持续时间的关系，如图 4-2。全年按 8760h 计算。

（2）与负荷曲线有关的物理量

① 年最大负荷 P_{max}　它是年负荷曲线上的最大负荷，如图 4-2，也可以说它是全年中最大负荷班组最大半小时的平均功率 P_{30}，即：$P_{max} \approx P_{30}$

② 年最大负荷利用小时 T_{max}　它是一种假想时间，在此时间内，电力负荷按 P_{max} 持续运行所消耗的电能应等于该电力负荷全年实际消耗电能，如图 4-2。即

$$T_{max} = W_a / P_{max} \tag{4-2}$$

式中　W_a——指全年实际耗用电能。

年最大负荷利用小时 T_{max} 与用户的负荷性能、生产流程、自动化程度有很大关系，对于同类型用户，尽管 P_{max} 有所不同，但 T_{max} 是较接近的。

③ 平均负荷 P_{av}　就是电力负荷在一定时间内平均耗用的功率。即

$$P_{av} = W_t / t \tag{4-3}$$

式中　W_t——指 t 时间内耗用的电能。

年平均负荷的求法（t 取 8760h），如图 4-3，P_{av} 横线（虚线）所包围的面积恰好等于年负荷曲线所包围的面积，即全年实际消耗的电能。

④ 负荷曲线填充系数 β　指平均负荷 P_{av} 与最大负荷 P_{max} 的比值。即

$$\beta = P_{av} / P_{max} \tag{4-4}$$

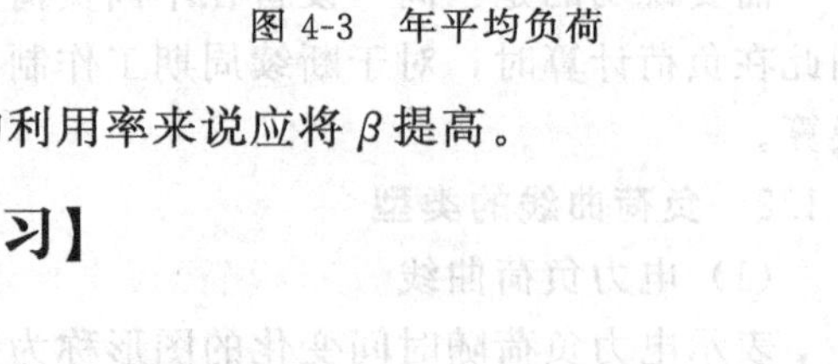

图 4-3　年平均负荷

它表征负荷曲线的不平坦程度，从提高电力系统的利用率来说应将 β 提高。

【思考与练习】

1. 什么是电力负荷？电力负荷是如何分级的？
2. 各级电力负荷对供电电源有什么要求？
3. 用电设备的工作制可分为哪几类？工艺中的电动机属于哪类工作制？电焊机属于哪类工作制？
4. 电力负荷曲线上，横坐标表示什么？纵坐标表示什么？
5. 负荷曲线上的年最大负荷指什么？

任务4.2 确定用电设备的计算负荷

能力目标

① 认识进行负荷计算的意义，掌握确定计算负荷的方法。

② 掌握按需要系数法确定计算负荷的方法，会用此法确定某一车间低压干线和母线上的计算负荷。

③ 掌握按二项式系数法确定计算负荷的方法，会用此法确定某一车间低压干线和母线上的计算负荷。

任务实施及要求

① 通过教师课堂讲授，学生课后练习，使学生认识进行负荷计算的意义，掌握确定计算负荷的方法；能熟练分别用需要系数法和二项式系数法确定某一车间低压干线和母线上的计算负荷。

② 以班级为单位进行讲授学习，有条件的也可分20～25人一组进行讲授学习。

考核标准及评价

① 能说出进行负荷计算的意义10分。

② 能熟记相应的计算公式10分，每错一个扣两分。

③ 会用需要系数法确定某一车间低压干线和母线上的计算负荷40分，有错误时酌情扣分。

④ 会用二项式系数法确定某一车间低压干线和母线上的计算负荷40分，有错误时酌情扣分。

相关知识介绍

4.2.1 计算负荷

(1) 计算负荷的意义

计算负荷是按发热条件选择电气设备、导线或电缆的一个假定负荷。其物理意义是指这个计算负荷所产生的恒定温度等于实际变化负荷所产生的最大温升，因此计算负荷应取最大的实际负荷，它是可以通过统计、计算求得的。

在供电系统中，各电气设备、导线电缆的型号规格的选择都要求安全、经济，若选择过大，造成投资浪费；若选择过小，会使电气设备导线和电缆过热。减短设备的寿命，严重时会烧毁设备，造成损失。要选择合适的设备，就要合理的确定计算负荷，其意义是重大的，但由于负荷的情况极其复杂，其大小也经常发生变化，要想准确地确定计算负荷几乎是不可能的，但目标是力求接近实际。

(2) 确定计算负荷的主要内容

实践证明：一般$16mm^2$以上的导线达到稳定温升的时间约半小时，即只有持续时间在半小时以上的负荷，才有可能改变导体的温升。而时间很短的尖峰负荷未等导体升到相应的温度之前，其尖峰负荷就已经消失了。因此计算负荷应取负荷稳定在半小时以上的最大负荷，从这个意义上来说计算负荷与从负荷曲线上测得的半小时最大负荷 P_{30}（即年最大负荷 P_{max}）是基本相当的，所以计算负荷就可以认为是半小时最大负荷，用 P_{30} 表示有功计算负荷，而用 Q_{30}、S_{30}、I_{30} 分别表示无功计算负荷、视在计算负荷和计算电流。

确定负荷计算的方法很多，最为常见的是需要系数法和二项式系数法，下面予以介绍。

4.2.2 用电设备组计算负荷的确定

(1) 按需要系数法确定计算负荷

基本公式：

一个车间有很多台用电设备，在进行负荷计算时，应当根据其工作特点进行分组，把负荷曲线大致相近的归成一组，称为用电设备组。然后以组为单位来进行负荷计算。

P_e 是用电设备组的设备容量，它是指用电设备组中所有投入使用的设备的额定功率 P_N 之和，即 $P_e=\sum P_N$。大家知道设备的额定功率是指设备在额定状态下输出最大功率，而我们要求的用电设备组的计算负荷 P_{30} 应该是用电设备组从供电系统中取用的半小时最大负荷。因此 $P_{30}\approx P_e$，但考虑到用电设备中的设备不一定同时运行，运行的设备又不一定同时满负荷（即同时工作在额定状态下），再考虑各方面的损耗等，计算负荷可用下式表示：

$$P_{30}=K_d P_e \tag{4-5}$$

式中，K_d 称为需要系数，可从表 4-1 中查得。

表 4-1 中给出了常见用电设备组的 K_d 值。从表中可看出，不同类型的用电设备组的 K_d 值相差较大，计算时首先要正确判断用电设备属于哪种类型。如机修车间的金属切削机床的电机属于小批冷加工机床电机，而压塑机、锻锤等属于热加工机床电机，起重机、电葫芦等则属于吊车类。

必须指出的是：表 4-1 中给出的 K_d 值是设备台数较多时的数据，取值较低，主要是从车间范围内来统计用电设备组的计算负荷时用的，如果要计算分支线上的用电设备组的计算负荷，K_d 值可适当取大一些。

求出 P_{30} 以后，可按下面的式子求出：

无功计算负荷 $$Q_{30}=P_{30}\tan\phi \tag{4-6}$$

视在计算负荷 $$S_{30}=P_{30}/\cos\phi \tag{4-7}$$

计算电流 $$I_{30}=S_{30}/(\sqrt{3}U_N)=P_{30}/(\sqrt{3}U_N\cos\phi) \tag{4-8}$$

以上各式中：$\tan\phi$、$\cos\phi$ 可通过表 4-1 查得到，U_N 为用电设备的额定电压，单位为 kV。

P_{30} 单位为 kW、Q_{30} 单位为 kvar、S_{30} 单位为 kV·A、I_{30} 单位为 A。

表 4-1 用电设备组的需要系数、二项式系数及功率因数

用电设备组名称	需要系数 K_d	二项式系数		最大容设备台数	$\cos\phi$	$\tan\phi$
		b	c	x		
在工艺流程中不间断使用的气体压缩机	0.8～0.9	—	—	—	0.85	0.62
在工艺流程中不间断使用的泵(<28kW)	0.7～0.8	—	—	—	0.8	0.75
在工艺流程中不间断使用的泵(>28kW)	0.8～0.85	—	—	—	0.8	0.75
通风机、水泵、空压机、电动发电机组电动机	0.7～0.8	0.65	0.25	5	0.8	0.75
给料、螺旋或皮带输送提升等成组联锁运转机械	0.7	0.6	0.2	5	0.75	0.88

续表

用电设备组名称	需要系数 K_d	二项式系数		最大容设备台数 x	$\cos\phi$	$\tan\phi$
		b	c			
各种槽蒸发器、分离机等搅拌机械	0.65	—	—	—	0.7	1.02
大批和流水作业的冷加工机床电动机	0.2～0.25	0.14	0.5	5	0.5	1.73
小批和单独生产的冷加工机床电动机	0.16～0.2	0.14	0.4	5	0.5	1.73
大批和流水作业的热加工机床电动机	0.3～0.4	0.26	0.5	5	0.65	1.17
机修、机加、装配类车间吊车($\varepsilon=25\%$)	0.1～0.15	0.06	0.2	3	0.5	1.73
铸造车间的吊车($\varepsilon=25\%$)	0.15～0.3	0.09	0.3	3	0.5	1.73
自动连续装料的电阻炉设备	0.6～0.8	0.7	0.3	2	0.95	0.33
电阻炉、干燥箱、加热器	0.7	0.7	0	—	1	0
工频感应炉(未带无功补偿)	0.8	—	—	—	0.35	2.67
高频感应炉(未带无功补偿)	0.8	—	—	—	0.6	1.33
电弧熔炉	0.9	—	—	—	0.87	0.57
电焊机、缝焊机	0.35	—	—	—	0.6	1.33
生产厂房、办公室、实验室照明	0.8～1	—	—	—	1	0
变电所、仓库照明	0.5～0.7	—	—	—	1	0
宿舍、生活区照明	1	—	—	—	1	0
室外照明、事故照明	1	—	—	—	1	0

例 4-1 已知某化肥厂机修车间采用 380V 供电，低压干线上接有各种冷加工机床 34 台，其中 11kW 的 1 台，4kW 的 8 台，3kW 的 15 台，1.6kW 的 10 台，试求该干线上的计算负荷。

解 此机床电动机组总容量为

$$P_e=11\times1+4\times8+3\times15+1.6\times10=104\ (\text{kW})$$

查表 4-1 得：$K_d=0.16\sim0.2$（取 0.2），$\tan\phi=1.73$，$\cos\phi=0.5$

有功计算负荷 $P_{30}=0.2\times104=20.8\ (\text{kW})$

无功计算负荷 $Q_{30}=20.8\times1.73=35.98\ (\text{kvar})$

视在计算负荷 $S_{30}=20.8/0.5=41.6\ (\text{kV}\cdot\text{A})$

计算电流 $I_{30}=41.6/(\sqrt{3}\times0.38)=63.2\ (\text{A})$

设备容量 P_e 的计算：

计算 P_{30} 的首要问题就是要确定 P_e 的值，P_e 的值与设备的工作制有关。

① 长期连续工作制和短时工作制的三相用电设备组的设备容量 P_e，等于所有用电设备功率（即铭牌功率）之和，即：$P_e=\sum P_N$，但不包括备用设备功率。

② 断续周期工作制的三相用电设备组的设备容量 P_e，这种工作制下的设备的铭牌功率 P_N 是对一个负荷持续率 ε_N 而言的，这个 P_N 要统一换算到标准负荷率下，再求和得到用电设备组的设备容量。断续周期工作制的设备主要有电焊机和吊车两大类，电焊机的标准负荷持续率是 $\varepsilon=100\%$，吊车的标准负荷持续率是 $\varepsilon=25\%$，换算公式如下：

电焊机组：$$P_e=\sum P_N\sqrt{\varepsilon_N/\varepsilon_{100}}=\sum P_N\sqrt{\varepsilon_N}=\sum S_N\cos\phi\sqrt{\varepsilon_N} \tag{4-9}$$

吊车组：$$P_e=\sum P_N\sqrt{\varepsilon_N/\varepsilon_{25}}=\sum 2P_N\sqrt{\varepsilon_N}=\sum 2S_N\cos\phi\sqrt{\varepsilon_N} \tag{4-10}$$

式中 P_N，S_N——设备的铭牌功率、容量；

ε_N——设备的铭牌负荷持续率；

$\cos\phi$——设备的额定功率因数。

(2) 按二项式系数法确定计算负荷

由于需要系数法没有考虑用电设备组中少数容量较大设备对计算负荷的影响，因而对设备组中设备台数较少，而容量差别又很大的用电设备组的计算负荷，结果往往偏小，于是提出了二项式系数法，其基本公式为

$$P_{30}=bP_e+cP_x \tag{4-11}$$

式中 bP_e——用电设备组的平均负荷，其中 P_e 为用电设备组的总容量，算法如前；

cP_x——用电设备组中 x 台容量最大的设备投入运行时的附加负荷，其中 P_x 是 x 台最大设备总容量；

b，c——二项式系数，可查表 4-1。

式中 b、c 和最大容量设备台数 x 以及 $\cos\phi$、$\tan\phi$ 均可由表 4-1 查得，而其余的计算负荷 Q_{30}、S_{30}、I_{30} 仍然是按式(4-26)～式(4-8) 来计算。

例 4-2 用二项式系数法确定例 4-1 中的计算负荷。

解 查表 4-1 得：$b=0.14$，$c=0.4$，$x=5$，$\cos\phi=0.5$，$\tan\phi=1.73$

前例中已得出 $P_e=104$ (kW)，$P_x=11\times1+4\times4=27$ (kW)

有功计算负荷 $P_{30}=0.14\times104+0.4\times27=21.3$ (kW)

无功计算负荷 $Q_{30}=P_{30}\tan\phi=21.3\times1.73=36.8$ (kvar)

视在计算负荷 $S_{30}=P_{30}/\cos\phi=21.3/0.5=42.6$ (kV·A)

计算电流 $I_{30}=S_{30}/(\sqrt{3}U_N)=42.6/(\sqrt{3}\times0.38)=64.7$ (A)

比较例 4-1 和例 4-2 可以看到，二项式系数法计算起来较麻烦，但它对那些设备容量相差较大的负荷计算，其结果要准确一些（比用需要系数法计算的结果稍大）。但对石化行业来说，由于其主要设备如泵、风机、压缩机等，其 K_d 值一般较大（0.75～0.85)，因此用上述两种方法来确定计算负荷时，差别较小。

(3) 照明负荷的确定

照明负荷是单相负荷，大部分的照明负荷接相电压，考虑到分接在三相电源上的照明负荷是基本对称的，可用下式将单相照明负荷换算成三相负荷。

$$P_e=3P_{e(max)} \tag{4-12}$$

式中 $P_{e(max)}$——最大负荷相所接的单相设备容量；

P_e——等效后三相设备容量。

同理，Q_{30}、S_{30}、I_{30} 仍可由式(4-6)～式(4-8) 来计算。

4.2.3 车间低压干线和母线上的计算负荷

(1) 同时系数法

在车间的低压配电干线或车间变压器低压母线上，接有多组用电设备，在确定干线或母线上的计算负荷时，考虑到各组用电设备的最大负荷并不同时出现这一因素，计入一个同时系数 K_Σ，则：

总有功计算负荷 $$P_{30}=K_\Sigma\sum P_{30.i} \tag{4-13}$$

总无功计算负荷 $$Q_{30}=K_\Sigma\sum Q_{30.i} \tag{4-14}$$

总视在计算负荷 $$S_{30}=\sqrt{P_{30}^2 Q_{30}^2} \tag{4-15}$$

总计算电流 $$I_{30}=S_{30}/(\sqrt{3}U_N) \quad (4\text{-}16)$$

以上各式中：$\sum P_{30.i}$，$\sum Q_{30.i}$分别表示各组用电设备的有功、无功计算负荷之和。

K_Σ的取值，对车间干线，$K_\Sigma=0.9\sim1$；对低压母线，$K_\Sigma=0.8\sim0.9$。

值得注意的是：由于各组的$\cos\phi$不同，总的S_{30}、I_{30}的计算不能按各组求和再乘以K_Σ的方法，只能按上式计算。

例 4-3 某车间变压器 380V 低压侧带有如下负荷，泵类负荷 7 台共 125kW（其中 30kW 的 2 台，15kW 的 3 台，10kW 的 2 台），电阻炉 2 台共 15kW，吊车 1 台，容量 8kW（$\varepsilon=40\%$），求该变压器低压母线上的计算负荷。

解 查表 4-1 得：各组K_d、$\cos\phi$、$\tan\phi$，并计算如下：

泵类负荷：$K_d=0.8\sim0.85$（取 0.85），$\cos\phi=0.85$，$\tan\phi=0.75$

$$P_{30(1)}=0.85\times125=106.25\ (\text{kW})$$

$$Q_{30(1)}=106.25\times0.75=79.68\ (\text{kvar})$$

电阻炉：$K_d=0.7$，$\cos\phi=1$，$\tan\phi=0$

$$P_{30(2)}=0.7\times15=10.5\ (\text{kW})$$

$Q_{30(2)}=0$（因为是纯电阻性负载）

吊车组：$K_d=0.1\sim0.15$（取 0.15），$\cos\phi=0.5$，$\tan\phi=1.73$

$$P_e=2P_N\sqrt{\varepsilon_N}=2\times8\times\sqrt{0.4}=10.12\ (\text{kW})$$

$$P_{30(3)}=0.15\times10.12=1.52\ (\text{kW})$$

$$Q_{30(3)}=1.52\times1.73=2.63\ (\text{kvar})$$

总计算负荷：（低压母线上K_Σ取 0.9）

$$P_{30}=0.9\times(106.25+10.5+1.52)=106.44\ (\text{kW})$$

$$Q_{30}-0.9\times(79.68+0+2.63)=74\ (\text{kvar})$$

$$S_{30}=\sqrt{106.44^2+74^2}=129.68\ (\text{kV}\cdot\text{A})$$

$$I_{30}=129.68/(\sqrt{3}\times0.38)=197.03\ (\text{A})$$

工程上为便于查阅和审核，常采用计算表格的形式将计算过程表示出来，如表 4-2 所示。

表 4-2 例 4-3 工程计算表

序号	用电设备组名称	设备台数	设备容量	K_d	$\cos\phi$	$\tan\phi$	计算负荷			
							P_{30}/kW	Q_{30}/kvar	S_{30}/kV·A	I_{30}/A
1	泵类负荷	7	125	0.85	0.85	0.75	106.25	79.68		
2	电阻炉	2	15	0.7	1.0	0	10.5	0	—	—
3	吊车	1	8	0.15	0.5	1.73	1.52	2.63	—	—
总计		10	148	—	—	—	118.27	82.31	—	—
取 $K_\Sigma=0.90$		—	—	—	—	—	106.44	74	129.68	197.03

（2）二项式系数法

按二项式系数法确定多组用电设备的总计算负荷时也要考虑各组设备的最大负荷不同时出现的因素。因此在确定总计算负荷时，总的附加负荷只需考虑附加负荷为最大的那组用电设备即可，计算公式如下：

总有功计算负荷 $$P_{30}=\sum(bP_e)_i+(cP_x)_{max} \quad (4\text{-}17)$$

总无功计算负荷 $Q_{30}=\sum(bP_e\tan\phi)_i+(cP_x)_{max}\tan\phi_{max}$ (4-18)

式中 $\sum(bP_e)_i$，$\sum(bP_e\tan\phi)_i$——分别为各组有功平均负荷之和及无功平均负荷之和；

$(cP_x)_{max}$，$\tan\phi_{max}$——分别为各组中最大的一个有功附加负荷及该组设备的正切值。

总计算负荷中的 S_{30}、I_{30} 仍可按式(4-15)、式(4-16) 来计算。

例 4-4 试用二项式系数法确定例 4-3 中低压母线上的计算负荷。

解 查表 4-1 得：各组的 b、c、$\cos\phi$、$\tan\phi$，并计算如下：

泵类负荷：$b=0.65$，$c=0.25$，$x=5$，$\cos\phi=0.8$，$\tan\phi=0.75$

$$bP_{e(1)}=0.65\times125=81.25\ (\text{kW})$$

$$cP_{x(1)}=0.25\times(30\times2+15\times3)=22.5\ (\text{kW})$$

电阻炉：$b=0.7$，$c=0$，$\cos\phi=1$，$\tan\phi=0$

$$bP_{e(2)}=0.7\times15=10.5\ (\text{kW})$$

$$cP_{x(2)}=0$$

吊车组：$b=0.09$，$c=0.3$，$x=3$，$\cos\phi=0.5$，$\tan\phi=1.73$

$$bP_{e(3)}=0.09\times10.12=0.91\ (\text{kW})$$

$$cP_{x(3)}=0.3\times10.12=3.04\ (\text{kW})$$

比较上述各组的 cP_x，泵类负荷的 $cP_{x(1)}=22.5$ (kW) 为最大。

所以，总计算负荷为

$$P_{30}=(81.25+10.5+0.91)+22.5=115.16\ (\text{kW})$$

$$Q_{30}=(81.25\times0.75+10.5\times0+0.91\times1.73)+22.5\times0.75$$
$$=62.5+16.87=79.37\ (\text{kvar})$$

$$S_{30}=\sqrt{115.16^2+79.37^2}=139.85\ (\text{kV}\cdot\text{A})$$

$$I_{30}=139.85/(\sqrt{3}\times0.38)=212.48\ (\text{A})$$

将计算结果列成工程计算表，这里从略。

4.2.4 全厂计算负荷确定的方法：

全厂的计算负荷是选择工厂电源进线和有关电气设备的依据，也是确定对全厂进行无功补偿的基础数据。

全厂计算负荷确定可按照图 4-4 所示，首先从确定用电设备组的计算负荷 $P_{30(6)}$ 开始，逐级向工厂进线方向计算。

低压干线的计算负荷 $P_{30(5)}=K_\Sigma\sum P_{30(6)}$ (4-19)

$P_{30(4)}=P_{30(5)}+\Delta P_{WL2}$ (4-20)

低压母线的计算负荷 $P_{30(3)}=K_\Sigma\sum P_{30(4)}$ (4-21)

高压馈线的计算负荷 $P_{30(2)}=P_{30(3)}+\Delta P_T+\Delta P_{WL1}$ (4-22)

工厂计算负荷 $P_{30(1)}=K_\Sigma\sum P_{30(2)}$ (4-23)

以上各式中的 ΔP_T、ΔP_{WL1}、ΔP_{WL2} 分别为变压器和线路的功率损耗，其计算方法较为繁琐，故不作

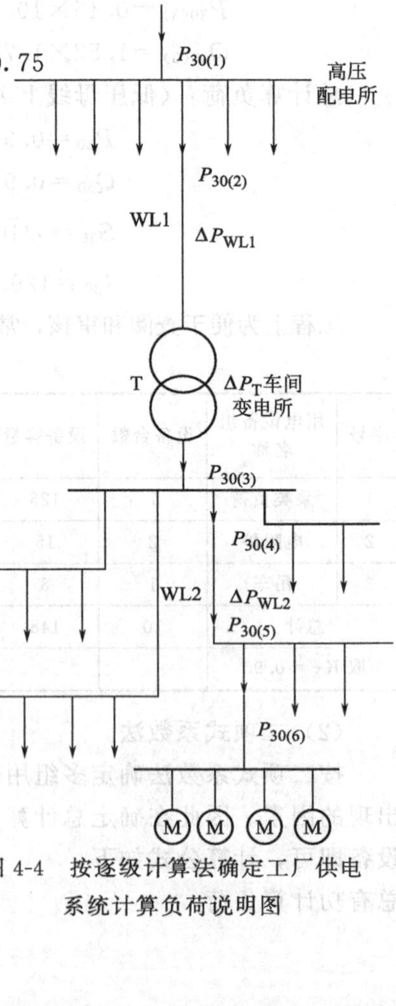

图 4-4 按逐级计算法确定工厂供电系统计算负荷说明图

要求。

【思考与练习】

1. 进行负荷计算的意义是什么？确定计算负荷的主要内容是什么？

2. 在长期连续工作制和短时工作制中的三相用电设备组的设备容量 P_e 如何计算？

3. 用需要系数法和二项式系数法确定计算负荷时算法上有什么不同？分别适用于什么场合？

4. 某机修车间 380V 低压母线上接有下列用电设备组：金属冷加工机床电动机 7.5kW1 台、5kW2 台、3.5kW7 台；通风机、水泵电动机 7.5kW2 台、5kW7 台；吊车组 3.5kW2 台、4.5kW1 台（$\varepsilon=25\%$）；分别用需要系数法和二项式系数法求该电力线路上的计算负荷。

5. 有一条 220/380V 的 TNK-C 线路给车间的部分三相、单相用电设备组供电，用电设备组如下：金属冷加工机床电动机 35 台，总容量 85kW，其中较大容量电动机有 7kW1 台、4.5kW3 台、2.8kW12 台；220V 单相电阻炉 6 台，其中 1kW3 台、1.5kW2 台、2.5kW1 台；行车 1 台 5.1kW（$\varepsilon=25\%$）；分别用需要系数法和二项式系数法确定该 220/380V 线路上的计算负荷。

项目 5 工厂供电线路的认识

任务 5.1 认识工厂供电线路的接线方式

能力目标

① 掌握工厂供电线路的类型。

② 掌握高压线路中单电源供电、双电源供电和环形供电的各种接线方式，掌握各种接线方式的特点和适用场合。

③ 掌握低压线路中的各种接线方式，掌握各种接线方式的特点和适用场合。

任务实施及要求

① 准备下列模型或挂图

供电线路模型或模型图。

各种供电线路接线方式挂图。

② 通过教师课堂讲解，使学生掌握工厂供电线路的类型，高压线路中单电源供电、双电源供电和环形供电的各种接线方式，低压线路中的各种接线方式，理解和掌握各种接线方式的特点和适用场合；在今后的实际工作中能灵活运用。

③ 以班级为单位进行讲授学习，有条件的也可分 20～25 人一组进行讲授学习。

考核标准及评价

① 能正确说出工厂供电线路的类型 10 分，错误时酌情扣分。

② 能正确读懂高压线路中单电源供电、双电源供电和环形供电的各种接线方式图 40 分，错误时酌情扣分。

③ 能正确读懂低压线路各种接线方式图 20 分，错误时酌情扣分。

④ 能理解和掌握各种接线方式的特点和适用场合 20 分，错误时酌情扣分。

⑤ 语言表达能力和读图能力综合考核 10 分。

相关知识介绍

供电线路是工厂供电系统的重要组成部分，担负着输送和分配电能的重要任务。

供电线路按电压高低分，有高压线路（1kV 以上线路）和低压线路（1kV 及以下线路）；按结构形式分，有架空线路、电缆线路和户内配电线路等。

5.1.1 高压线路的接线方式

（1）单电源供电的接线方式

单电源供电的接线方式有放射式和树干式两种。图 5-1 和图 5-2 分别为单电源供电放射式线路和树干式线路。

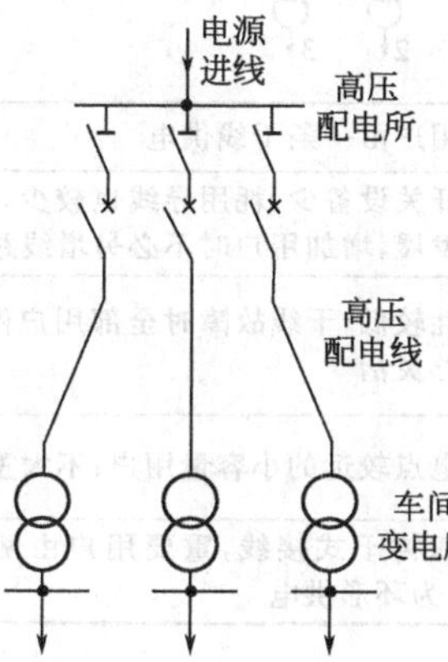

图 5-1 高压放射式线路

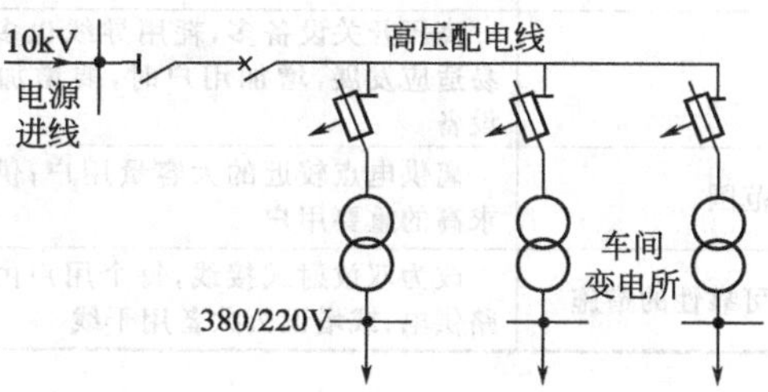

图 5-2 高压树干式线路

放射式接线的特点是每个用户由独立线路供电。放射式线路敷设容易，维护方便，运行中互不影响，当一线路发生故障时，不影响其他线路的正常运行，而且便于装设自动装置。但该线路所用高压开关设备较多，使投资增加。当某一线路发生故障或检修时，该线路所供电的负荷都要停电，供电可靠性不很高。因此，放射式接线一般只适用于三级负荷和个别二级负荷。

树干式接线的特点是多个用户由一条干线供电。树干式线路所用高压开关设备少，耗用导线也较少，投资省，增加用户时不必另增线路，易于适应发展。但该线路供电可靠性较差，当某一段干线发生故障或检修时，则在其后的若干变电所都要停电，这种接线用于三级负荷。上述两种接线的对比，如表 5-1。

（2）双电源供电的接线方式

双电源供电的接线方式有双放射式、双树干式和公共备用干线的接线等。这种接线方式可弥补单电源供电接线方式的不足。

① 双放射式接线：即一个用户由两条放射式线路供电，如图 5-3(a) 所示，一条线路故障或检修时，用户可由另一条线路保持供电，因此其供电可靠性高，多用于对容量大的重要负荷供电。

② 双树干式接线：即一个用户由两条不同电源的树干式线路供电，如图 5-3(b) 所示。对每个用户来说，都获得双电源，因此供电可靠性大大提高，可适用于对容量不太大，离供电点较远的重要负荷供电。

③ 公共备用干线式接线：即各个用户由单放射式线路供电，同时又从公共备用干线上取得备用电源，如图 5-3(c) 所示。对每个用户来说，都是双电源，可用于对容量不太大的多个重要负荷供电。

表 5-1　放射式接线与树干式接线对比

名　称	放射式接线	树干式接线
接线图	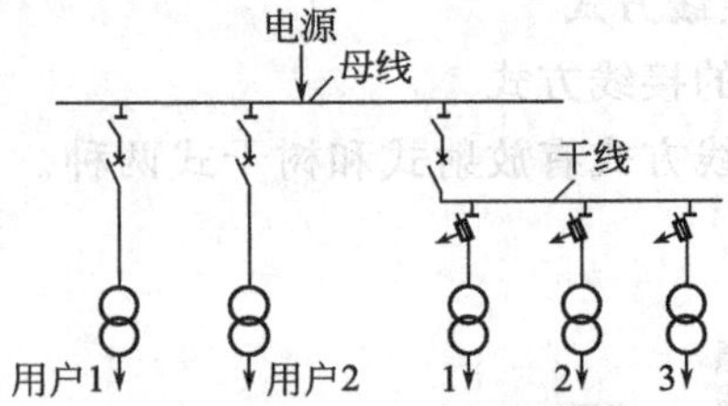	
特点	每个用户由独立线路供电	多个用户由一条干线供电
优点	可靠性高，线路故障时只影响一个用户；操作、控制灵活	高压开关设备少，耗用导线也较少，投资省；易于适应发展，增加用户时不必另增线路
缺点	高压开关设备多，耗用导线也多，投资大；不易适应发展，增加用户时，要增加较多线路和设备	可靠性较低，干线故障时全部用户停电；操作、控制不够灵活
适用范围	离供电点较近的大容量用户；供电可靠性要求高的重要用户	离供电点较远的小容量用户；不太重要的用户
提高可靠性的措施	改为双放射式接线，每个用户由两条独立线路供电；或增设公共备用干线	改为双树干式接线，重要用户由两路干线供电；或改为环形供电

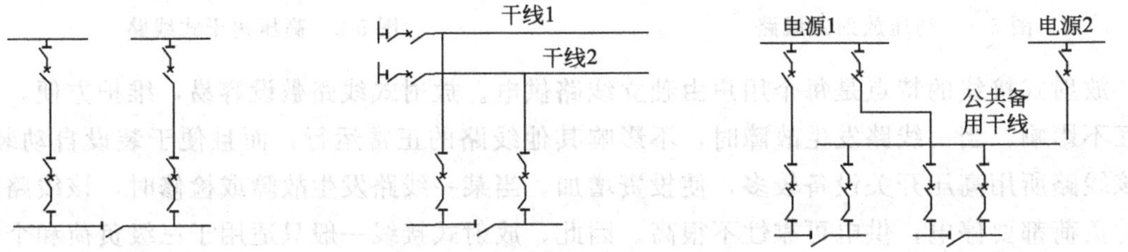

图 5-3　双电源供电的接线方式

（3）环形供电的接线方式

图 5-4 所示为高压线路的环形接线方式。环形接线实质是两端供电的树干式。多数环形接线采用“开口”运行方式，即环形线路有一处的开关是断开的，两条干线分开运行。当任何一段线路故障或检修时，只需经短时间的停电切换后，即可恢复供电。环形接线可适用于对允许短时间停电的二、三级负荷供电。

总的来说，工厂高压线路的接线应力求简单、可靠。运行经验证明，供电线路如果接线复杂，层次过多，因误操作和设备故障而产生的事故也随之增多，同时处理事故和恢复供电的操作也比较麻烦，从而延长了停电时间。由于环节较多，继电保护装置相应复杂，动作时限相应延长，对供电系统的继电保护十分不利。此外，高压配电线路应尽可能深入负荷中心，以减少电能损耗和有色金属的消耗量；同时尽量采用架空线路，以节约投资。

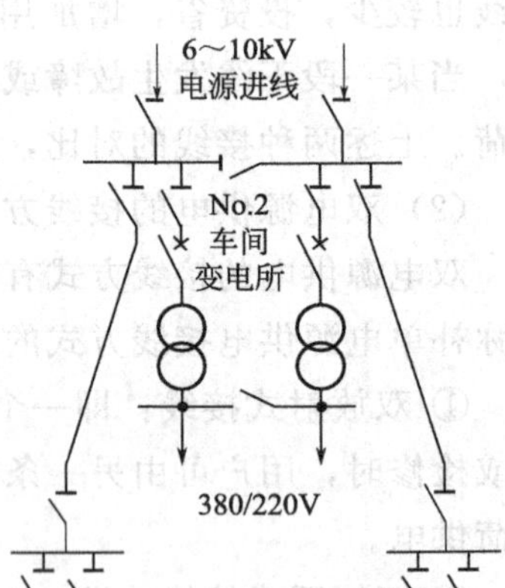

图 5-4　双电源的高压环形接线

5.1.2 低压线路的接线方式

工厂低压线路也有放射式、树干式和环形等几种其本接线方式。

（1）放射式接线

图 5-5 是低压放射式接线。它的特点是：发生故障时互不影响，供电可靠性较高，但在一般情况下，其有色金属消耗量较多，采用的开关设备也较多，且系统的灵活性较差。这种线路多用于供电可靠性要求较高的车间，特别适用于对大型设备供电。

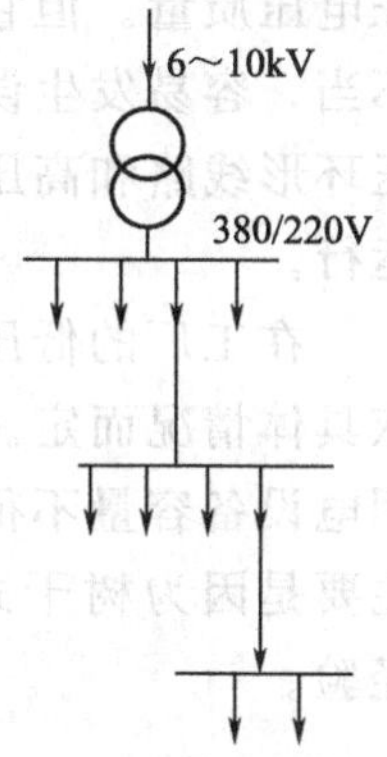

图 5-5 低压放射式接线

（2）树干式接线

图 5-6 为低压树干式接线。树干式接线的特点正好与放射式接线相反，其系统灵活性好，采用的开关设备少，一般情况下有色金属的消耗量少。但干线发生故障时，影响范围大，所以供电可靠性较低。低压树干式接线在工厂的机械加工车间、机修车间和工具车间中应用相当普遍，因为它比较适用于供电容量小，而分布较均匀的用电设备组，如机床、小型加热炉等。

图 5-6(b) 所示为“变压器-干线式接线”。这种接线因省去了整套低压配电装置，而使变电所的结构大为简化，投资大为降低。

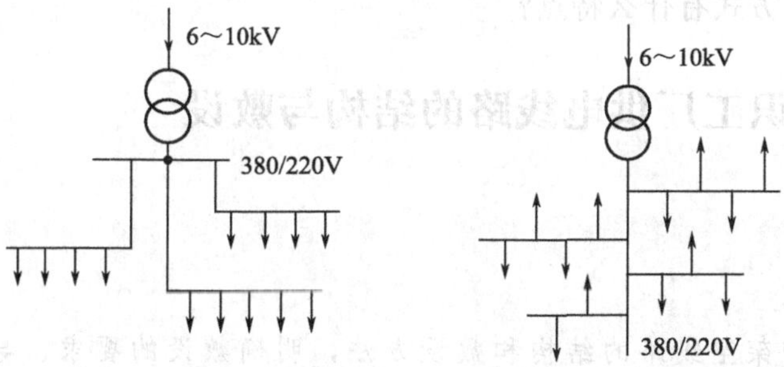

(a) 低压母线放射式配电的树干式　　(b) 低压“变压器-干线式”的树干式

图 5-6 低压树干式接线

图 5-7 是一种变形的树干式接线即链式接线。链式接线的特点与树干式相同，适用于用电设备距供电点较远而彼此相距很近，容量很小的次要用电设备。但链式相连的用电设备，一般不宜超过 5 台，总容量不超过 10kW。

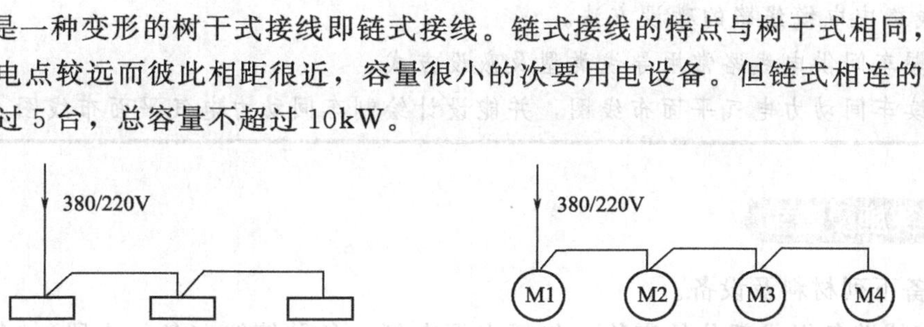

(a) 连接配电箱　　(b) 连接电动机

图 5-7 低压链式接线

（3）环形接线

图 5-8 所示为一台变压器供电的低压环形接线。一个工厂内所有车间变电所的低压侧，也可以通过低压联络线互相接成环形。

环形供电的可靠性高，任一段线路发生故障或检修时，都不致造成供电中断，或者只是暂时中断供电，只要完成切换电源的操作，就能恢复供电。环形接线可使电能损耗和电压损耗减少，既节约电能，又容易保证电压质量。但它的保护装置及其整体配合相当复杂，如配合不当，容易发生误动作，反而扩大故障停电范围。实际上，低压环形线路和高压环形线路一样，大多数也采取“开口”方式运行。

在工厂的低压配电系统中，往往是几种接线方式的组合，依具体情况而定。不过在正常环境的车间或建筑内，当大部分用电设备容量不很大且无特殊要求时，宜采用树干式配电，这主要是因为树干式配电较放射式配电经济，且有成熟的运行经验。

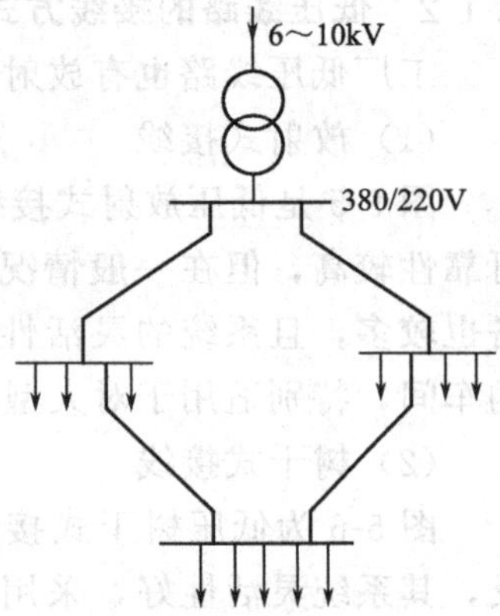

图 5-8　低压环形接线

【思考与练习】

1. 高压线路的接线方式有哪几种？
2. 放射式接线和树干式接线各有什么特点？
3. 低压线路的接线方式有哪几种？
4. 环形供电的接线方式有什么特点？

任务 5.2　认识工厂供电线路的结构与敷设

能力目标

① 掌握供电线路中架空线路的结构和敷设方法，明确敷设的要求、导线排列方式、档距和弧垂的有关要求。

② 掌握电缆线的分类和结构，掌握电力电缆封端的重要性，了解电缆封端的技术要求；掌握供电线路中电缆线路的敷设方法。

③ 掌握车间供电线路常用导线类型及敷设方式。

④ 会读车间动力电气平面布线图，并能设计绘制车间动力电气平面布线图。

任务实施及要求

① 准备下列材料及设备。

架空线路各组成部分的实物，包括水泥电杆、各种绞线（各一小段）、各种绝缘子、线路金具、横担等。

各种不同型号的电缆线（各一小段）。

② 通过教师对照实物课堂讲授，让学生认识架空线路和电缆线路的各组成部分的结构及特点，掌握供电线路中架空线路和电缆线路的敷设方法，熟悉车间供电线路常用导线类型及敷设方式，读懂并会绘制车间动力电气平面布线图。

③ 以班级为单位进行讲授学习，有条件的也可分 20～25 人一组进行讲授学习。

考核标准及评价

① 能正确说出供电线路中各组成部分的结构、作用和特点 20 分，每错一个扣 3 分。

② 能正确说出敷设架空线路的有关要求和注意事项 30 分，不完整或错误时酌情扣分。

③ 能正确说出敷设电缆线路的有关要求和注意事项 20 分，不完整或错误时酌情扣分。

④ 记住车间供电线路敷设方式及文字代号 20 分，每错一个扣 2 分。

⑤ 能读懂车间动力电气平面布线图 10 分，错误时酌情扣分。

相关知识介绍

5.2.1 架空线路的结构与敷设

架设在户外电杆上的电力线路，称为架空线路，如图 5-9 所示。架空线路由导线、电杆、绝缘子、线路金具、横担及拉线等组成。为防雷，有的架空线路还要有避雷线（架空地线）。

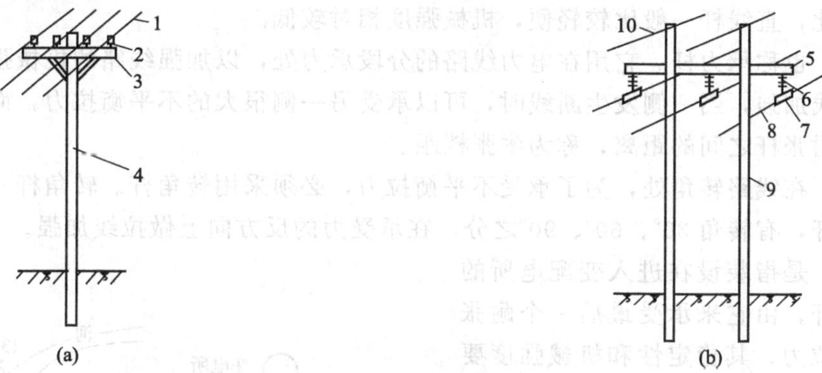

图 5-9 架空线路的结构

1—低压导线；2—针式绝缘子；3,5—横担；4—低压电杆；6—绝缘子串；7—线夹；8—高压导线；9—高压电杆；10—避雷线

(1) 架空线路的导线

导线是架空线路的主体，担负着输送电流（即载流）的作用。导线架设在电杆上，要长期承受自身重量和各种外力的作用，并受着大气中各种有害物质的侵蚀。因此要求导线材料的电阻率小，机械强度大，质轻，不易腐蚀，且价格便宜，运行费用低等。

架空线路一般采用裸导线，截面在 $10mm^2$ 以上的导线都是多股绞合的，称为绞线。绞线比较柔软，不易折断。常用的有铜绞线、铝绞线和钢芯铝绞线。

① 铜绞线（TJ）：电阻率小，机械强度大，对风雨及空气中各种化学腐蚀作用抵抗力强。但其密度大，资源有限。铜绞线一般仅用于要求耐腐蚀的场合（如化学工业和国防工业部门）。

② 铝绞线（LJ）：电阻率比铜大，机械强度小，不耐腐蚀，但密度小（质轻），资源丰富。铝绞线在工厂中应用非常广泛。LJ 型铝绞线的技术数据可参见表 5-9。

③ 钢绞线（GJ）：电阻率较大，机械强度大，但易生锈。所以一般只用作高压架空线路的避雷线。为了防止生锈，目前采用镀锌钢线。

④ 钢芯铝绞线（LGJ）：其截面结构如图 5-10 所示，其中的钢芯主要承受机械载荷，铝线部分用于载流。钢芯铝绞线集中了铝线和钢线的优点，弥补了各自的不足，故在高压架空

线路上广泛应用。

根据机械强度的要求，架空裸导线的最小截面值可参见表5-7。

(2) 电杆

电杆是用来架设导线的，它是架空线路的重要组成部分，对电杆的要求是要有足够的机械强度，以使电杆在风雨中或导线断线时不倒杆，并保证导线对地有足够的距离。

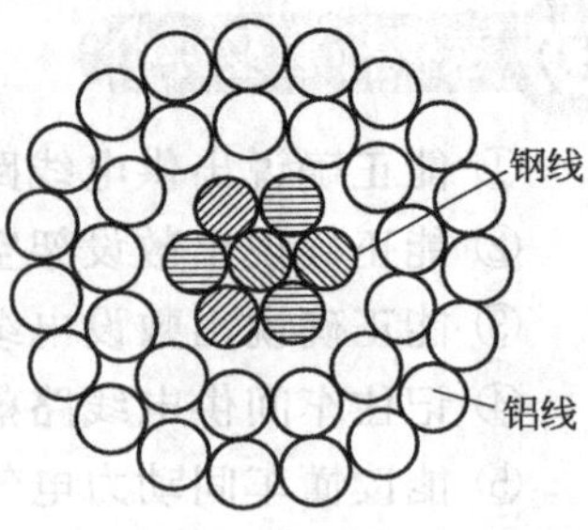

图 5-10 钢芯铝绞线的截面

电杆的类型按其材质分有水泥杆和钢塔等。工厂供电系统35kV及以下的均采用水泥杆。其主要优点是：价格低廉、不受气候影响，经久耐用，机械强度大，维护容易，运输费用低，可节省大量钢材。

电杆按其在线路中的作用和地位可分为：直线杆、耐张杆、转角杆、终端杆和特种杆。

直线杆：又称中间杆，它分布在承力杆中间，数量最多。正常情况下，直线杆只承受垂直负荷（导线、绝缘子和覆冰重量）和水平的风压。只有在出现断线时，才承受导线的不平衡拉力。因此，直线杆一般比较轻便，机械强度相对较低。

耐张杆：也称承力杆。它用在电力线路的分段承力处，以加强线路的机械强度。耐张杆均用强力拉线加强，当一侧发生断线时，可以承受另一侧很大的不平衡拉力，而使电杆不会倾倒。两个耐张杆之间的距离，称为耐张档距。

转角杆：在线路转角处，为了承受不平衡拉力，必须采用转角杆。转角杆一般都是强度较高的耐张杆，有转角30°、60°、90°之分，在承受力的反方向上做拉线加强。

终端杆：是指装设在进入变配电所的线路末端电杆，由它来承受最后一个耐张段中的导线拉力，其稳定性和机械强度要求都较高。

特种杆：主要有换位杆、跨越杆和分支杆等。换位杆用做高压线路的导线换位；跨越杆设在铁路、公路、河流两侧支撑跨越导线；分支杆用在线路的分支处，以便接出分支线。图5-11是上述各种杆型在低压架空线路上应用的示意图。

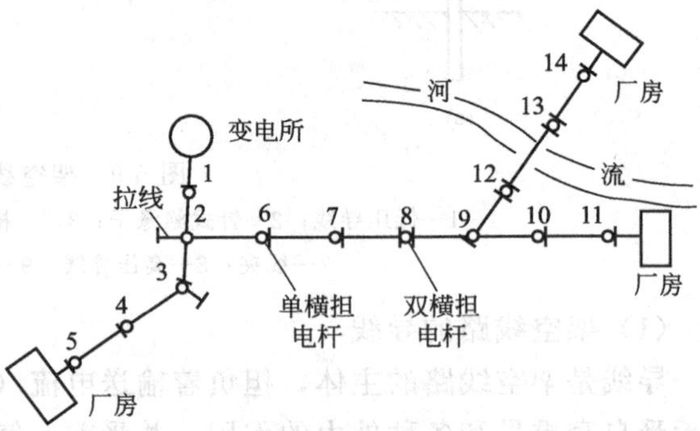

图 5-11 各种杆型在低压架空线路上的应用
1,5,11,14—终端杆；2,9—分支杆；3—转角杆；4,6,7,10—直线杆（中间杆）；8—分段杆（耐张杆）；12,13—跨越杆

(3) 绝缘子

线路绝缘子（又称瓷瓶），是用来将导线固定在电杆上，并使导线与电杆绝缘。图5-12是常见的几种高压线路绝缘子。6～10kV架空线路的直线杆多采用针式绝缘子，在终端杆多采用悬式绝缘子。35kV及以上架空线路多采用悬式绝缘子串。电压越高，绝缘子串越长。低压380V架空线路多采用蝴蝶式绝缘子。

(4) 线路金具

线路金具是用来连接导线、安装横担和绝缘子的金属附件。包括安装针式绝缘子的直脚［如图5-13(a)］和弯脚［如图5-13(b)］；安装蝴蝶式绝缘子的穿心螺钉如图5-13(c)；将横担或拉线固定在电杆上的U形抱箍如图5-13(d)；调节松紧的花篮螺钉如图5-13(e)；以及悬式绝缘子串的挂环、挂板、线夹如图5-13(f)等。

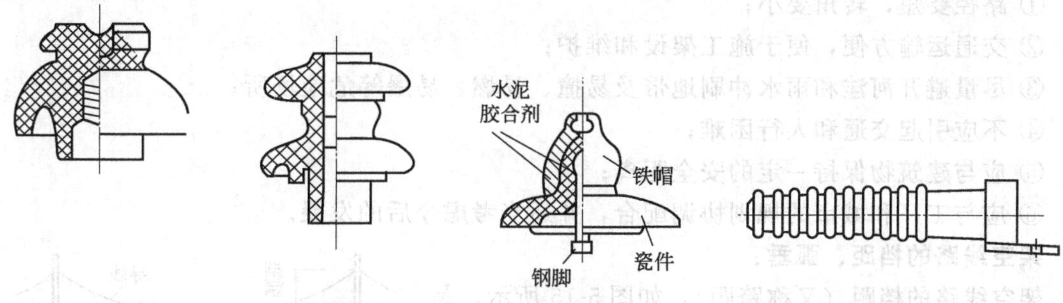

(a) 针式　(b) 蝴蝶式　(c) 悬式　(d) 瓷横担式

图 5-12　高压线路绝缘子

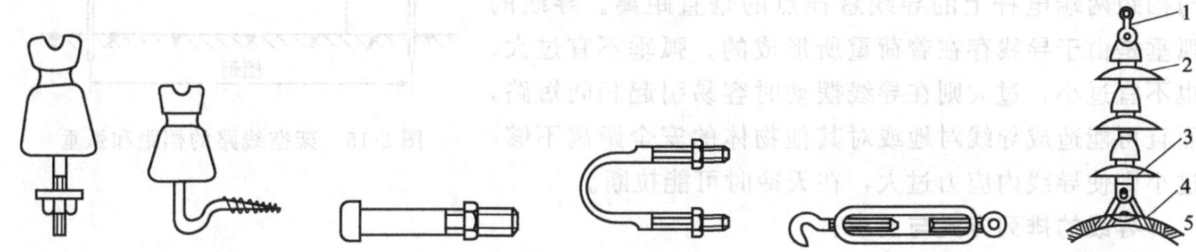

(a) 直脚及绝缘子　(b) 弯脚及绝缘子　(c) 穿心螺钉　(d) U形抱箍　(e) 花篮螺钉　(f) 悬式绝缘子串及金具

图 5-13　线路用金具

1—球形挂环；2—绝缘子；3—碗头挂板；4—悬垂线夹；5—导线

(5) 横担

横担用来固定绝缘子以支承导线，并保持各相导线间的距离。

常用的横担有铁横担和瓷横担。

铁横担由角钢制成，10kV 线路多采用∠63×5 的角钢；380V 线路一般采用∠50×5 的角钢。由于它的机械强度高，因此得到广泛应用。

瓷横担兼有绝缘子和横担的作用，能节约线路钢材，提高线路绝缘水平。但瓷横担机械强度较低，现广泛用于较小截面导线的高压架空线上。

(6) 拉线

拉线用于架空线路的分段杆、终端杆及转角杆，以平衡电杆的受力，防止电杆倾倒，如图 5-14 所示。拉线采用镀锌绞线，依靠花篮螺钉来调节其拉力。

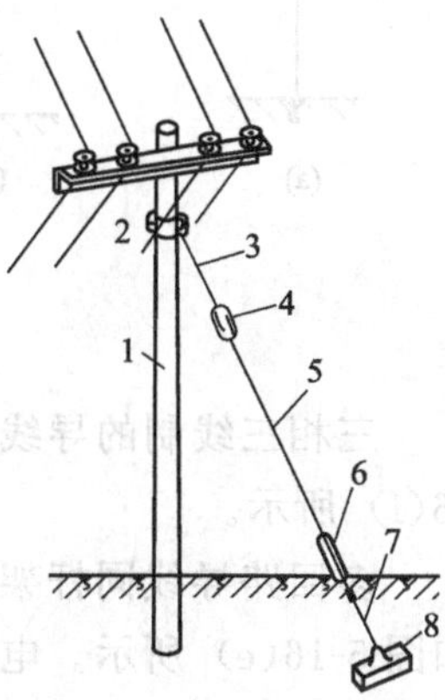

图 5-14　拉线的结构

1—电杆；2—拉线抱箍；3—上把；4—拉线绝缘子；5—腰把；6—花篮螺钉；7—底把；8—拉线底盘

(7) 架空线路的敷设

敷设的要求和路径的选择：

敷设架空线路，要严格遵守有关技术规程的规定。整个施工过程中，要重视安全教育，采取有效的安全措施，特别是立杆、组装和架线时，更要注意人身安全，防止发生事故。竣工以后，要按照规定的手续和要求进行检查和试验，确保工程质量。

选择架空线路的路径时，应考虑以下问题：

① 路径要短，转角要小；

② 交通运输方便，便于施工架设和维护；

③ 尽量避开河洼和雨水冲刷地带及易撞、易燃、易爆等危险场所；

④ 不应引起交通和人行困难；

⑤ 应与建筑物保持一定的安全距离；

⑥ 应与工厂和城市的规划协调配合，并适当考虑今后的发展。

架空线路的档距、弧垂：

架空线路的档距（又称跨距），如图 5-15 所示，是同一线路上相邻两根电杆之间的水平距离。

导线的弧垂（又称弛垂），是架空线路导线最低点与档距两端电杆上的导线悬挂点的垂直距离。导线的弧垂是由于导线存在着荷重所形成的。弧垂不宜过大，也不宜过小，过大则在导线摆动时容易引起相间短路，而且可能造成导线对地或对其他物体的安全距离不够；过小则使导线内应力过大，在天冷时可能拉断。

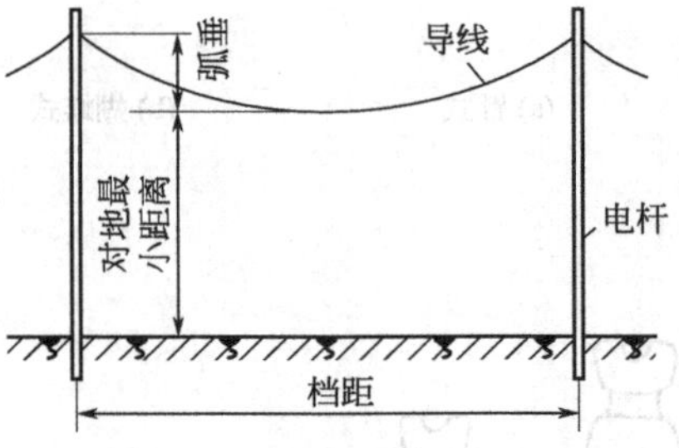

图 5-15　架空线路的档距和弧垂

导线的排列方式与要求：

三相四线制低压线路的导线，一般都采用水平排列，如图 5-16(a) 所示。由于中性线的电位在三相对称时为零，而且其截面也较小，机械强度较差，所以中性线一般架设在靠近电杆的位置。

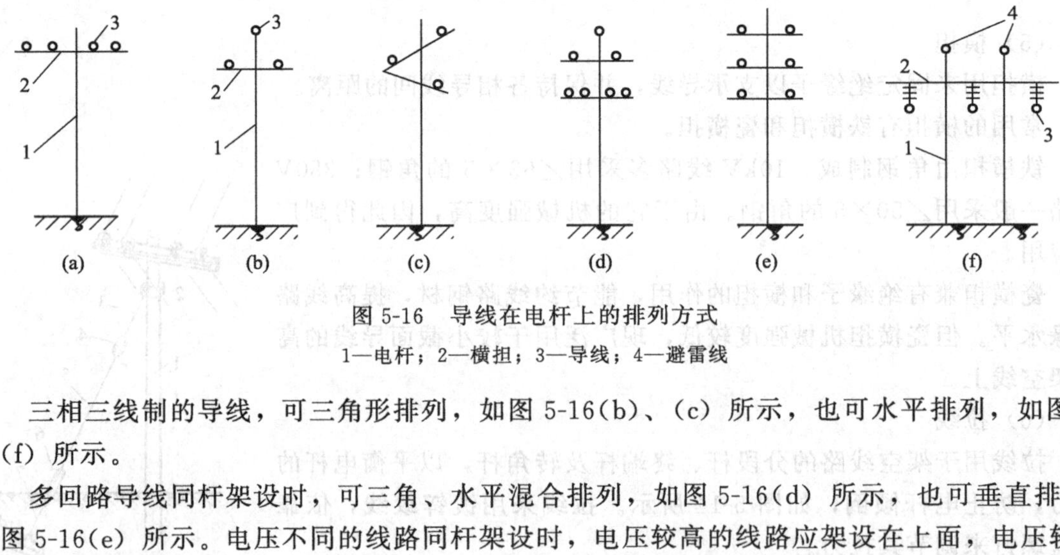

图 5-16　导线在电杆上的排列方式

1—电杆；2—横担；3—导线；4—避雷线

三相三线制的导线，可三角形排列，如图 5-16(b)、(c) 所示，也可水平排列，如图 5-16(f) 所示。

多回路导线同杆架设时，可三角、水平混合排列，如图 5-16(d) 所示，也可垂直排列，如图 5-16(e) 所示。电压不同的线路同杆架设时，电压较高的线路应架设在上面，电压较低的线路则架设在下面。

为防止架空导线之间相碰短路，架空线路一般要满足最小线间距离要求，如表 5-2 所示

表 5-2　架空电力线路最小线间距离　　m

线路电压＼档距	≤40	50	60	70
3～10kV	0.6	0.65	0.7	0.75
≤1kV	0.3	0.4	0.45	0.5

示。档距越大，线间距离也越大。同时上下横担间也要满足最小垂直距离的要求，如表 5-3 所示。

表 5-3　横担间最小垂直距离　　m

导线排列方式	直线杆	分支或转角杆
高压与高压	0.8	0.6
高压与低压	1.2	1.0
低压与低压	0.6	0.3

5.2.2　电缆线路的结构与敷设

电缆是一种既有绝缘层又有保护层的特殊导线。

电缆线路与架空线路相比，虽然具有成本高、投资大，维修不方便等缺点，但是它具有运行可靠、不易受外界影响、不占地面、不碍观瞻等优点，特别是在有腐蚀性气体和有易燃易爆危险、不宜架设架空线路的场所，只有敷设电缆线路。因此在现代工厂中，电缆线路得到越来越广泛的应用。

（1）电缆的分类

目前常用的电力电缆，按其绝缘材料及保护层的不同有以下几类：

① 油浸式纸绝缘铅（铝）包电力电缆；

② 交联聚乙烯绝缘、聚氯乙烯护套电力电缆；

③ 聚氯乙烯绝缘、聚氯乙烯护套电力电缆（简称全塑电缆）；

④ 油浸纸干绝缘电力电缆；

⑤ 不滴流电力电缆等。

按电缆的电压等级可分为：0.5kV、1kV、3kV、6kV、10kV、20kV、35kV 等。

按电缆结构的芯数可分为：单芯、双芯、三芯和四芯电缆。电力电缆一般都是三芯或四芯的。

（2）电力电缆的结构

工厂供电系统常用的电力电缆有油浸纸绝缘和塑料绝缘两大类。

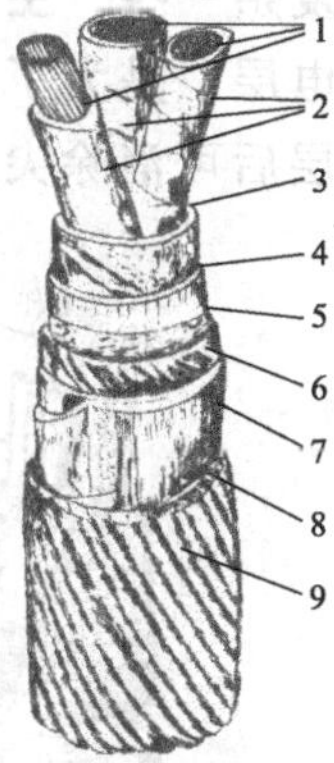

图 5-17　油浸纸绝缘电力电缆

1—铝芯（或铜芯）；2—油浸纸绝缘层；3—麻筋（填料）；4—油浸纸（统包绝缘）；5—铝包（或铅包）；6—涂沥青的纸带（内护层）；7—浸沥青的麻被（内护层）；8—钢铠（外护层）；9—麻被（外护层）

① 油浸纸绝缘电力电缆：图 5-17 是油浸纸绝缘电力电缆的结构图，图 5-18 为其断面图。这种电缆在缆心外面包缠几十层厚度为 0.12mm 左右的电缆纸，然后进行真空干燥并浸渍高耐压强度的绝缘油，再外包铅皮或铝皮，防止水分侵入。它是靠充分干燥的油浸纸获得相间及相对地的绝缘。这种电缆在封端（即电缆头）上要求很严，要求在干燥的环境下用环氧树脂进行封端。

油浸纸绝缘电力电缆具有耐压强度高、耐热能力好、使用年限长等优点，因此它应用较为普遍。但是它工作时，其中的浸渍油会流动，为防止漏油，在敷设高度差上受到限制。

② 塑料绝缘电力电缆：以塑料为主绝缘的塑料电缆，由于制造工艺简单，具有抗酸碱、耐腐蚀、防潮性能好、重量轻、敷设高度差不受限制、封端容易、维护方便和运行可靠等显著优点，因此将逐步取代油浸纸绝缘电缆，应用越来越广泛。

塑料绝缘电缆又分聚氯乙烯绝缘电缆和交联聚乙烯绝缘电缆。

图 5-19 是 1kV 以下的四芯聚乙烯绝缘电缆的断面图。它制造工艺简单，不吸潮，运行可靠，价格低廉，在工厂中得到广泛应用。

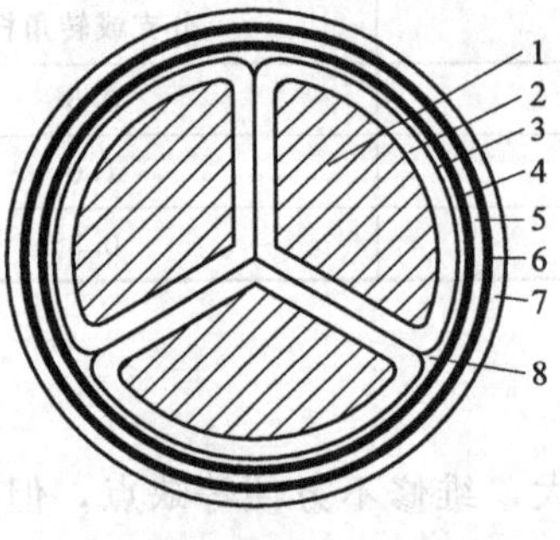

图 5-18　三芯油浸纸绝缘电力电缆断面图

1—线芯；2—油浸纸（相间绝缘）；3—油浸纸（统包层）；4—铅包；5—内黄麻层；6—铠装钢带；7—外黄麻层；8—黄麻填料

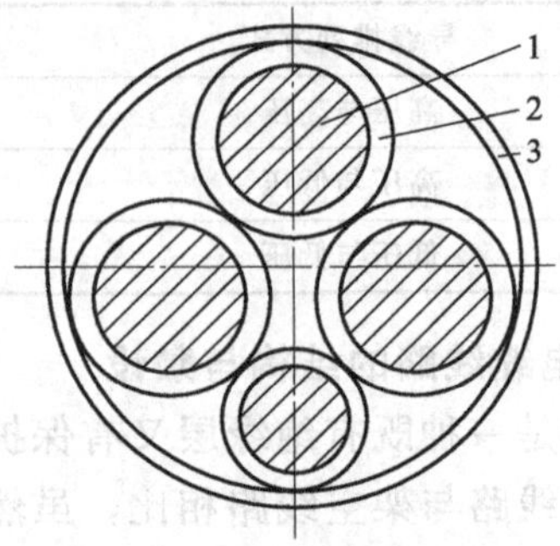

图 5-19　四心聚氯乙烯绝缘电力电缆断面图

1—线芯；2—聚氯乙烯绝缘层；3—聚氯乙烯保护层

图 5-20 和图 5-21 分别为交联聚乙烯绝缘电缆的结构图和断面图，它的结构比聚氯乙烯绝缘电缆复杂一些。主绝缘层采用交联聚乙烯，保护层采用聚氯乙烯。在绝缘层的两边各有一层半导电层，是为了防止在绝缘层中出现尖角电场，由于尖角电场容易使绝缘层击穿，加了半导电层后可消除尖角电场。

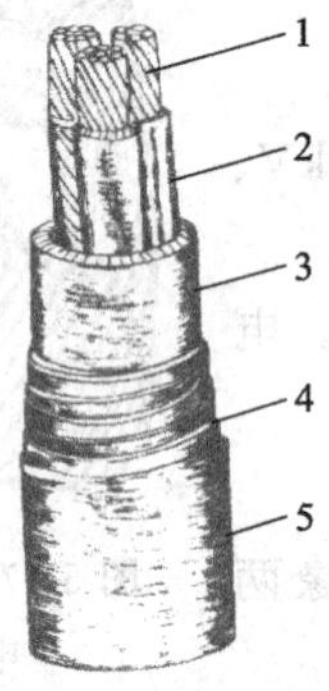

图 5-20　交联聚乙烯绝缘电力电缆

1—铝芯（或铜芯）；2—交联聚乙烯绝缘层；3—聚氯乙烯护套（内护层）；4—钢铠（或铝铠，外护层）；5—聚氯乙烯外壳（外护层）

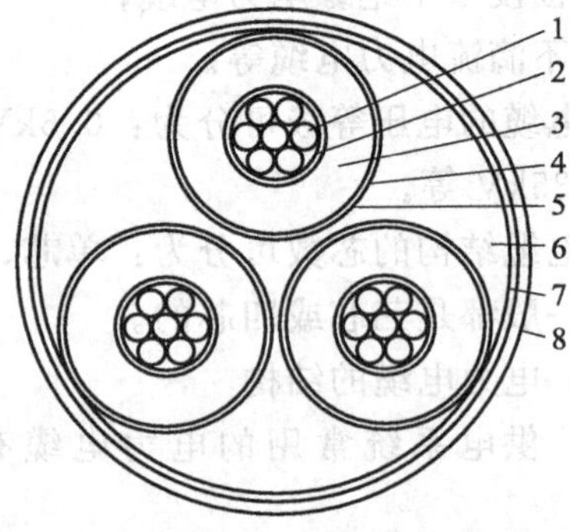

图 5-21　三芯交联聚乙烯绝缘电力电缆断面图

1—线芯；2—内半导电层；3—交联聚乙烯绝缘层；4—外半导电层；5—屏蔽铜带；6—填料；7—扎紧布带；8—聚氯乙烯外护套

以上各种电缆，大多在电缆的外层包扎钢带或钢丝，以加强机械保护的效能。这种电缆称为铠装电缆。

(3) 电力电缆的封端

电缆封端是电缆施工中最重要的一道工序，制作质量的好坏直接影响电缆的安全运行。电缆的封端包括连接两条电缆的中间接头和电缆终端的封端头。

图 5-22 是环氧树脂中间接头盒。图 5-23 是户内式环氧树脂终端头（封端头）。环氧树脂封端，具有工艺简便、绝缘和密封性能好、体积小、重量轻、成本低等优点，现广泛用在工厂 10kV 及以下的配电装置中。

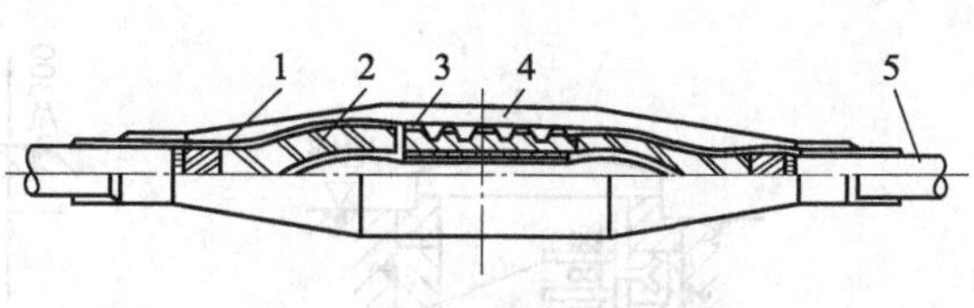

图 5-22 1～10V 电缆环氧树脂中间接头

1—统包绝缘层；2—芯线绝缘；3—扎锁管（管内两芯线对接）；4—扎锁管涂包层；5—铝（或铅）包

运行经验证明，电缆封端是电缆线路的薄弱环节，电缆线路中的很大部分故障往往就发生在接头处。由于电缆封端本身的缺陷或安装质量有问题而造成事故，破坏了电缆的正常运行。为了保证电缆的正常运行，电缆封端应可靠地密封，其耐压强度不应低于电缆本身的耐压强度，要有足够的机械强度，且体积小，结构简单。

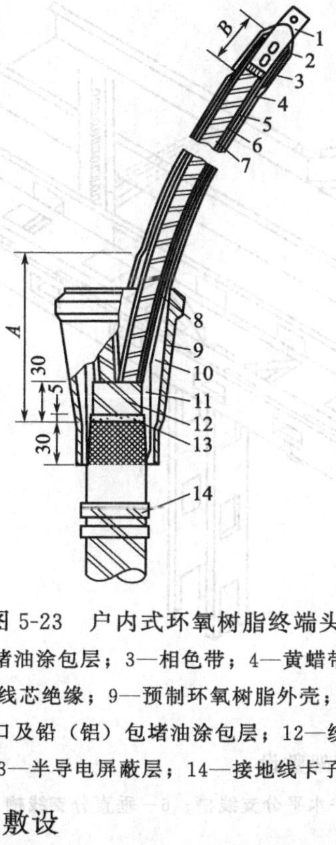

图 5-23 户内式环氧树脂终端头

1—线鼻子；2，8—堵油涂包层；3—相色带；4—黄蜡带；5—耐油橡胶管；
6—黄蜡绸；7—线芯绝缘；9—预制环氧树脂外壳；10—环氧树脂；
11—三叉口及铅（铝）包堵油涂包层；12—统包绝缘；
13—半导电屏蔽层；14—接地线卡子

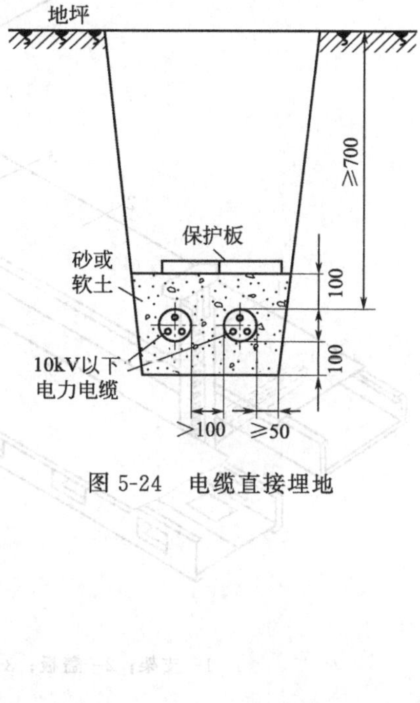

图 5-24 电缆直接埋地

（4）电缆的敷设

电缆的敷设方式：工厂里采用的电缆敷设方式有直接埋地（图 5-24）、电缆沟敷设（图 5-25）和电缆桥架敷设（图 5-26）等几种。

直接埋地电缆必须采用铠装电缆。这种方式散热好、投资省，但查找故障和检修不方便，不能防止外来机械损伤和水土侵蚀，仅用于户外且电缆根数不多的场合。

电缆沟敷设，沟内两侧设有电缆支架，沟面有盖板。沟内可敷设多根电缆，所以占地少，走向较灵活，但沟内容易积水。电缆沟敷设用于电缆根数较多而且与地下管沟矛盾不大的场合。

电缆桥架在户内、户外均可采用，采用电缆桥架敷设的电缆线路，整齐美观维护方便，封闭式槽架有利防火防爆。由于桥架高于地面，所以不存在积水问题，提高了电缆运行的可靠性，而且避免了与地面管沟的变叉碰撞，桥架内可以敷设价廉的无铠装的全塑电缆。

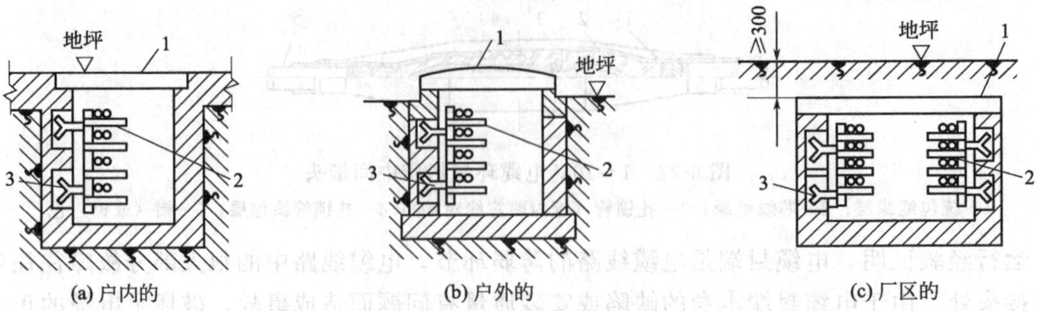

图 5-25 电缆沟敷设

1—盖板；2—电缆支架；3—预埋铁件

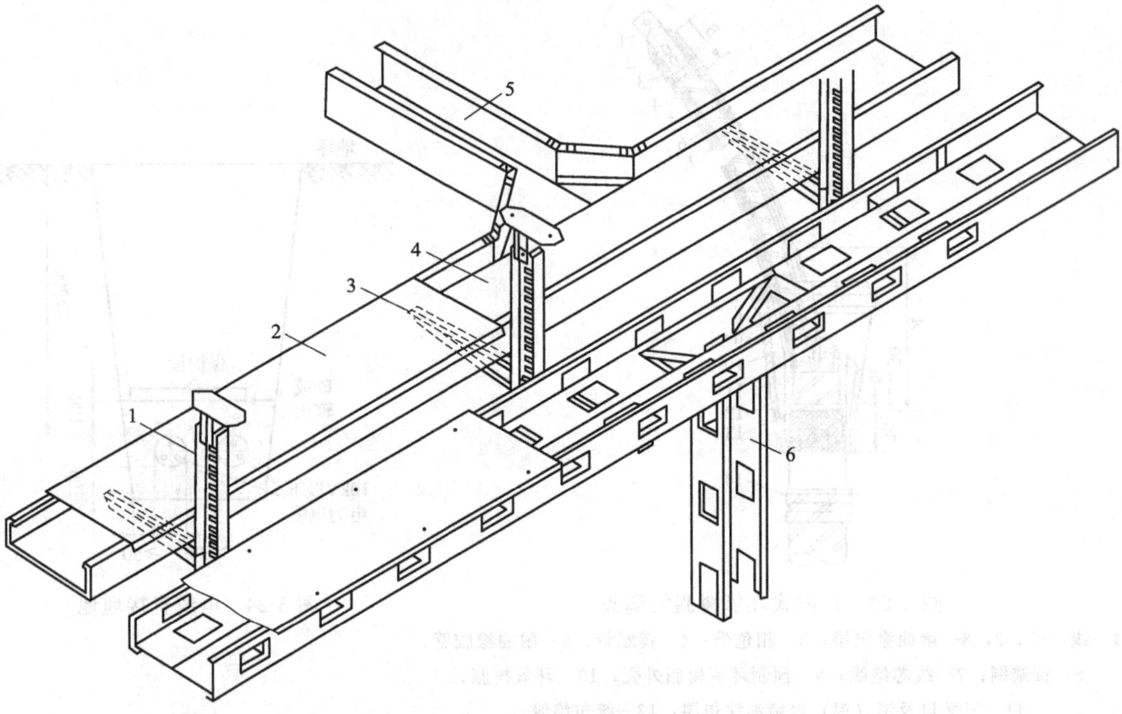

图 5-26 电缆桥架敷设

1—支架；2—盖板；3—支臂；4—线槽；5—水平分支线槽；6—垂直分支线槽

电缆敷设的一般要求：敷设电缆，一定要严格遵守有关技术规程的规定和设计要求。

① 为防止电缆在地形发生变化时受拉力过大，电缆在敷设时要比较松弛，直埋电缆应作波浪形埋设。在敷设条件许可下，电缆长度可考虑 1.5%～2%的余量，作为检修时的备用。

② 下列地点的电缆应穿钢管保护：电缆在引入或引出建筑物或构筑物；电缆穿过楼板及主要墙壁处；从电缆沟引出至电杆或墙壁，在距地面 2m 以下及地下 0.25m 深度的一段；电缆与道路、铁路交叉的一段。所用钢管内径不得小于电缆外径的 2 倍。

③ 电缆与不同管道一起敷设时，应满足下述要求：不允许在敷设煤气管、天然气管及液体燃料管路的沟道中敷设电缆；少数电缆允许敷设在水管或通风管道的明沟或隧道中，或与这些沟道交叉；在热力管道的明沟或隧道中，一般不要敷设电缆。

④ 直埋电缆埋地深度不得小于 0.7m，其壕沟离建筑物基础不得小于 0.6m。

⑤ 电缆沟的结构应考虑防火和防水。电缆沟从户外进入户内处及隧道连接处，应设置防火隔板。为了排水，电缆沟的排水坡度不得小于 0.5%，而且不能排向厂房内侧。

⑥ 电缆的金属外皮和金属封端及保护钢管和金属支架等，均应可靠接地。

5.2.3 车间供电线路常用导线类型及敷设方式

车间供电线路一般均采用交流 380/220V 中性点直接接地的三相四线制供电系统，包括室内配电线路和室外配电线路。室内（即车间内）配电线路的干线多采用裸导线，其他大多采用绝缘导线，少数情况采用电缆。室外配电线路指沿着车间外墙或屋檐敷设的低压配电线路，都采用绝缘导线，也包括车间之间短距离的低压架空线路。

(1) 常用导线类型

① 绝缘导线：绝缘导线按线芯材料分，有铜芯和铝芯两种。在易燃、易爆或对铝有严重腐蚀的场所，应采用铜芯导线，其他场所应优先采用铝芯导线。

绝缘导线按其外皮的绝缘材料分为橡皮绝缘和塑料绝缘两种。塑料绝缘导线绝缘性能良好，价格较低，而且可以大量节省橡胶和棉纱，在户内明敷设或穿管敷设中可取代橡皮绝缘导线，但塑料绝缘导线在低温时要变硬变脆，高温时又易软化，因此不易在户外使用。

表 5-4 列出了常用的绝缘导线型号及主要用途。

表 5-4 常用导线的型号、名称及主要用途

型号 铜芯	型号 铝芯	名称	主要用途
BX	BLX	棉纱编织橡皮绝缘导线	用于不需要特别柔软电线的干燥或潮湿场所，作固定敷设之用，宜于室内架空或穿管敷设
BBX	BBLX	玻璃丝编织橡皮绝缘导线	(同上)但不宜穿管敷设
BXR	—	棉纱编织橡皮绝缘导线	敷设于干燥或潮湿厂房中，作电器设备(如仪表、开关等)活动部件的连接线之用，以及需要特软电线之处
BXG	BLXG	棉纱编织、浸渍、橡皮绝缘导线(单芯或多芯)	穿入金属管内，敷设于潮湿房间，或有导电灰尘，腐蚀性瓦斯蒸气，易爆炸的房间；有坚固保护层以避免穿过地板、天棚、基础时受机械损伤之处
BV	BLV	塑料绝缘导线	用于耐油、耐燃、潮湿的房间内，作固定敷设之用
BVV	BLVV	塑料绝缘塑料护套线(单芯及多芯)	用于耐油、耐燃、潮湿的房间内，作固定敷设之用
—	BLXF	氯丁橡皮绝缘导线	具有抗油性、不易霉，不延燃、制造工艺简单，具有耐日光、耐大气老化等优点，适宜于穿管及户外敷设
BVR	—	塑料绝缘软线	适用于室内，作仪表、开关连接之用以及要求柔软导线之处

② 裸导线：常用的裸导线有软裸线和硬裸线。软裸线多为绞线，材料多为铜质。硬裸线其截面形状有圆形、管形和矩形等，材料为铜、铝、钢。

③ 低压电缆：在一些不宜使用绝缘导线的车间可考虑选用电缆，有时临时拉接电源，也采用电缆。

低压电缆除前面介绍的塑料电缆以外，常用的还有橡胶类绝缘电缆，如乙烯丙烯橡胶和丁苯橡胶，通常都有防机械损伤的聚氯乙烯、氯丁橡胶或氯化聚乙烯橡胶的外护套。

(2) 车间线路的敷设方式及有关要求

常用的敷设方式：图 5-27 表示了几种常用的车间电力线路敷设方式。

① 沿屋架横向明敷：如图 5-27 中 1。

② 跨屋架纵向明敷：如图 5-27 中 2。

③ 沿墙或沿柱明敷：如图 5-27 中 3。

④ 穿管分明敷和暗敷两种，图 5-27 中 4 是明敷设，5 是地下暗敷设。

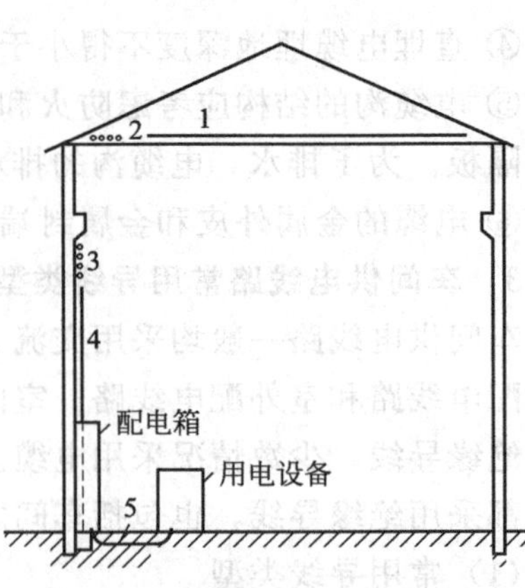

图 5-27　车间电力线路敷设方式

1—沿屋架横向明敷；2—跨屋架纵向明敷；3—沿墙或沿柱明敷；4—穿管明敷；5—地下暗敷

钢管的机械强度高，散热好，且钢管可作保护线用，因此它在一般车间应用较普遍。穿钢管的交流线路，应将同一回路的三相导线或单相的两根导线穿于同一钢管内。否则合成磁场不等于零，管壁上存在交变磁场，产生铁损，使钢管发热，导致其中导线散热条件恶化，甚至烧毁。

硬塑料管耐腐蚀，但机械强度较低，散热差。一般用于有腐蚀性物质的场所，例如石油化工厂的某些车间等场所。

注意：穿管的绝缘导线不允许接头，接头必须通过专门的接线盒。

⑤ 线槽敷设：在绝缘导线较多的地方，可采用线槽敷设。无腐蚀环境可采用镀锌钢线槽，有腐蚀场所则应采用塑料线槽。

⑥ 桥架敷设在电缆根数很多时，采用电缆桥架敷设较为方便，而且灵活、美观。

车间线路敷设应满足下列有关要求。

① 离地面 3.5m 及以下的线路必须采用绝缘导线，离地面 3.5m 以上允许采用裸导线。

② 离地面 2m 及以下的导线必须加机械保护。常用的是穿钢管或穿硬塑料管。

③ 要有足够的机械强度。按机械强度要求的绝缘导线线芯的最小截面参见表 5-8。

④ 树干式干线必须明敷，以便于分支。

⑤ 工作电流在 300A 以上的干线，在干燥、无腐蚀性气体的厂房内，可采用硬裸导线作干线。

⑥ 从干线到配电箱或设备的分支线必须采用绝缘导线穿管引到配电箱或用电设备。

5.2.4 车间动力电气平面布线图

电气平面布线图，就是在建筑的平面图上，应用国家规定的电气平面图的图形符号和文字符号，按照电气设备安装位置及电气线路的敷设方式、部位和路径绘出的电气系统图。

车间动力平面布线图，是表示配电系统对车间动力配电的电气平面布线图。图 5-28 是一个机加工车间的动力电气平面布线图示例。图中的用电设备、配电设备一律按国家规定的符号表示。

表 5-5 是国家标准中规定的电力设备的标注方法。表 5-6 示出了线路敷设方式及敷设部位的文字代号。

在图 5-28 中，动力配电箱的规格为 XL-14-8000，该配电箱设有 8 路 60A 熔断器；引入电源线的型号规格和敷设方式为 BBLX-500（3×25＋1×16）G40-DA，它表示采用三根 $25mm^2$（作相线）、一根 $16mm^2$（作中性线）的铝芯橡皮线，穿内径为 40mm 的焊接钢管沿地板暗敷；35＃和 36＃机床各有两台电动机，功率为 10kW 和 0.125kW。

表 5-5　电力设备的标注方法

标注方式	$\frac{a}{b}$ $\frac{a}{b}\big\vert\frac{c}{d}$	一般标注方法 $a\frac{b}{c}$ $a-b-c$ 当需要标注引入线规格时 $a\frac{b-c}{d(e\times f)-g}$	一般标注方法 $a\frac{b}{c/i}$ $a-b-c/i$ 当需要标注引入线的规格时 $a\frac{b-c/i}{d(e\times f)-g}$
说明	用电设备 a——设备编号 b——设备功率，kW c——线路首端熔体或低压断路器脱扣器的电流，A d——标高，m	配电设备 a——设备编号 b——设备型号 c——设备功率，kW d——导线型号 e——导线根数 f——导线截面，mm^2 g——导线敷设方式及部位	开关及熔断器 a——设备编号 b——设备型号 c——额定电流，A i——整定电流，A d——导线型号 e——导线根数 f——导线截面 g——导线敷设方式

表 5-6　线路敷设方式及部位的文字代号

敷设方式的文字代号				敷设部位的文字代号	
敷设方式	代号	敷设方式	代号	敷设方式	代号
明敷	M	用卡钉敷设	QD	沿梁下弦	L
暗敷	A	用槽板敷设	CB	沿柱	Z
用钢索敷设	S	穿敷接钢管敷设	G	沿墙	Q
用瓷瓶敷设	CP	穿电线管敷设	DG	沿天花板	P
用瓷夹敷设	CJ			沿地板	D

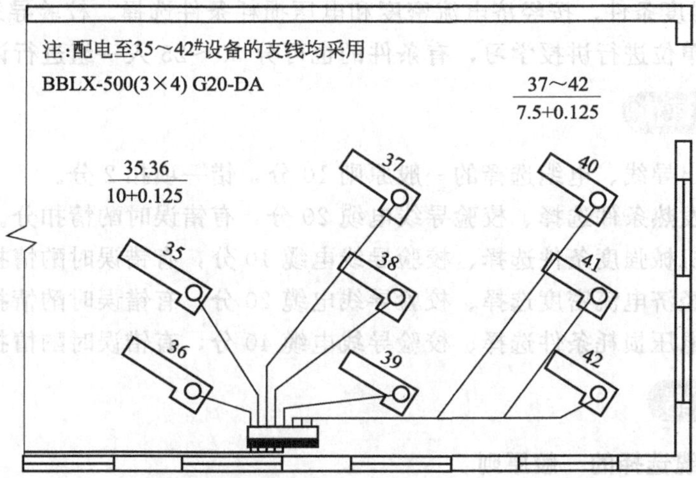

图 5-28　机械加工车间（一角）的动力电气平面布置图

对于设备台数很多的车间，如果每路导线的型号、截面、敷设方式等都在图上标出，则图面很杂乱，通常在平面布线图上只标出干线和配电箱及各配电箱所接的用电设备的编号，其余的可列表或加注说明。

【思考与练习】

1. 分别说明绝缘子、横担及拉线在架空线路中所起的作用。

2. 电缆线路有哪些优点？它适用于哪些场合？

3. 电力电缆的敷设方式有哪几种？各适用于什么场合？

4. 车间供电线路有哪几种敷设方式？

5. 某电气平面布线图上，标注有 BLV-500(3×70+1×35)G70-QM，试说明各文字符号的含义。

任务 5.3 认识导线和电缆截面的选择校验

能力目标

① 掌握导线、电缆选择的一般原则。

② 掌握按发热条件选择、校验导线电缆的方法。

③ 掌握按机械强度选择、校验导线电缆的方法。

④ 掌握按经济电流密度选择、校验导线电缆的方法。

⑤ 掌握按电压损耗条件选择、校验导线电缆的方法。

任务实施及要求

① 通过教师课堂讲授，学生课后练习，使学生掌握导线、电缆选择的一般原则；会按发热条件、机械强度条件、按经济电流密度和电压损耗条件选择、校验导线电缆。

② 以班级为单位进行讲授学习，有条件的也可分 20～25 人一组进行讲授学习。

考核标准及评价

① 能正确说出导线、电缆选择的一般原则 10 分，错一项扣 2 分。

② 能熟练按发热条件选择、校验导线电缆 20 分，有错误时酌情扣分。

③ 能熟练按机械强度条件选择、校验导线电缆 10 分，有错误时酌情扣分。

④ 能熟练按经济电流密度选择、校验导线电缆 20 分，有错误时酌情扣分。

⑤ 能熟练按电压损耗条件选择、校验导线电缆 40 分，有错误时酌情扣分。

相关知识介绍

5.3.1 导线、电缆选择的一般原则

导线、电缆的截面选择，应满足：发热条件、电压损耗条件、经济电流密度和机械强度的要求。

① 发热条件：导线和电缆在通过最大负荷电流（即 I_{30}）时，产生的温度不应超过其正常运行的最高允许温度。

② 电压损耗条件：导线和电缆在通过最大负荷电流时产生的电压损耗应低于最大允许值，以保证供电质量。

③ 经济电流密度：高压线路或特大电流低压线路的导线和电缆截面的选择，为使线路的年运行费用接近最小，节约电能和有色金属，常按经济电流密度选择截面。

④ 机械强度：正常工作时，导线应有足够的机械强度，以防止断线。要求导线的截面不能小于其最小允许截面，表 5-7、表 5-8 给出架空线和绝缘导线的最小允许截面供参考，电缆不需校验机械强度。

此外对于绝缘导线和电缆，还应满足工作电压的要求。

表 5-7 架空裸导线的最小截面

<table>
<tr><th rowspan="2">导线种类</th><th colspan="2">最小允许截面/mm²</th><th rowspan="2">备　注</th></tr>
<tr><th>高压(至 10kV)</th><th>低压</th></tr>
<tr><td>铝及铝合金线</td><td>35</td><td>16 *</td><td rowspan="2">* 与铁路交叉跨越时应为 35mm²</td></tr>
<tr><td>钢芯铝线</td><td>25</td><td>16</td></tr>
</table>

表 5-8 绝缘导线线芯的最小截面

<table>
<tr><th rowspan="2" colspan="3">用途或敷设方式</th><th colspan="2">线芯最小截面/mm²</th></tr>
<tr><th>铜芯</th><th>铝芯</th></tr>
<tr><td colspan="3">照明用灯头引下线</td><td>1.0</td><td>2.5</td></tr>
<tr><td>敷设在绝缘支持件上的绝缘导线，其支持点间距 L 为</td><td>室内</td><td>L≤2m</td><td>1.0</td><td>2.5</td></tr>
<tr><td rowspan="4">敷设在绝缘支持件上的绝缘导线，其支持点间距 L 为</td><td rowspan="4">室外</td><td>L≤2m</td><td>1.5</td><td>2.5</td></tr>
<tr><td>2m<L≤6m</td><td>2.5</td><td>4</td></tr>
<tr><td>6m<L≤15m</td><td>4</td><td>6</td></tr>
<tr><td>15m<L≤25m</td><td>6</td><td>10</td></tr>
<tr><td colspan="3">穿管敷设，槽板，护套线扎头明敷；线槽</td><td>1.0</td><td>2.5</td></tr>
<tr><td rowspan="2">PE 线或 PEN 线</td><td colspan="2">有机械保护时</td><td>1.5</td><td>2.5</td></tr>
<tr><td colspan="2">无机械保护时</td><td>2.5</td><td>4</td></tr>
</table>

根据经验，对低压动力线，由于负荷电流较大，一般先按发热条件来选择截面，再校验电压损耗、机械强度。低压照明线，因照明对电压要求较高，一般先按电压损耗选择截面，再校验其发热条件和机械强度。对高压供电线路，一般先按经济电流密度选择截面，再校验其他三个条件。按以上方法选择导线截面，条件容易满足，较少返工。下面依次介绍各种方法。

5.3.2 按发热条件选择、校验导线电缆

(1) 相线截面选择

电流通过导线（电缆、母线，下同）时，会使导线发热。如果通过导线的电流超过允许值时，会使裸导线接头处氧化加剧，绝缘导线的绝缘老化加快。因此按发热条件选择截面应按下式进行

$$I_{a1} \geqslant I_{30} \tag{5-1}$$

式中　I_{a1}—导线的允许载流量。

表 5-9 给出了 LJ 型铝绞线的 I_{a1} 值，表 5-10、表 5-11、表 5-12 分别给出了 BLX、BLV 型导线明敷时、穿钢管时、穿塑料管时的 I_{a1} 值，从表中可以看到不同的环境温度所对应的 I_{a1} 是不同的，如果导体敷设地点的温度与表中所给出的温度不同时，那么导体的允许载流

量应乘以温度校正系数 K_θ。

$$K_\theta=\sqrt{\frac{\theta_{a1}-\theta_0'}{\theta_{a1}-\theta_0}} \tag{5-2}$$

式中 θ_{a1}——导体正常工作时的最高允许温度，在表 5-13 中可查得；

θ_0——导体允许载流量所采用的环境温度；

θ_0'——导体敷设地点的实际环境温度，户外（含户外电缆沟）采用当地最热月平均最高气温。户内（含户内电缆沟）可采用当地最热月平均最高气温加 5℃。

表 5-9 LJ 型铝绞线的主要技术数据

额定截面/mm^2	16	25	35	50	70	95	120	150	185	240
50℃的电阻 R_0/(Ω/km)	2.07	1.33	0.96	0.66	0.48	0.36	0.28	0.23	0.18	0.14
线间几何均距/mm	线路电抗 X_0/(Ω/km)									
600	0.36	0.35	0.34	0.33	0.32	0.31	0.30	0.29	0.28	0.28
800	0.38	0.37	0.36	0.35	0.34	0.33	0.32	0.31	0.30	0.30
1000	0.40	0.38	0.37	0.36	0.35	0.34	0.33	0.32	0.31	0.31
1250	0.41	0.40	0.39	0.37	0.36	0.35	0.34	0.34	0.33	0.33
1500	0.42	0.41	0.40	0.38	0.37	0.36	0.35	0.35	0.34	0.33
2000	0.44	0.43	0.41	0.40	0.40	0.39	0.37	0.37	0.36	0.35
室外气温 25℃导线最高允许温度 70℃时的允许载流量/A	105	135	170	215	265	325	375	440	500	610

表 5-10 BLX、BBLX 和 BLV 型铝芯绝缘线明敷时的允许载流量

（导线正常最高允许温度为 65℃） A

线芯截面/mm^2	BLX、BBL 型铝芯橡皮线				BLV 型铝芯塑料线			
	环境温度							
	25℃	30℃	35℃	40℃	25℃	30℃	35℃	40℃
2.5	27	25	23	21	25	23	21	19
4	35	32	30	27	32	29	27	25
6	45	42	38	35	42	39	36	33
10	65	60	56	51	59	55	51	46
16	85	79	73	67	80	74	69	63
25	110	102	95	87	105	98	90	83
35	138	123	119	109	130	121	112	102
50	175	163	151	138	165	154	142	130
70	206	206	190	174	205	191	177	162
95	265	247	229	209	250	233	216	197
120	310	280	268	245	283	266	246	225
150	360	336	311	284	325	303	281	257
185	420	392	363	332	380	355	328	300

对于铜芯线的允许载流量只需将表 5-10 至表 5-12 中相同截面的铝芯线的允许载流量乘以 1.3 即可。

$$I_{a1(铜)}=1.3\times I_{a1(铝)}$$

（2）中性线和保护线的选择

① 中性线截面的选择：一般的三相四线制线路中，正常情况下中性线中通过的电流仅为三相不平衡电流或零序电流，通常都较小。因此规定中性线截面 A_0 一般不得小于相线截面 A_ϕ 的 50%即

$$A_0\geqslant 0.5A_\phi \tag{5-3}$$

对由三相线路分出的两相三线和单相双线线路中的中性线，由于其中通过的电流与相线电流相等，中性线截面应选择与相线截面相同，即

$$A_0 = A_\phi \tag{5-4}$$

表 5-11 BIX、BBLX 和 BLV 型铝芯绝缘线穿钢管时的允许载流量

（导线正常最高允许温度为 65℃） A

线芯截面/mm²	两根单芯线				管径/mm		三根单芯线				管径/mm		四根单芯线				管径/mm	
	环境温度						环境温度						环境温度					
	25℃	30℃	35℃	40℃	G	DG	25℃	30℃	35℃	40℃	G	DG	25℃	30℃	35℃	40℃	G	DG
2.5	21	19	18	16	15	20	19	17	16	15	15	20	16	14	13	12	20	25
4	28	26	24	22	15	20	25	23	21	19	20	20	23	21	19	18	20	25
6	37	34	32	29	20	20	34	31	29	26	20	25	30	28	25	23	20	25
10	52	48	44	41	20	25	46	43	39	36	25	32	40	37	34	31	25	32
16	66	61	57	52	25	32	59	55	51	46	25	32	52	48	44	41	32	40
25	86	80	74	68	32	32	76	71	65	60	32	40	68	63	58	53	40	—
35	106	99	91	83	32	40	94	87	81	74	40	40	83	77	71	65	50	—
50	133	124	115	105	40	—	118	110	102	93	50	—	105	98	90	83	50	—
70	165	154	142	130	50	—	150	140	129	118	50	—	133	124	115	105	70	—
95	200	187	173	158	50	—	180	168	155	142	70	—	160	149	138	126	70	—
120	230	215	198	181	70	—	210	198	181	166	70	—	190	177	164	150	80	—
150	260	243	224	205	70	—	240	224	207	189	70	—	220	205	190	174	80	—

表 5-12 BLX、BDLX 和 BLV 型铝芯绝缘线穿塑料管时的允许载流量

（导线正常最高允许温度为 65℃） A

线芯截面/mm²	两根单芯线				管径/mm	三根单芯线				管径/mm	四根单芯线				管径/mm
	环境温度					环境温度					环境温度				
	25℃	30℃	35℃	40℃		25℃	30℃	35℃	40℃		25℃	30℃	35℃	40℃	
2.5	19	17	16	15	15	17	15	14	13	20	15	14	12	11	20
4	25	23	21	19	15	23	21	19	18	20	20	18	17	15	25
6	33	30	28	26	20	29	27	25	22	20	26	24	22	20	25
10	44	41	38	34	25	40	37	34	31	25	35	32	30	27	32
16	58	54	50	45	25	52	48	44	41	32	46	43	39	36	32
25	77	71	66	60	32	68	63	58	53	40	60	56	51	47	40
35	95	88	82	75	40	84	78	72	66	40	74	69	64	58	50
50	120	112	103	94	40	108	100	93	85	50	95	88	82	75	50
70	153	143	132	121	40	135	126	116	106	50	120	112	103	94	50
95	184	172	159	145	50	165	154	142	130	65	150	140	129	118	65
120	210	196	181	166	50	190	177	164	150	65	170	158	147	134	80
150	250	233	216	187	50	227	212	196	179	65	205	191	177	162	80

② 保护线截面的选择：低压系统的保护线（PE 线）按规定一般其截面 A_{PE} 不得小于相线截面的 50%。即

$$A_{PE} \geqslant 0.5A_\phi \tag{5-5}$$

若 $A_\phi \leqslant 16\text{mm}^2$ 时，考虑到热稳定度的要求，A_{PE} 应与 A_ϕ 相等，即

$$A_{PE} = A_\phi (A_\phi \leqslant 16\text{mm}^2) \tag{5-6}$$

TN 系统中若发生单相接地短路，相线与保护线（ϕ-PE 间）就有单相短路电流 $I_K^{(1)}$ 通过，要保证保护装置可靠动作，$I_K^{(1)}$ 需满足下列要求：

熔断器保护 $$I_K^{(1)}=\frac{U_\phi}{|Z_{\phi\text{-PE}}|}\geqslant 4I_{NFE} \tag{5-7}$$

低压断路器保护 $$I_K^{(1)}=\frac{U_\phi}{|Z_\phi|}\geqslant 1.5I_{OP} \tag{5-8}$$

式中 U_ϕ——系统相电压；

I_{NFE}，I_{OP}——分别为熔断器熔体的额定电流和断路器的动作电流；

$|Z_{\phi\text{-PE}}|$——相线与保护线回路的阻抗，可用下式表示

$$|Z_{\phi\text{-PE}}|=\sqrt{(R_T+R_{\phi\text{-PE}})^2+(X_T+X_{\phi\text{-PE}})^2} \tag{5-9}$$

R_T，X_T——变压器单相的等效电阻、电抗；

$R_{\phi\text{-PE}}$，$X_{\phi\text{-PE}}$——相线与保护线回路的电阻、电抗。

如果 $I_K^{(1)}$ 不能满足上面式子，PE 线的截面还需加大。

③ 保护中性线截面选择：保护中性线（PEN 线）即有保护线（PE 线）功能又有中性线（N 线）的功能。它的截面选择要同时满足上述两线截面选择的要求，然后取其中较大的一个截面作为 A_{PEN}。

例 5-1 一条采用 BLX-500 型铝芯橡皮线明敷的 380/220V TN-S 线路，最大负荷电流为 165A，环境温度取 25℃，试按发热条件选择此线路的导线截面。

解 由于低压供电系统是 TN-S 线路，即线路中包含相线、中性线和 PE 线。在表 5-10 中，50mm² 的 BLX 橡皮线在 25℃时的载流量为 175A＞165A。

所以查表 5-10 得 $$A_\phi=50\text{mm}^2$$

$$A_N\geqslant 0.5A_\phi=25\text{mm}^2$$

$$A_{PE}\geqslant 0.5A_\phi=25\text{mm}^2$$

选取 BLX-500(3×50＋1×25＋PE25)。此线截面还需进行单相短路保护校验（略）。

表 5-13 导体在正常和短路时的最高允许温度及热稳定系数

导体种类和材料			最高允许温度/℃ 正常 θ_0	最高允许温度/℃ 短路 θ_K	热稳定系数 C
母线	铜		70	300	171
	铜(接触面有锡层时)		65	200	164
	铝		70	200	87
油浸纸绝缘电缆	铜芯	1～3kV	80	250	148
		6kV	65	220	145
		10kV	60	220	148
	铝芯	1～3kV	80	200	84
		6kV	65	200	90
		10kV	60	200	92
橡皮绝缘导线和电缆	铜芯		65	150	112
	铝芯		65	150	74
聚氯乙烯绝缘导线和电缆	铜芯		65	130	100
	铝芯		65	130	65
交联聚乙烯绝缘电缆	铜芯		80	230	140
	铝芯		80	200	84
有中间接头的电缆(不包括聚氯乙烯绝缘电缆)	铜芯			150	
	铝芯			150	

5.3.3 按经济电流密度选择导线、电缆

导线截面的选择，既要使电能损耗小，又不要过多地增加线路投资，维护费用和有色金属的消耗量，按经济电流密度选择导线截面，即可达此目的。中国目前采用的经济电流密度 j_{ec}（A/mm^2）如表 5-14 所示。

表 5-14　中国规定的经济电流密度 j_{ec}

线路类别	导体材料	年最大负荷利用小时 T_{max}		
		3000h 以下	3000～5000h	5000h 以上
		经济电流密度 j_{ec}/(A/mm^2)		
架空线路	铝	1.65	1.15	0.90
	铜	3.00	2.25	1.75
电缆线路	铝	1.92	1.73	1.54
	铜	2.50	2.25	2.00

按经济电流密度选择的导线截面叫经济截面，可用下式计算

$$A_{ec}=I_{30}/j_{ec} \tag{5-10}$$

按经济电流密度选择导线截面，一般只用于高压线路。实际选择时，可选取最接近计算值的标准截面。

例 5-2　有一条 LJ 型铝绞线的 10kV 架空线路，计算负荷为 1280kW，$\cos\phi=0.9$，年最大负荷利用时间为 4200h，环境温度取 30℃，试选择其导线截面，并进行必要的校验。

解　选择经济截面：

$$I_{30}=P_{30}/(\sqrt{3}U\cos\phi)=1280/(\sqrt{3}\times10\times0.9)\approx82\ (A)$$

查表 5-14，$j_{ec}=1.15A/mm^2$，则 $A_{ec}=82/1.15=71mm^2$

取标准截面 $70mm^2$，可选 LJ-70 型铝绞线。

校验发热条件：

查表 5-9，25℃时，LJ-70 的 $I_{a1}=265A$，30℃时的修正系数为 0.94，故 30℃的允许载流量 $I_{a1}=265\times0.94=249A>I_{30}=82A$，满足发热条件。

校验机械强度：

查表 5-7，LJ 型铝绞线的最小允许截面 $A_{min}=35mm^2<70mm^2$，满足机械强度要求。

5.3.4 按电压损耗选择校验导线、电缆

由于线路有阻抗，负荷电流通过线路时有一定的电压损耗。

(1) 线路电压损耗计算

① 集中负荷的三相线路电压损耗的计算：

图 5-29 所示是带有 2 个集中负荷的三相线路，各负荷电流用小写 i 表示，各线段电流用大写 I 表示，各线段的长度、每相电阻、电抗分别用小写 l、r、x 表示，各负荷点至线路首端长度，各相电阻、电抗分别用大写 L、R、X 表示。

三相线路中，每相线路的电压损耗可以用下式表示（证明从略）。

$$\Delta U=\sqrt{3}(i_2R_2\cos\phi_2+i_2X_2\sin\phi_2+i_1R_1\cos\phi_1+i_1X_1\sin\phi_1) \tag{5-11}$$

当线路中带有任意个集中负荷时，上式可演变为

$$\Delta U=\sqrt{3}\sum(iR\cos\phi+iX\sin\phi) \tag{5-12}$$

如果用各干线段中的负荷电流来计算电压损耗，则

$$\Delta U=\sqrt{3}\sum(Ir\cos\phi+Ix\sin\phi) \qquad (5\text{-}13)$$

如果用各负荷功率 p、q 来计算电压损耗，则

$$\Delta U=\sum(pR+qX)/U_{\mathrm{N}} \qquad (5\text{-}14)$$

如果用干线段功率 P、Q 来计算电压损耗，则

$$\Delta U=\sum(Pr+Qx)/U_{\mathrm{N}} \qquad (5\text{-}15)$$

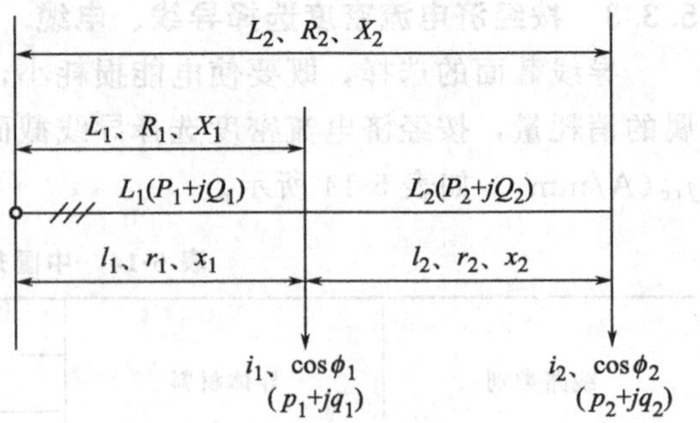

图 5-29　带有 2 个集中负荷的三相线路

以上各式中，R、r、X、x 的求法分别等于其单位长度的 r_0 和 x_0 与长度的乘积，r_0 和 x_0 可查表 5-9 和表 5-15，关于表中的线间几何均距，主要取决于三根相线的排列位置，若相线为等边三角形排列：线间几何均距等于线间距离；若导线为水平排列：线间几何均距等于 1.2 倍线间距离。如果参数不详时，按表 5-16 取它们的平均值。

表 5-15　室内明敷及穿钢管的铝、铜芯绝缘导线的电阻和电抗

导线截面/mm²	铝/(Ω/km)			铜/(Ω/km)		
	电阻 R_0 65℃	电抗 X_0		电阻 R_0 65℃	电抗 X_0	
		明线间距 100mm	穿管		明线间距 100mm	穿管
1.5	24.39	0.342	0.14	14.48	0.342	0.14
2.5	14.63	0.327	0.13	8.69	0.327	0.13
4	9.15	0.312	0.12	5.43	0.312	0.12
6	6.10	0.300	0.11	3.62	0.300	0.11
10	3.66	0.280	0.11	2.19	0.280	0.11
16	2.29	0.265	0.10	1.37	0.265	0.10
25	1.48	0.251	0.10	0.88	0.251	0.10
35	1.06	0.241	0.10	0.63	0.241	0.10
50	0.75	0.229	0.09	0.44	0.229	0.09

表 5-16　电力线路每相的单位长度电抗平均值　　(Ω/km)

线路类别	单位长度电抗平均值 X_0	
	6～10kV	380/220V
架空线路	0.38	0.32
电缆线路	0.08	0.066

对于可以只考虑电阻或 $\cos\phi\approx1$ 的三相线路来说

$$\Delta U=\sum(pR)/U_{\mathrm{N}}=\sum(Pr)/U_{\mathrm{N}} \qquad (5\text{-}16)$$

对于整条三相线路的导线截面、材料、敷设方式均相同且只考虑电阻或 $\cos\phi\approx1$ 的“均一无感”线路来说：

$$\Delta U=\frac{\sum(PL)}{\gamma AU_{\mathrm{N}}}=\frac{\sum(Pl)}{\gamma AU_{\mathrm{N}}}=\frac{\sum M}{\gamma AU_{\mathrm{N}}} \qquad (5\text{-}17)$$

式中　$\sum M$——负荷功率矩，kW・m；

γ——导线的电导率；

A——导线截面；

U_{N}——线路额定电压。

线路电压损耗百分值为

$$\Delta U\% = \frac{\Delta U}{U_N} \times 100\% \tag{5-18}$$

对上述“均一无感”的三相电路来说，其电压损耗百分值

$$\Delta U\% = \frac{100\% \sum (PL)}{\gamma A U_N^2} = \frac{\sum M}{CA} \quad (C = \gamma U_N^2 / 100\%) \tag{5-19}$$

对于均一无感的单相交流电路或直流电路，其负荷电流要来回通过 2 根导线，所以总的电压损耗为单根导线的 2 倍。

$$\Delta U\% = \frac{200\% \sum M}{\gamma A U_N^2} = \frac{\sum M}{CA} \tag{5-20}$$

式(5-19)、式(5-20) 中的 C 为计算系数，可由表 5-17 中得到。

表 5-17　公式 $\Delta U\% = \Sigma M/(CA)$ 中的计算系数 C 值

线路额定电压/V	线路接线及电流类别	C 的计算式	kW·m/mm²	
			铝线	铜线
220/380	三相四线	$\gamma U_N^2/100\%$	46.2	76.5
	两相三线	$\gamma U_N^2/225\%$	20.5	34.0
220	单相及直流	$\gamma U_N^2/200\%$	7.74	12.8
110			1.94	3.21

② 均匀分布负荷三相线路电压损耗计算：

如图 5-30 是一段带有均匀负荷的线路，单位长度线路上负荷电流为 i_0，均匀负荷产生的电压损耗相当于全部负荷集中于负荷分布线路中点时的电压损耗，即

$$\Delta U = \sqrt{3} I R_0 \left(L_1 + \frac{L_2}{2} \right) \tag{5-21}$$

式中，$I = i_0 L_2$ 为均匀分布负荷的等效集中负荷。

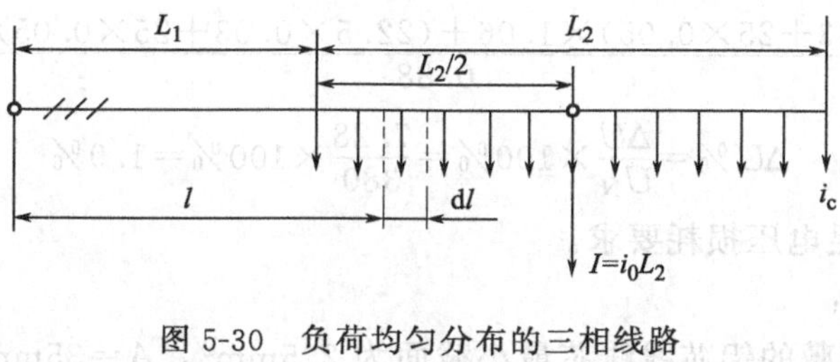

图 5-30　负荷均匀分布的三相线路

（2）按允许电压损耗选择校验导线、电缆

对于线路中的电压损耗，有一定的规范要求，对于低压动力线，电压损耗不能超过 5%，在用经济电流密度或发热条件选择了高低压导线的截面后，还要对其电压损耗进行校验，如果电压损耗不能满足要求，通常要加大导线截面。对照明线路来说，电压损耗不能超过 3%，通常按此条件选择截面，再校验发热和机械强度。

例 5-3　某 380V 低压动力线路如图 5-31(a) 所示，线路拟采用 BLX-500 铝芯橡皮线户内明敷，车间的环境温度取 35℃，选择并校验该动力线的截面。

解　将均匀分布负荷集中于负荷分布段的中点，给出等值电路如图 5-31(b) 所示。

① 先按发热条件选择低压动力线截面：

因 $\cos\phi_1=0.8$ 时，$\tan\phi_1=0.75$，$\cos\phi_2=0.7$ 时，$\tan\phi_2=1$

$P_1=30\text{kW}$，$Q_1=P_1\tan\phi_1=30\times0.75=22.5$（kvar）

$P_2=25\text{kW}$，$Q_2=P_2\tan\phi_2=25\times1=25$（kvar）

线路中总负荷

$$P=P_1+P_2=30+25=55\ (\text{kW})$$

$$Q=Q_1+Q_2=22.5+25=47.5\ (\text{kvar})$$

$$S=\sqrt{P^2+Q^2}=\sqrt{55^2+47.5^2}=72.67\ (\text{kV·A})$$

线路中计算电流 $I_{30}=S/(\sqrt{3}U)=72.6/(\sqrt{3}\times0.38)=110.4$（A）

查表 5-10，35℃、BLX 型导线 $A=35\text{mm}^2$ 时，$I_{al}=119$（A）

$I_{al}=119\text{A}>I_{30}=110.4\text{A}$，可选择 BLX-500-3×35 型的铝芯橡皮线。

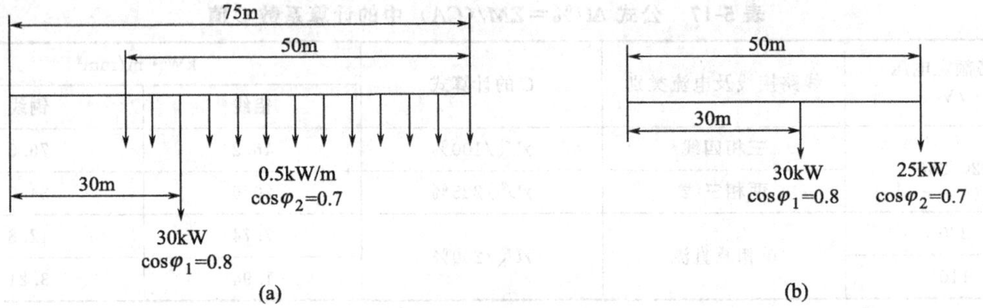

图 5-31 例题 5-3 图

② 校验电压损耗：

查表 5-15，BLX-500-3×35 型，得 $R_0=1.06\Omega/\text{km}$，$X_0=0.241\Omega/\text{km}$

线路的电压损耗为

$$\Delta U=\frac{\sum(pR+qX)}{U}=\frac{(p_1L_1+p_2L_2)R_0+(q_1L_1+q_2L_2)X_0}{U}$$

$$=\frac{(30\times0.03+25\times0.05)\times1.06+(22.5\times0.03+25\times0.05)\times0.24}{0.38}=7.28\text{V}$$

$$\Delta U\%=\frac{\Delta U}{U_N}\times100\%=\frac{7.28}{380}\times100\%=1.9\%$$

$\Delta U\%<5\%$，满足电压损耗要求。

③ 校验机械强度：

查表 5-8，室内明敷的铝芯线线芯最小截面为 2.5mm^2，$A=35\text{mm}^2>2.5\text{mm}^2$，满足机械强度要求。

例 5-4 现拟采用 BLX-500 型导线架空敷设一条 220V 单相路灯线路，线路长度和负荷分布如图 5-32 所示，线路电压损失最大不能超过 3%，试选择导线截面。

解 将均匀分布的负荷集中于负荷中点，即距 220V 电源 200m 处有一集中负荷，该负荷为

$$P=2\times300=600\text{W}=0.6\ (\text{kW})$$

由于是“均一无感”的单相交流电路，其电压损耗

$$\Delta U\%=\frac{\sum M}{CA}$$

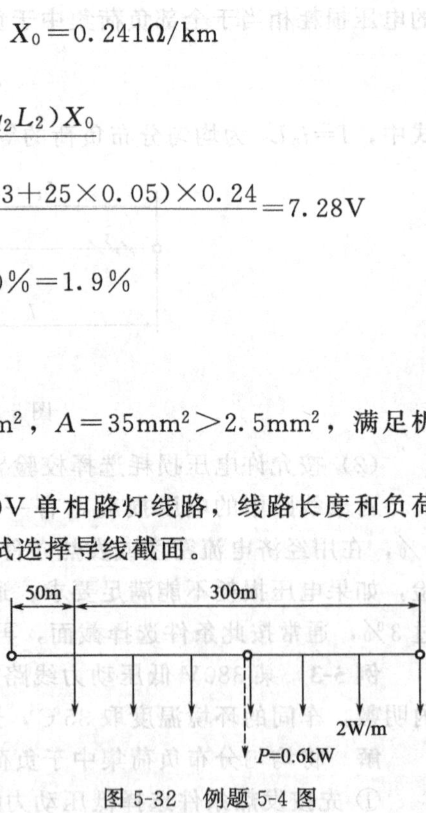

图 5-32 例题 5-4 图

其中$\sum M=PL=0.6\times200=120$（kW·m）

查表 5-17 $C=7.74$kW·m/mm²，已知 $\Delta U\%=3\%$代入上式得：

$$A=\frac{\sum M}{C\Delta U\%}=\frac{120}{7.74\times3}=5.15\ (\text{mm}^2)$$

取标准截面 $A=6\text{mm}^2$，选取 BLX-500-2×6 型导线。

校验发热条件：查表 5-10，BLX-500-2×6 型在 35℃时的允许载流量 $I_{al}=38$A，该照明线路中的计算电流 $I_{30}=P/U=600\text{W}/220\text{V}=2.7$（A）

$$I_{al}=38\text{A}>I_{30}=2.7\text{A}，满足发热条件。$$

校验机械强度：查表 5-10，户外绝缘导线的 $A_{min}=2.5\text{mm}^2<6\text{mm}^2$，满足要求。

【思考与练习】

1. 导线、电缆的截面选择，应满足哪些条件？

2. 高压线路导线截面的选择，用什么条件来初选，还需校验哪些条件？

3. 低压线路导线截面的选择，用什么条件来初选，还需校验哪些条件？

4. 照明线路导线截面的选择，用什么条件来初选，还需校验哪些条件？

5. 某石油化工机械厂的 2 个车间由 10kV 架空线路供电，导线采用 LJ 型铝绞线，成三角形布置、线间距离为 1m，允许电压损耗 $\Delta U\%=5\%$，各段干线截面相等，各车间的负荷及各线段长度如图 5-33 所示，试选择该架空线路的导线截面，并进行必要的校验。已知：年最大负荷利用小时为 4800h，环境温度为 30℃。

6. 有一低压 380V 的 TN-C 供电线路，为 10 台同容量电动机供电，如图 5-34 所示，每台电动机的 $P_N=5$kW，$\cos\phi=0.85$，$\eta=0.86$，试选择此 BLV 铝芯塑料线穿钢管敷设的导线截面，并进行必要的校验。

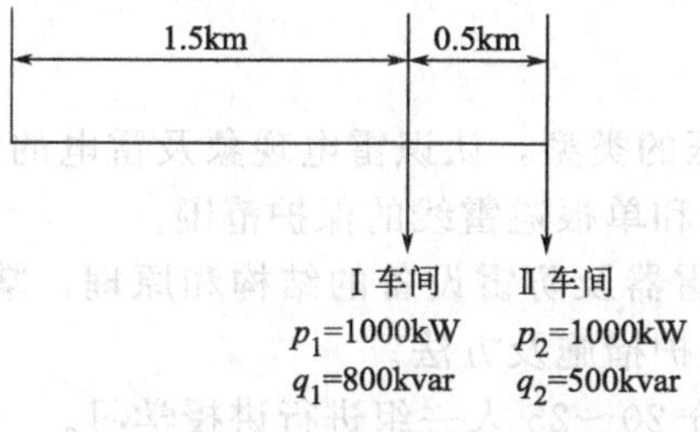

图 5-33 各车间负荷及各线段长度

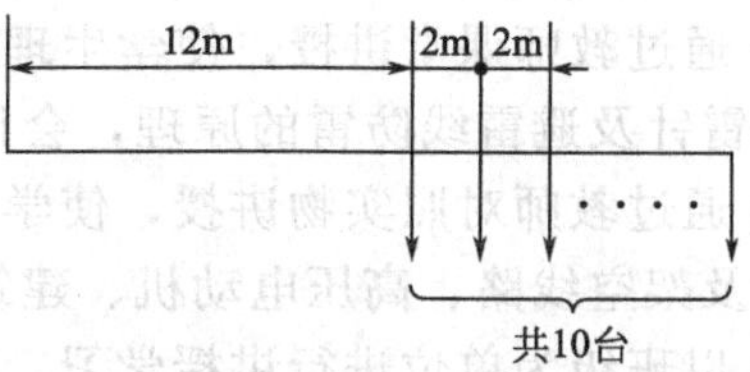

图 5-34 TN-C 供电线路

项目6

防雷、电气设备接地知识

任务6.1 认识过电压与防雷

能力目标

① 掌握过电压的类型，认识雷电现象及雷电的危害。

② 掌握避雷针及避雷线防雷的原理，会计算单支避雷针和单根避雷线的保护范围。

③ 了解其他避雷器的结构和原理，掌握变配电所及架空线路、高压电动机、建筑物等的防雷保护措施及方法。

任务实施及要求

① 准备各种避雷器及防雷设备实物。

② 通过教师课堂讲授，使学生理解和掌握过电压的类型，认识雷电现象及雷电的危害；掌握避雷针及避雷线防雷的原理，会计算单支避雷针和单根避雷线的保护范围。

③ 通过教师对照实物讲授，使学生了解各种避雷器及防雷设备的结构和原理，掌握变配电所及架空线路、高压电动机、建筑物等的防雷保护措施及方法。

④ 以班级为单位进行讲授学习，有条件的也可分 20～25 人一组进行讲授学习。

考核标准及评价

① 能正确说出过电压的类型 10 分，每错一个扣 5 分。

② 能正确说出雷电现象 10 分，说不完整或有错误酌情扣分。

③ 能正确说出雷电的危害 10 分，说不完整或有错误酌情扣分。

④ 能熟练计算单支避雷针和单根避雷线的保护范围 40 分，有错误时酌情扣分。

⑤ 能说出变配电所及架空线路、高压电动机、建筑物等的防雷保护措施及方法 30 分，说不完整或有错误酌情扣分。

相关知识介绍

6.1.1 过电压

供电系统正常运行时，由于某种原因，使某些部分的电压升高，甚至大大超过正常状态下的数值，这种对电气设备及线路绝缘造成危害的电压升高称之为过电压。

供电系统中，过电压按其产生的原因不同，一般分为以下两类。

(1) 内部过电压

内部过电压是由于供电系统内部电磁能量的转化或传递引起的电压升高。亦又分为操作过电压和谐振过电压。操作过电压是由于系统中的开关操作、负荷骤变或由于故障出现断续性电弧而引起的过电压。谐振过电压是由于系统中的电路参数（R、L、C）在特定组合时发生谐振而引起的过电压。

运行经验证明，内部过电压一般不会超过供电系统正常运行时额定电压的 3～3.5 倍。只要对电气设备及线路的绝缘强度预先进行合理考虑，即可防止其破坏性。

(2) 雷电过电压

雷电过电压又称为大气过电压，它是由于供电系统内的设备或建筑物遭受雷击而产生的过电压。由于引起这种过电压的能量来源于外界，故又称为外部过电压。雷电过电压产生雷电冲击波，其电压幅值高达 1 亿伏，其电流幅值可高达几十万安，因此对供电系统危害极大，必须采取有效措施进行保护。

雷电过电压的基本形式有三种：

① 雷电直接对建筑物、电气设备或线路放电，其过电压引起强大的雷电流，通过这些物体入地，称为直击雷过电压（直击雷）；

② 雷电的静电感应或电磁感应所引起的危险过电压，称为感应过电压（感应雷）；

③ 由于直击雷或感应雷而产生的高电位雷电波，沿架空线路或金属管道侵入变配电所或用户而造成危害，称为雷电波侵入。

6.1.2 雷电及其危害

(1) 雷电现象

雷电放电的过程称为雷电现象。带电雷云临近地面时，对大地或架空线路将感应出与雷云极性相反的电荷。当雷云中的电荷积聚到足够数量时，电场强度达到一定数值，就会使正、负雷云之间或雷云与大地之间产生放电，出现强大的雷电流。整个放电的温度可达数万摄氏度，并出现耀眼的光亮和巨响，称为雷电，亦即通常所说的“闪电”和“打雷”。

(2) 雷电的危害

雷电的破坏作用主要是雷电流和雷电压引起的，其主要表现在以下几方面：

① 雷电的机械效应　雷电流所产生的电动力，可摧毁设备、杆塔和建筑物，伤害人、畜；

② 雷电的热效应　雷电流所产生的热量，可烧断导线和烧毁电力设备；

③ 雷电的电磁效应　雷电过电压，将会击穿电气绝缘，甚至引起火灾和爆炸，造成人身伤亡和设备破坏；

④ 雷电的闪络放电　将会烧坏绝缘子，使断路器跳闸，线路停电或引起火灾。

6.1.3 防雷设备

为了避免上述雷电的危害，工厂供电系统通常采用防雷设备进行过电压保护。

一个完整的防雷设备，一般由接闪器或避雷器、引下线和接地装置三个部分组成。

(1) 接闪器

接闪器是专门用来直接接受雷击的金属体。接闪的金属杆，称为避雷针；接闪的金属线，称为避雷线；接闪的金属带、金属网，称为避雷带、避雷网。所有接闪器都必须经过引下线与接地装置相连。

① 避雷针：避雷针一般用镀锌圆钢或镀锌焊接钢管制成。它通常安装在构架、支柱或建筑物上，其下端经引下线与接地装置焊接。

由于避雷针高出被保护物，又和大地直接相连，当雷云先导接近时，它与雷云之间的电场强度最大，因而可将雷云放电的通路吸引到避雷针本身，并经引下线和接地装置将雷电流安全地泄放到大地中去，使被保护物体免受直接雷击。所以避雷针实质上是引雷针。

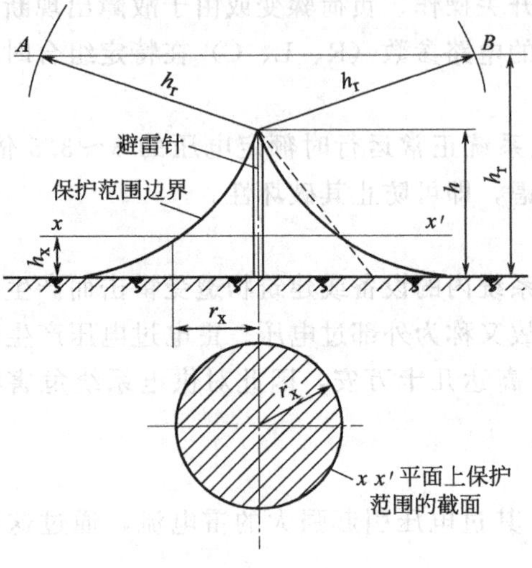

图 6-1 单支避雷针的保护范围

在一定高度的避雷针下面，有一个安全区域，在这个区域的空间基本上不致遭受雷击，这个安全空间称为避雷针的保护范围。

中国对避雷针（或避雷线）的保护范围，采用“滚球法”来确定。所谓滚球法，就是选择一个半径为 h_r（滚球半径）的球体，沿需要防护直击雷的部分滚动。如果球体只触及接闪器或者接闪器和地面，而不触及需要保护的部位时，则该部位就在这个接闪器的保护范围之内。而滚球半径 h_r 是按建筑物的防雷类别确定的。第一类防雷建筑物，滚球半径 $h_r=30\text{m}$；第二类防雷建筑物，滚球半径 $h_r=45\text{m}$；第三类防雷建筑物，滚球半径 $h_r=60\text{m}$。

单支避雷针的保护范围，按下列方法确定，如图 6-1 所示：

$$r_x=\sqrt{h(2h_r-h)}-\sqrt{h_x(2h_r-h_x)} \tag{6-1}$$

式中 r_x——避雷针在某平面上的保护半径，m；

h_r——滚球半径，m；

h_x——被保护物高度，m；

h——避雷针高度，m。

例 6-1 某厂一座 40m 高的水塔旁边，建有一个车间变电所（属第三类防雷建筑物），尺寸如图 6-2 所示。水塔上面装有一支高 2m 的避雷针，试问此避雷针能否保护这个变电所？

解 已知滚球半径 $h_r=60\text{m}$，而 $h=40+2=42\text{m}$，$h_x=8\text{m}$，因此由式（6-1）得到保护半径

$$r_x=\sqrt{42\times(2\times60-42)}-\sqrt{8\times(2\times60-8)}=27.31\ (\text{m})$$

现变电所 $h_x=8\text{m}$ 高度上最远一角距离避雷针最远的水平距离为

$$r_b=\sqrt{(10+15)^2+10^2}=26.92\text{m}<r_x$$

由此可见，水塔上安装的避雷针是完全可以保护这个变电所的。

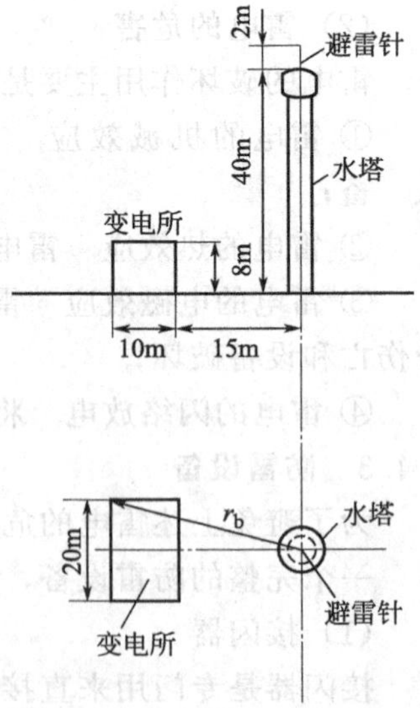

图 6-2 避雷针的保护范围

② 避雷线：避雷线又称架空地线，它一般架设在架空线路上边，引下地线与接地装置相连接，用于保护架空线路或其他

物体免遭直接雷击。避雷线的原理与功能与避雷针基本相同。单根避雷线的保护范围，按下列方法确定，如图 6-3。

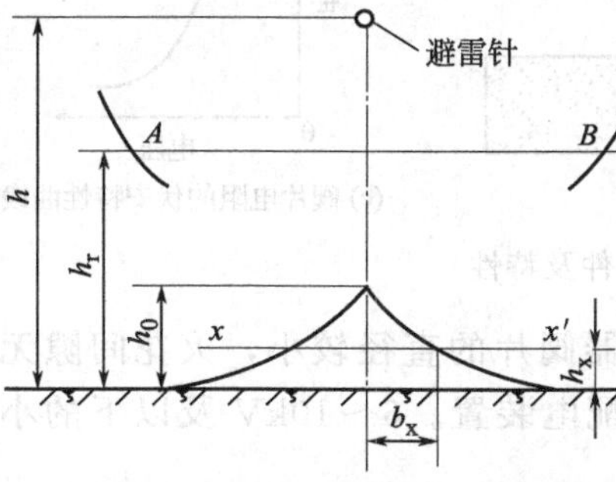

图 6-3 单根避雷线的保护范围

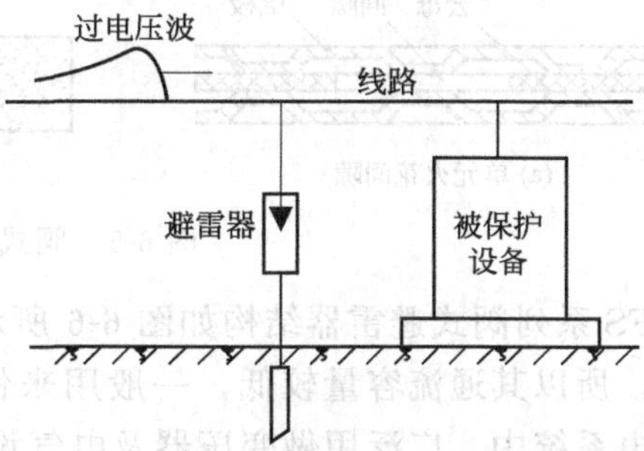

图 6-4 避雷器的连接

当避雷线高度 $h<2h_r$ 时，如果满足 $2h_r>h>h_r$，则保护范围最高点的高度按下式计算：

$$h_0=2h_r-h \tag{6-2}$$

避雷线在被保护物高度 h_x 的某平面上的保护宽度 b_x 可按下式计算：

$$b_x=\sqrt{h(2h_r-h)}-\sqrt{h_x(2h_r-h_x)} \tag{6-3}$$

当避雷线高度 $h\geqslant 2h_r$ 时，无保护范围。

③ 避雷带和避雷网：避雷带和避雷网普遍用来保护较高的建筑物免受雷击。避雷带一般沿屋顶周围装设，高出顶面 100～150mm，支持卡间距离 1～1.5m。装在烟囱、水塔顶部的环状避雷带又叫避雷环。避雷网除沿屋顶周围装设外，需要时屋顶上面还用圆钢或扁钢纵横连接成网。避雷带、网必须经引下线与接地装置可靠地连接。

（2）避雷器

避雷器是一种过电压保护设备，用来防止雷电所产生的大气过电压沿架空线路侵入变配电所或其他建筑物内，以免危及被保护设备的绝缘。避雷器也可用来限制内部过电压。避雷器应与被保护设备并联且位于电源侧，其放电电压低于被保护设备的绝缘耐压值。如图 6-4 所示，沿线路侵入的过电压，将首先使避雷器击穿并对地放电，从而保护了它后面设备的绝缘。

避雷器的类型，主要有阀式、管式、保护间隙和金属氧化物避雷器。

① 阀式避雷器：阀式避雷器主要分为普通阀式避雷器和磁吹阀式避雷器两大类。普通阀式避雷器有 FS 和 FZ 两种系列；磁吹阀式避雷器有 FCD 和 FCZ 两种系列。

阀式避雷器型号中的符号含义如下：

F——阀式；S——线路用；Z——电站用；D——保护电机用；C——磁吹。

阀式避雷器主要由火花间隙和阀性电阻（阀片）串联组成，装在密封的瓷套管内。由于火花间隙具有足够的绝缘强度，因此在正常工频电压作用下，间隙不会被击穿，阀片中不会有电流通过，但在雷电过电压作用下，火花间隙被击穿放电。阀性电阻具有非线性特性，正常电压时，阀性电阻阻值很大；过电压时阀片电阻阻值变得很小，如图 6-5(a)、(b)、(c) 所示。因此，当线路出现过电压时，火花间隙被击穿，阀性电阻使雷电流顺利流入大地；而当过电压消失后，线路恢复工频电压时，阀性电阻则呈现很大的电阻值，使火花间隙迅速恢复而切断工频续流，从而保证线路恢复正常运行。

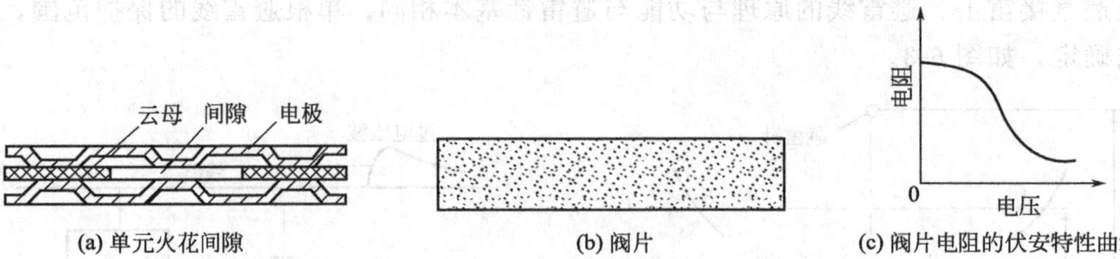

(a) 单元火花间隙　　(b) 阀片　　(c) 阀片电阻的伏安特性曲线

图 6-5　阀式避雷器的组成部件及特性

FS系列阀式避雷器结构如图 6-6 所示。此种避雷器阀片的直径较小，火花间隙无分路电阻，所以其通流容量较低，一般用来保护小容量的配电装置。6～10kV 及以下的小型工厂配电系统中，广泛用做变压器及电气设备的保护。

FZ系列阀式避雷器结构如图 6-7 所示。此种避雷器阀片直径较大，火花间隙并联有分路电阻，所以其通流容量较大。一般用于保护 35kV 及以上大中型工厂中总降压变电所的电气设备。

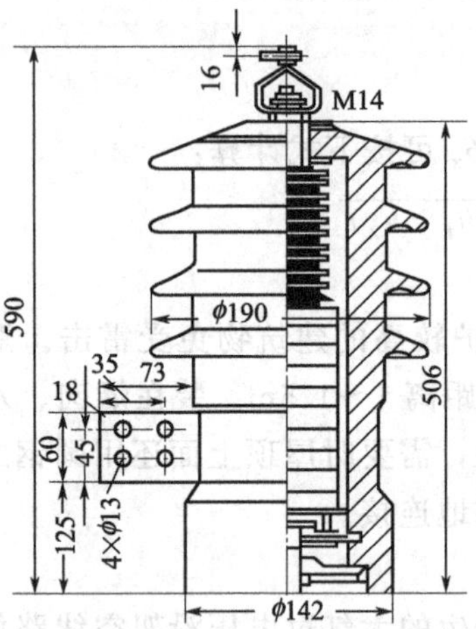

图 6-6　FS-10 型阀式避雷器

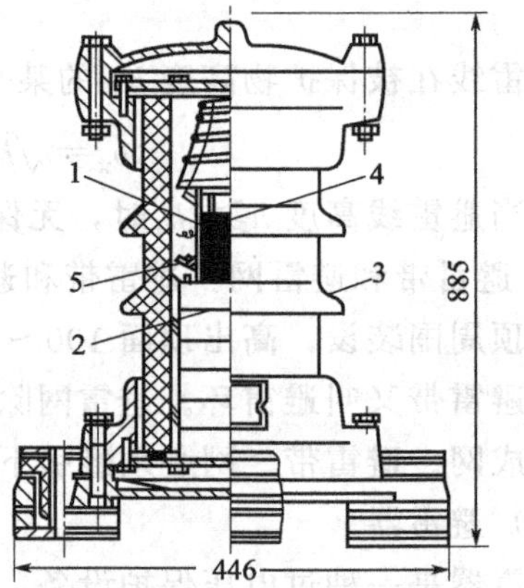

图 6-7　FZ-10 型阀型避雷器

1—火花间隙；2—阀片；3—瓷套；4—云母片；5—分路电阻

磁吹阀式避雷器（FCD 型）如图 6-8 所示。它内部附有磁吹装置来加速火花间隙中电弧的熄灭，专门用来保护重要的或绝缘较为薄弱的设备，例如高压电动机等。

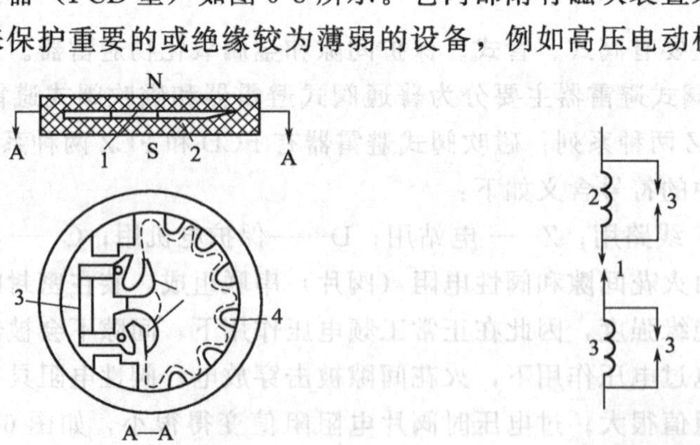

(a) 拉长电弧型磁吹间隙　　(b) 等值回路图

1—电极；2—灭弧盒；3—分路电阻；4—灭弧栅　　1—主间隙；2—磁场线圈；3—分流间隙

图 6-8　磁吹避雷器间隙

② 保护间隙和管式避雷器：保护间隙是最简单的防雷设备。其结构形式较多，但基本是由两个金属电极构成的，如图 6-9 所示。对于 6～10kV 系统，其主间隙为 15mm 及 25mm。为了防止主间隙被鸟兽短路引起误操作，在其下方还串联有辅助间隙，其值为 10mm。正常运行时，间隙对地绝缘；当雷击时，间隙被击穿，将雷电流泄入大地，使被保护电气设备的绝缘不致发生闪络。但这种防雷设备，其保护性能较差，灭弧能力小，而且容易造成接地和短路故障。因此对于装有保护间隙的线路，一般要求装设 ARD 与之配合，以提高供电的可靠性。

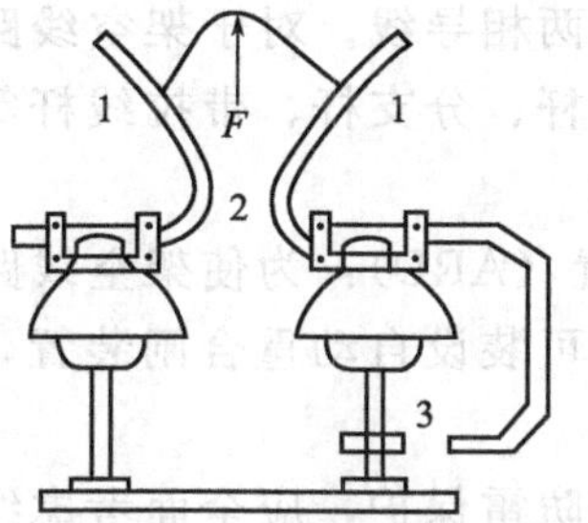

图 6-9　保护间隙

1—ϕ6～12mm 的圆钢；2—主间隙；3—辅助间隙

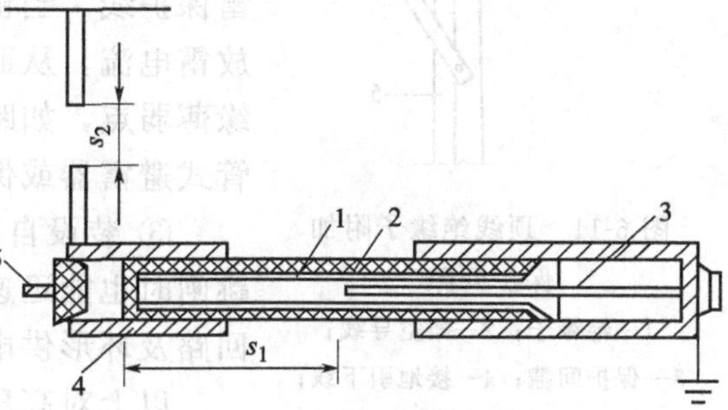

图 6-10　管式避雷器

1—产生管；2—胶木管；3—棒形电极；4—环形电极；5—动力指示器；s_1—内间隙；s_2—外间隙

管式避雷器实质上是一个具有较高灭弧能力的保护间隙，其结构如图 6-10 所示。它由装在产气管的内部间隙（由棒形电极和环形电极构成）和外部间隙组成。当线路遭受雷击时，管式避雷器外部间隙和内部间隙击穿，将雷电流泄入大地，接着工频续流在内部间隙处发生强烈电弧，使产气管内壁材料燃烧，产生大量气体，管内压力升高，气体在高压作用下由环形电极开口喷出，形成强烈的纵吹作用，在工频交流电流第一次过零时电弧熄灭。这时外部间隙恢复了绝缘，使管式避雷器与系统隔开，恢复系统正常运行。管式避雷器一般只用于户外线路，变配电所内一般采用阀式避雷器。

③ 金属氧化物避雷器：金属氧化物避雷器又称压敏避雷器，它是一种由压敏电阻片构成的新型避雷器。压敏电阻片以氧化锌（ZnO）为主要原料，附加少量其他金属氧化物，经高温焙烧而成为多晶半导体陶瓷元件。它具有优良的阀特性，在工频电压下，它呈现极大的电阻，能迅速有效地抑制工频续流；而在过电压下，其电阻又变得很小，能很好地泄放雷电流。金属氧化物避雷器体积小，重量轻，结构简单，残压低，响应迅速，是一种很有发展前途的过电压保护设备。

6.1.4　防雷保护

工厂变配电所的防雷保护有两个重要方面，即对直击雷的防护和由线路侵入的过电压的防护。运行经验表明，装设避雷针和避雷线对直击雷的保护是很有效的，但是沿线路侵入的雷电波造成的雷害事故相当频繁，所以必须装设避雷器加以防护。

（1）架空线路的防雷保护

架空线路的防雷保护可以从以下几个方面考虑。

① 装设避雷线：装设避雷线是以防线路遭受直击雷击。避雷线的装设，一般按线路电压等级和其他具体情况考虑。63kV 及以上的架空线路需沿全线装设避雷线；35kV 的架空线路一般只在经过人口稠密区或进出变电所的一段线路上装设；而 10kV 及以下线路上一般

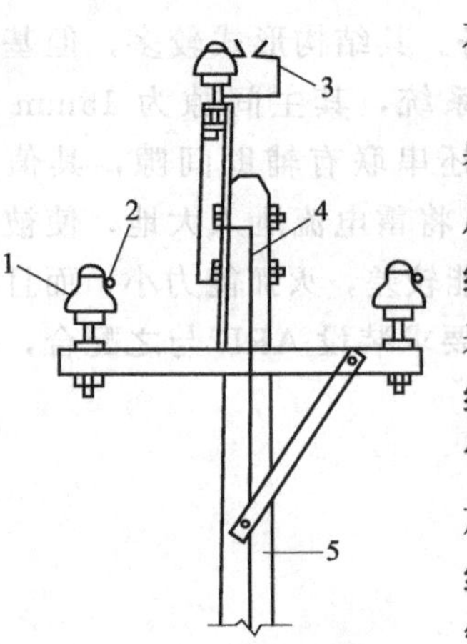

图 6-11　顶线绝缘子附加保护间隙

1—绝缘子；2—架空导线；3—保护间隙；4—接地引下线；5—支柱（电杆）

不装设避雷线。

② 加强线路绝缘或装设避雷器：加强线路绝缘或装设避雷器是以防线路绝缘闪络。为使架空线路杆塔或避雷线遭受雷击后线路不致发生闪络，应设法改善避雷线的接地，或适当加强线路绝缘，或在绝缘薄弱点装设避雷器。对于10kV线路，可采用高一电压等级的绝缘子或瓷横担；也可在三角形排列的顶线绝缘子上加装保护间隙，如图 6-11 所示。并利用顶线兼作防雷保护线。当雷击时，顶线承受雷击，击穿保护间隙，对地泄放雷电流，从而保护了下面两相导线。对于架空线路上个别绝缘薄弱点，如跨越杆、转角杆、分支杆、带拉线杆等，可装设管式避雷器或保护间隙。

③ 装设自动重合闸装置（ARD）：为使架空线路在雷击而跳闸时也能迅速恢复供电，可装设自动重合闸装置，或采用双回路及环形供电。

以上对高压架空线路的防雷保护，应全面考虑线路的重要程度、沿线地带雷电活动情况、地形地貌特点等因素，进行经济技术比较，因地制宜，合理采用。

④ 低压架空线路的防雷保护：为防止雷击低压架空线路时雷电波侵入建筑物，对低压架空进出线，应在进出处装设避雷器并与绝缘子铁脚、金具连在一起接到电气设备的接地装置上。当多回路进出线时，可仅在母线或总配电箱处装设一组避雷器，但绝缘子铁脚，金具仍需接到接地装置上。进出建筑物的架空金属管道，在进出处应就近接到接地装置上或者单独接地。

（2）变配电所的防雷保护

① 装设避雷针或避雷线：用来保护整个变配电所，使之免遭直接雷击。如果变配电所在附近高大建（构）筑物上的避雷针保护范围以内或变配电所本身为室内型，不必另考虑直击雷的保护。

② 高压侧装设阀式避雷器：主要用来保护变电所的主变压器，以免雷电冲击波沿高压线路侵入变电所，损坏主变压器。为此要求避雷器应尽量靠近变压器安装，其接地线应与变压器低压侧接地中性点及金属外壳连在一起接地，如图 6-12 所示。图 6-13 是 6～10kV 配电

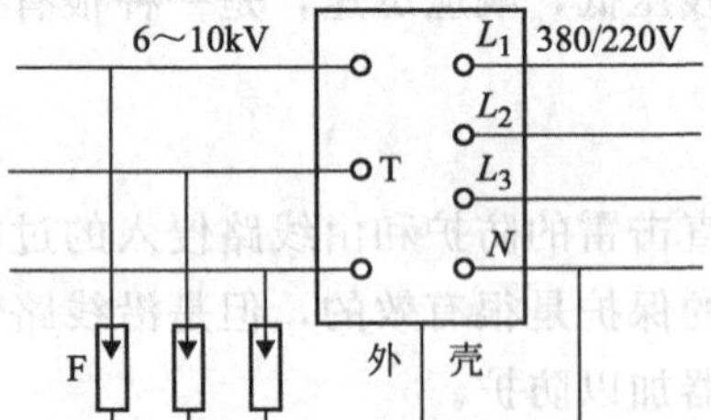

图 6-12　电力变压器的防雷保护及其接地系统

T—电力变压器；F—阀式避雷器

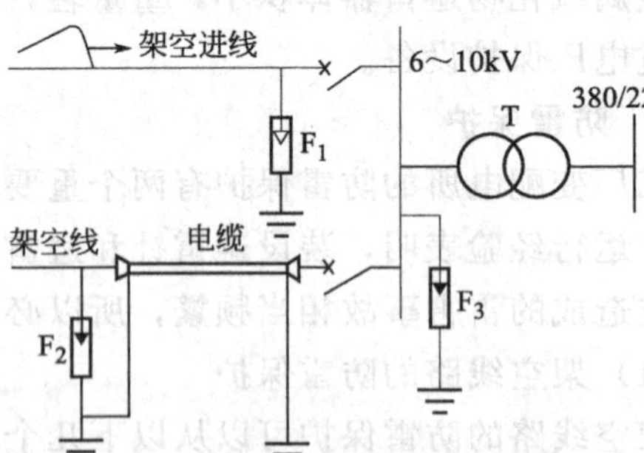

图 6-13　高压配电装置防护雷电波侵入示意图

F_1、F_2—排气式或阀式避雷器；F_3—阀式避雷器

装置对雷电波侵入的防护接线示意图。在每路进线终端和母线都装有阀式避雷器。如果进线是具有一段引入电缆的架空线路，则阀式避雷器或排气式（管式）避雷器应装在架空线路终端的电缆头处。

③ 低压侧装设阀式避雷器或保护间隙：这主要是在多雷地区用来防止雷电波沿低压线路侵入而击穿变压器的绝缘。当变压器中性点不接地时，其中性点可装设阀式避雷器或保护间隙。

（3）高压电动机的防雷保护

高压电动机的定子绕组是采用固体介质绝缘的，其绝缘水平比变压器低。加之长期运行后，固体绝缘介质可能受潮、腐蚀和老化，会进一步降低其耐压水平。因此高压电动机对雷电波的防护，不能采用普通的阀式避雷器，而要采用专门用于保护旋转电机用的FCD型磁吹阀式避雷器或具有串联间隙的金属氧化物避雷器。

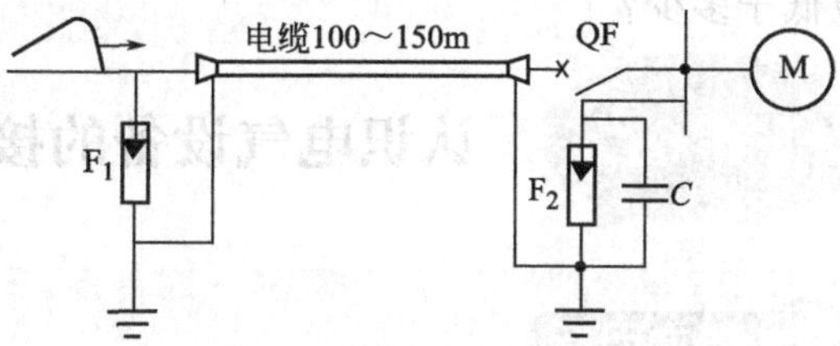

图 6-14 高压电动机的防雷保护接线示意图
F_1—排气式避雷器或普通阀式避雷器；
F_2—磁吹阀式避雷器

对于定子绕组中性点能引出的高压电动机。可在中性点装设上述两种之一的避雷器。

对于定子绕组中性点不能引出的高压电动机，可采用图 6-14 所示接线。为降低沿线路侵入的雷电波波头陡度，减轻其对电动机绕组的危害，可在电动机前加一级引入电缆，并在电缆头处安装一组排气式（管式）或阀式避雷器，利用雷电流将避雷器 F_1 击穿后的集肤效应，可大大减少流过电缆芯线的雷电流。同时在高压电动机入口前母线上安装一组并联电容器 $C(0.25\sim0.5\mu F)$，则可降低母线上雷电冲击波陡度。

（4）建筑物的防雷保护

工厂中的建筑物按其重要性、使用性质、发生雷击事故的可能性及其后果，分为下列三类。

① 第一类防雷建筑物：对于工业建筑物为：因电火花会引起爆炸，会造成巨大破坏和人身伤亡的建筑物。

② 第二类防雷建筑物：对于工业建筑物为：电火花不易引起爆炸或不致造成巨大破坏和人身伤亡的建筑物。对于一般民用建筑物为：年预计雷击次数大于0.3次/年的建筑物。

③ 第三类防雷建筑物：除第一、二类防雷建筑物以外的需要进行防雷保护的一般工业建筑物（如厂房、工业烟囱等）和一般民用建筑物（如住宅楼、办公楼及烟囱，水塔等孤立的高耸建筑物）。

按国家标准有关规定，第一类防雷建筑物和第二类防雷建筑物中有爆炸危险的场所，应有防直击雷、防感应雷和防雷电波侵入的保护措施；第二类防雷建筑物（除有爆炸危险者外）及第三类防雷建筑物，应有防直击雷和防雷波侵入的保护措施。

对其他不需装设防直击雷装置的建筑物，只要求在进户处或终端杆上将绝缘子铁脚接地。

【思考与练习】

1. 什么叫过电压？什么叫内部过电压和雷电过电压？
2. 什么叫直接雷击和感应雷击？什么叫雷电波侵入？

3. 雷电危害对供电系统主要表现在哪几个方面？

4. 为什么说避雷针实际上是引雷针？

5. 避雷器的主要功能是什么？它如何与被保护的设备连接？

6. 一般工厂 6～10kV 的架空线路有哪些防雷措施？高压电动机如何防止雷电侵入？

7. 一般变配电所有哪些防雷措施？

8. 某工厂有一第二类防雷建筑物，高度 10m，其屋顶最远一角距离高 50m 的烟囱为 15m，烟囱上装有一根 2.5m 高的避雷针。试验算此避雷针能否保护这个建筑物？

9. 某石油化工厂的柴油储存罐（属第一类防雷建筑物）为圆柱形，直径为 5m，高出地面 6m，拟定由单根避雷针作为其防雷保护，要求避雷针离油罐 5m，试计算避雷针的高度不应低于多少？

任务 6.2 认识电气设备的接地

能力目标

① 掌握电气设备接地的类型和接地装置的概念。

② 掌握保护接地的几种形式和具体要求。

③ 掌握重复接地的必要性和具体要求。

任务实施及要求

① 通过教师课堂讲授，使学生掌握电气设备的保护接地、工作接地和重复接地的概念及要求，认识接地装置，掌握保护接地的几种形式和具体要求。

② 以班级为单位进行讲授学习，有条件的也可分 20～25 人一组进行讲授学习。

考核标准及评价

① 能正确说出保护接地、工作接地和重复接地的概念及要求 40 分，不完整或错误时适当扣分。

② 能正确说出保护接地的几种形式和具体要求 50 分，不完整或错误时适当扣分。

③ 能说出重复接地的必要性和具体要求 10 分，不完整或错误时适当扣分。

相关知识介绍

6.2.1 电气设备接地的类型和接地装置

电气设备的某金属部分与大地土壤间作良好的电气连接，称为电气设备的接地。

(1) 电气设备接地的类型

① 保护接地：保护接地是将电气设备中平时不处在电压下，但可能因绝缘损坏而呈现电压的所有部分接地。因为这种接地是保护人身安全的，故而称为保护接地或安全接地。

保护接地是为了保证人身安全，防止触电事故，所有高、低压电气设备的金属外壳均需与接地网连接而进行的接地。当电气设备正常运行时应确保设备外壳电位为零。例如，电气设备正常运行时不带电的金属外壳及构架的接地等。

② 工作接地：这是根据电力系统和电气设备运行的需要，为了保证电气设备在正常和事故情况下能可靠地工作而进行的接地叫工作接地，即凡运行所需的接地均称为工作接地。如电源中性点的直接接地或经消弧线圈的接地以及防雷设备的接地等。各种工作接地都有各自的功能。例如电源中性点的直接接地，能在运行中维持三相系统的相线对地电压不变；电源中性点经消弧线圈接地，能在系统单相接地短路时消除接地点的断续电弧，防止系统出现过电压；而防雷设备的接地，是为实现对雷电流的泄放等。

③ 重复接地：为进一步确保保护接地可靠性而设置的再次接地，称为重复接地。

(2) 接地装置

埋入地中与大地土壤直接接触的金属物体，称为接地体或接地极。连接接地体及电气设备接地部分的导线，称为接地线。接地体和接地线总称为接地装置。由若干接地体在大地中互相连接而组成的总体，称为接地网。

6.2.2 接地保护

前面已叙述，接地的一个主要目的是保护人身安全。

(1) 保护接地的形式

保护接地的形式有两种：一种是设备的外露可导电部分经各自的 PE 线分别直接接地，例如 TT 系统和 IT 系统；另一种是设备的外露可导电部分经公共的 PE 线或 PEN 线接地，例如 TN 系统。前者中国称为保护接地，而后者中国称为保护接零。

① TN 系统：TN 系统的电源中性点直接接地，并引出 N 线，属三相四线制系统。当其设备发生一相接地时，就形成单相短路，其过流保护装置动作，迅速切除故障部分。

② TT 系统：TT 系统的电源中性点直接接地，也引出 N 线，属三相四线制系统，而设备的外露可导电部分则经各自的 PE 线分别直接接地，其保护接地的功能可用图 6-15 来说明。

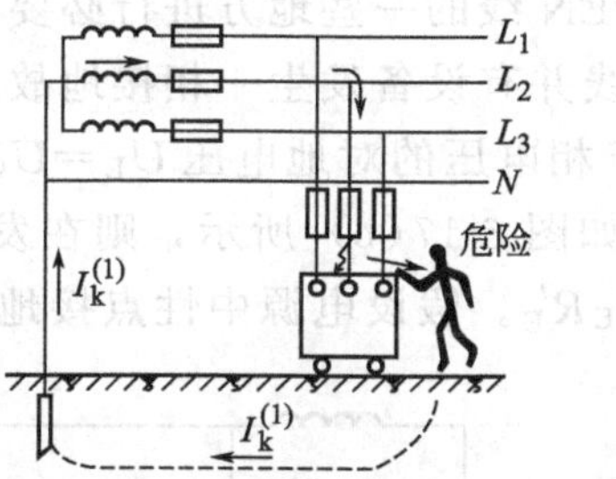

(a) 外露可导电部分未接地时

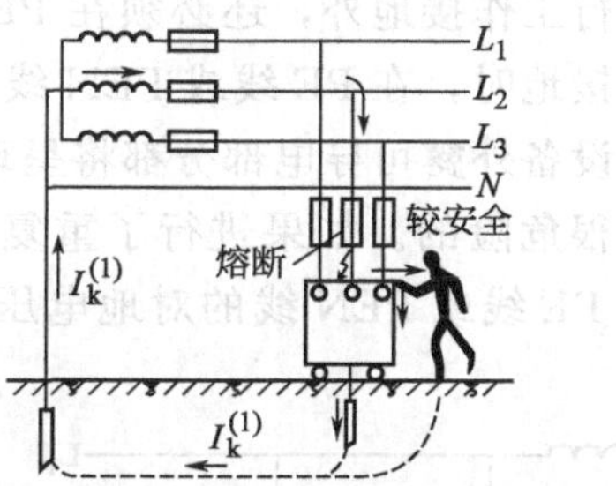

(b) 外露可导电部分接地时

图 6-15 TT 系统保护接地功能说明

如果设备的外露可导电部分未接地，如图 6-15(a)，则当设备发生一相接地故障时，外露可导电部分就要带上危险的相电压。由于故障设备与大地接触不良，这一单相故障电流可能较小，通常不足以使故障设备电路中的过电流保护装置动作而切除故障设备，这样就增加了人体触电的危险。

如果设备的外露可导电部分采取直接接地，如图 6-15(b)，则当设备发生一相接地故障时，就通过保护接地装置形成单相短路电流 $I_k^{(1)}$，这一电流通常足以使故障设备电路中的过电流保护装置动作，迅速切除故障设备，从而大大减少了人体触电的危险。即使在故障未切除时人体触及故障设备的外露可导电部分，也由于人体电阻远大于保护接地电阻，因此通过人体的电流也比较小，对人体的危险性也较小。

但是，如果这种 TT 系统中的设备只是绝缘不良引起漏电时，则由于漏电电流较小而可能使电路中的过电流保护装置不动作，从而使漏电设备的外露可导电部分长期带电，这就增加了人体触电的危险。因此，为保障人身安全，这种系统应考虑装设灵敏的触电保护装置（如漏电保护器）。

③ IT 系统：IT 系统的电源中性点不接地或经阻抗（约 1000Ω）接地，且通常不引出 N 线，因此它一般为三相三线制系统，其中电气设备的外露可导电部分经各自的 PE 线分别直接接地。这种接地系统中的设备如发生一相接地故障时，其外露可导电部分将呈现对地电压，并经设备外露可导电部分的接地装置、大地和非故障的两相对地电容以及电源中性点接地装置而形成单相接地故障电流，如图 6-16 所示。如果电源中性点不接地，则故障电流完全为电容电流。

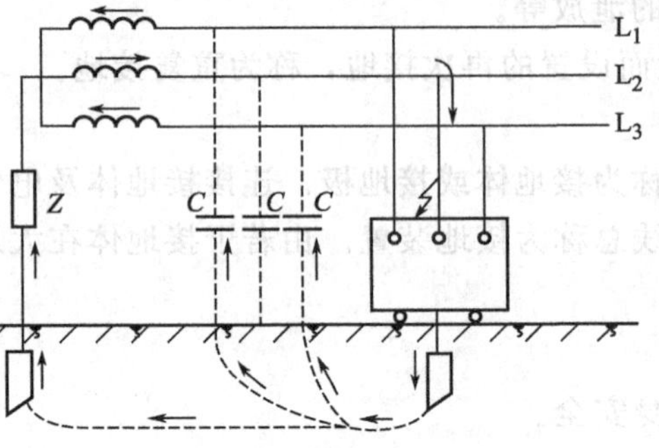

图 6-16　IT 系统在发生一相接地故障时的故障电流

这种 IT 系统属小电流接地系统。小电流接地系统在发生一相接地故障时，其三个线电压仍维持不变，因此三相用电设备仍可继续正常运行，但应装设绝缘监察装置或单相接地保护。在 IT 系统发生单相接地故障时，由绝缘监察装置或单相接地保护发出音响或灯光信号，以提醒运行值班人员及时排除接地故障，否则当另一相再发生接地故障时，将发展为两相接地短路，导致供电中断。

（2）重复接地

在电源中性点直接接地的 TN 系统中，为确保公共 PE 线或 PEN 线安全可靠，除在电源中性点进行工作接地外，还必须在 PE 线或 PEN 线的一些地方进行必要的重复接地。当未进行重复接地时，在 PE 线或 PEN 线发生断线并有设备发生一相接地故障时，接在断线后面的所有设备外露可导电部分都将呈现接近于相电压的对地电压 $U_E=U_\Phi$，如图 6-17(a) 所示，这是很危险的。如果进行了重复接地，如图 6-17(b) 所示，则在发生同样故障时，断线后面的 PE 线或 PEN 线的对地电压 $U'_E=I_E R'_E$。假设电源中性点接地电阻 R_E 与重复

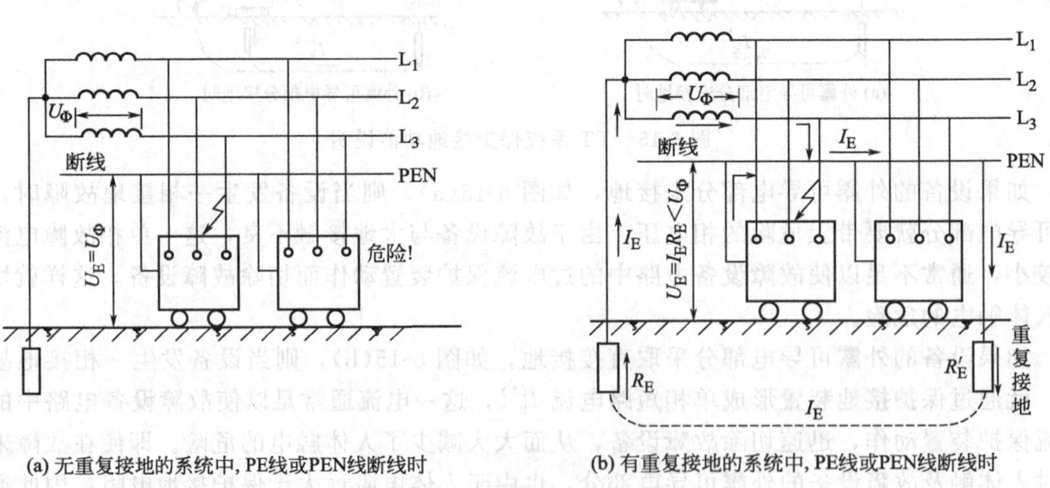

(a) 无重复接地的系统中，PE线或PEN线断线时　　(b) 有重复接地的系统中，PE线或PEN线断线时

图 6-17　重复接地功能说明示意图

接地电阻相等，则断线后面一段 PE 线或 PEN 线的对地电压 $U'_E \approx U_\Phi/2$，危险程度大大降低。当然，实际上由于 $R'_E > R_E$，所以 $U'_E \approx U_\Phi/2$，对人体还是有危险的。因此应尽量避免发生 PE 线或 PEN 线的断线故障。PE 线和 PEN 线上一般不允许装设开关或熔断器。

【思考与练习】

1. 什么叫接地？什么叫保护接地和工作接地？
2. 保护接地有几种形式？
3. 什么叫接地体和接地装置？
4. TN 系统、IT 系统和 TT 系统在接地形式上有什么区别？
5. 什么叫重复接地？其功能是什么？

项目7

电气安全管理

任务7.1 掌握电气安全管理的基本要求

能力目标

① 掌握电气安全所包括的三个方面。

② 掌握电气安全管理的基本要求。

③ 正确理解电气安全管理基本要求的内容。

任务实施及要求

① 通过教师课堂讲授，使学生理解和掌握电气安全所包括的三个方面和电气安全管理的基本要求，从而提高用电安全意识和安全管理水平。

② 以班级为单位进行讲授学习，有条件的也可分20～25人一组进行讲授学习。

考核标准及评价

① 能正确说出电气安全所包括的三个方面20分，每错一个扣6分。

② 能正确说出电气安全管理的基本要求20分，说不完整或有错误酌情扣分。

③ 能大致说出健全管理制度的内容20分，有错误时酌情扣分。

④ 能大致说出加强安全教育的内容20分，有错误时酌情扣分。

⑤ 能大致说出坚持安全检查的内容20分，有错误时酌情扣分。

相关知识介绍

电气安全包括供配电系统的安全，用电设备的安全及人身安全三个方面。要保证安全用电，必须采取必要措施。

电气安全管理的基本要求是：健全管理制度，加强安全教育，坚持安全检查。

7.1.1 健全管理制度

安全管理工作必须贯彻“安全第一、预防为主”的方针。各级领导必须在思想上行动上重视，健全安全管理机构，专人负责，统一管理。各企业应在厂长（经理）和总工程师的领导下，指定有关业务部门，从技术上做好变配电系统及其他用电设备的安装、试验、维护和使用等电气安全管理工作。安全部门应做好电工的培训、考核、安全用电宣传教育和安全检查等组织管理工作，还要协同有关部门制订合理有效、切实可行的各项安全规程或制度，并经常检查其执行情况。

为了做好电气安全管理工作，在变配电场所，应绘制明确的系统图、布线图、架空线路和电缆线路图，以及其他的重要图纸和资料。

对重要的电气设备应有单独的资料，且要妥善保存，以便查对。

对于本单位所发生的电气事故和触电事故等记录，也应作为重要资料保存，并用此资料作为安全用电的宣传教育资料。

7.1.2 加强安全教育

(1) 安全教育

为了贯彻“安全第一，预防为主”的方针，必须经常地、广泛地开展安全教育。教育的形式宜多样化，包括网络、广播、电视、图片、标语、事故现场会、专业培训班等。同时应认真做好电气作业人员的培训、考核、鉴定、发证工作。

对新入厂的工作人员，必须进行各级安全教育。对外单位来的有关人员，工作前必须介绍现场电气设备的接线情况和有关安全措施。

(2) 电工作业人员必须牢记安全职责

电工作业人员必须具有高尚的职业道德和严格的工作纪律，要有高度的安全责任感和对人民群众极端负责的精神。不能麻痹大意，不能冒险操作，必须做到“装得安全，拆得彻底，修得及时，用得正确”的安全用电要求。

电工作业人员的安全职责是：

① 认真学习、积极宣传贯彻党和国家的劳动保护和用电安全法规；

② 严格执行上级有关部门和本单位内的现行有关安全用电的规章制度；

③ 认真做好电气线路和电气设备的监护、检查、保养、维修、安装等工作；

④ 爱护和正确使用机电设备、工具和电工安全用具；

⑤ 在工作中发现有用电不安全情况，除积极采取紧急安全措施外，应向有关领导或上级部门汇报；

⑥ 努力学习电气安全技术知识，不断提高电气技术操作水平；

⑦ 在工作中有权拒绝违章瞎指挥，有权制止任何人违章作业。

7.1.3 坚持安全检查

组织有效的安全用电检查，是及时发现不安全因素，消灭隐患的有效方法。安全检查的主要内容有：

① 电气线路和设备的绝缘有无破损；

② 绝缘电阻是否合格；

③ 保护接地和保护接零是否正确可靠；

④ 接地装置的接地电阻是否合格；

⑤ 保护装置是否符合要求，动作是否可靠；

⑥ 局部照明、手提行灯是否使用安全电压；

⑦ 电气设备的安装是否符合规程要求，位置是否合理；

⑧ 导线与导线、导线与开关以及导线开关与电气设备的连接是否紧密可靠；

⑨ 临时用电装置是否经过批准和是否过期；

⑩ 各种安全用电制度是否健全，执行情况如何；

⑪ 其他有关内容。

安全检查可分为日常巡视检查、定期检查、不定期专项重点检查。

日常巡视检查是专业人员和值班人员的正常工作，一般每天巡视一次或两次。

定期检查是本单位安技部门的正常业务。除确保安全运行的检查工作之外，应特别注意雨季前的安全检查。

不定期专项重点检查，是指对某项电气设备等进行有重点的严格检查。

【思考与练习】

1. 电气安全包括哪三个方面？
2. 电气安全管理的基本要求是什么？
3. 健全管理制度应如何做？
4. 加强安全教育应如何做？
5. 坚持安全检查主要检查哪些方面？
6. 日常巡视检查、定期检查和不定期专项重点检查分别有什么要求？

任务 7.2 掌握保证安全的组织措施

能力目标

① 掌握保证安全的组织措施的四个方面。

② 掌握第一种工作票和第二种工作票的内容及适用场合。

③ 掌握工作票制度；工作许可制度；工作监护制度；工作间断、转移和终结制度的相关内容。

任务实施及要求

① 通过教师课堂讲授，使学生掌握保证安全的组织措施的四个方面，熟悉两种工作票的内容及适用场合，掌握工作票制度；工作许可制度；工作监护制度；工作间断、转移和终结制度的相关内容。

② 以班级为单位进行讲授学习，有条件的也可分 20～25 人一组进行讲授学习。

考核标准及评价

① 能正确说出保证安全的组织措施的四个方面 10 分，每错一个方面扣 2 分。

② 能分别说出两种工作票的内容及适用场合 10 分，说不完整或有错误酌情扣分。

③ 能大致说出工作票制度的内容 20 分，有错误时酌情扣分。

④ 能大致说出工作许可制度的内容 20 分，有错误时酌情扣分。

⑤ 能大致说出工作监护制度的内容 20 分，有错误时酌情扣分。

⑥ 能大致说出工作间断、转移和终结制度的内容 20 分，有错误时酌情扣分。

相关知识介绍

在电气设备上工作，保证安全的组织措施有：工作票制度；工作许可制度；工作监护制度；工作间断、转移和终结制度。

7.2.1 工作票制度

(1) 工作票的意义及种类

工作票是准许在电气设备上工作的书面命令，也是明确安全职责，向工作人员进行安全交底，以及履行工作许可手续，履行工作间断、转移和终结手续，并实施保证安全技术措施等的书面依据。因此，在电气设备上工作时，应按要求认真使用工作票或按命令执行。其方式有下列三种。

① 第一种工作票（表 7-1）：

表 7-1 第一种工作票 第 号

1. 工作负责人(监护人)：________ 班组：________
2. 工作班人员：________ ________ ________共________
3. 工作内容和工作地点：________
4. 计划工作时间：自____年____月____日____时____分
至____年____月____日____时____分
5. 安全措施：
下列由工作票签发人填写　　　　下列由工作许可人填写(值班员)填写

应拉开关和刀闸,包括填写前已拉开关和刀闸(注明编号)	已拉开关和刀闸(注明编号)
应装接地线(注明确实地点)	已装接地线(注明接地线编号和装设地点)
应设遮栏,应挂标示牌	已设遮拦,已挂标示牌(注明地点)
	工作地点保留带电部分和补充安全措施
工作票签发人签名:	工作许可人签名:
收到工作票时间____年____月____日____时____分 值班负责人签名:____	值班负责人签名:____

6. 许可开始工作时间：____年____月____日____时____分
工作许可人签名：________工作负责人签名：________
7. 工作负责人变动：
原工作负责人________离去，变更________为工作负责人。
变动时间：____年____月____日____时____分
工作票签发人签名：________
8. 工作票延期有效期到：____年____月____日____时____分
工作负责人签名：________值班负责人签名：________
9. 工作终结：
工作班人员已全部撤离，现场已清理完毕。
全部工作于____年____月____日____时____分结束。
工作负责人签名：________
工作许可人签名：________
接地线共____组已拆除。
10. 备注：________
值班负责人签名：________

② 第二种工作票(表 7-2)：

表 7-2 第二种工作票 编号：

1. 工作负责人(监护人)：__________ 班组：__________ 工作班人员：__________

2. 工作任务：__________

3. 计划工作时间：

自______年______月______日______时______分

至______年______月______日______时______分

4. 工作条件(停电或不停电)：__________

5. 注意事项(安全措施)：__________

工作票签发人签名：__________

6. 许可开始工作时间：______年______月______日______时______分

工作许可人(值班员)签名：__________

工作负责人签名：__________

7. 工作结束时间：______年______月______日______时______分

工作负责人签名：__________

工作许可人(值班员)签名：__________

8. 备注：__________

③ 口头或电话命令。

(2) 填用第一种工作票的工作

① 在高压设备上工作，需要全部停电或部分停电的工作；

② 在高压室内二次接线和照明等回路上工作，需要将高压设备停电或做安全措施的工作。

(3) 填用第二种工作票的工作

① 带电作业和在带电设备外壳上的工作。

② 控制盘和低压配电盘、配电箱、电源干线上的工作。

③ 无需将高压设备停电，而需在二次接线回路上的工作。

④ 转动中的发电机、同步调相机的励磁回路或高压电动机转子电阻回路上工作。

(4) 口头或电话命令

值班员按现场规程规定所进行的工作，可根据发令人（电气负责人）的口头或电话命令执行。值班员应将发令人姓名及工作任务详细记入操作记录簿中，并向发令人复诵核对一遍，正确无误后方可执行。

工作票签发人对以下四条应负完全责任。

① 工作的必要性。

② 工作是否安全。

③ 工作票上所签的安全措施是否正确完备。

④ 所派工作负责人和工作班人员是否适当？精神状态是否良好。

工作负责人（监护人）在工作前应将工作任务、停电范围、安全措施和工作时间等详细情况向工作人员交底，并负责检查工作票中所写安全措施是否切实可行，是否符合现场条件。工作中应不断检查，发现问题，并采取措施迅速解决。

工作许可人（值班员）应负责工作票上所写各项安全措施是否完备及符合现场条件，并正确执行，负责检查停电设备有无突然来电的可能。

参加工作班的所有工作人员，工作中应互相关心，为每个同志的安全共同负责。

工作中不需要采取安全措施时，可只填写工作中应注意事项，工作票签发人对工作注意事项填写不完善时，工作许可人根据现场情况应予补充。

需要变更工作班中的成员时，须经文件负责人的同意，并由工作负责人将增减人员的姓名填写在工作票上或划掉，如果扩大工作地区或变更工作任务时，则必须填用新的工作票。

填写工作票应一式两份，须用钢笔或圆珠笔填写，内容要正确，字迹要清楚，不得任意涂改。

工作票上有关人员必须签名或盖章。

两份工作票中的一份必须经常保存在工作地点，由工作负责人收执，作为进行工作的依据；另一份由值班员收执，按值移交，妥为保管，以供备查。一般保留期为三个月。

一个工作负责人只能发给一张工作票。工作票上所列的工作地点，以一个电气连接部分为限。所谓一个电气连接部分，指的是配电装置中的一个电气单元，可以用刀闸和其他电气部分作截然分开的部分。

如施工设备属于同一电压、位于同一楼层、同时停送电、且不会触及带电导体时，则允许在几个电气连接部分共用一张工作票。

开工前，工作票内的全部安全措施应一次做完。

事故抢修工作可不用工作票，但应记入操作记录簿内。在开始工作前必须做好安全措施，并应指定专人负责监护。

工作票应在工作开始以前交给值班员。

值班员或工作负责人在接受工作票时，如对工作票内容发生疑问，应立即向工作票签发人询问清楚。

(5) 工作票签发人的条件

工作票签发人应由熟悉工作人员技术水平、熟悉设备情况、熟悉安全工作规程的生产领导人、技术人员或经厂主管生产领导批准的人员担任。

工作负责人和允许办理工作票的值班员（工作许可人）应由主管生产的领导书面批准。

工作负责人可以填写工作票。工作许可人不得签发工作票。为了使所填写的工作票得到必要的审核或制约，工作票签发人不得兼任工作负责人。

7.2.2 工作许可制度

履行工作许可手续的目的，是为了在完成好安全措施以后，进一步加强工作责任感，确保万无一失所采用的一种必不可少的措施。因此，在完成各项安全措施之后，必须再履行工作许可手续。

工作许可人（值班人）在完成工作现场的准备工作后，应会同工作负责人再次检查必要的接地、短路、遮栏和标示牌是否装设齐备，然后才许可工作班开始工作。工作许可手续包括下列各项。

① 值班员应在工作地点对工作班当面用手触试已停电并已接地和短路的导电部分，证明已无电压。

② 值班员应对工作人员指明带电设备所在的位置。

③ 值班员应在两份工作票上签名，然后交给工作负责人签收。工作开始后，无关人员不得进入工作现场。

工作负责人、工作许可人任何一方不得擅自变更安全措施，值班人员不得变更有关检修设备的运行接线方式。工作中如有特殊情况需要变更时，应事先取得对方的同意。

7.2.3 工作监护制度

执行工作监护制度的目的是使工作人员在工作过程中得到监护人一定的指导和监督，及时纠正一切不安全的动作和其他错误做法，特别是在靠近有电部位及工作转移时更为重要。

工作负责人（监护人）必须始终在工作地点，不间断地监护工作人员。若因故必须离开工作地点，则应指定能胜任此项工作的人员临时代替。在离开前应向代替人详细交待工作任务和安全事项，并通知全体工作人员。当原监护人返回工作地点时，也应履行同样的交接手续。

工作负责人除担任监护工作以外，不得兼做其他工作。在全部停电时，工作负责人可以参加工作班工作。在部分停电时，只有在安全措施可靠，人员集中在一个工作地点，不致发生误触导电部分的情况下，才能参加工作。

值班员如发现工作人员严重违反安全工作规程或任何危及工作人员安全的情况，应立即停止该工作班的工作，收回工作票，并立即报告领导处理。

7.2.4 工作间断、转移和终结制度

其内容如下。

① 在一个工作日中，工作需要间断（如吃饭、休息等）时，工作票仍由工作负责人执存，所有标示牌、遮栏和接地线仍保持不动。工作间断后再开始时，无需通过值班员，由工作负责人带领全班人员回到工作地点继续工作。

工作班每日收工，应将工作票交回。次日复工，工作负责人应向值班员领取工作票，并会同查看安全措施有无变动；如有变动，则须重新履行工作许可手续。

② 在同一电气连接部分，用同一工作票依次在几个工作地点转移工作时，全部安全施工票，由值班员在开工前一次做完，不需要再办理转移手续。但工作负责人在转移工作地点时，应向工作人员交待带电范围、安全措施和注意事项后方能开工。

③ 全部工作结束以后，工作班应仔细清理工作地点，工作负责人应周密检查。值班员在接到工作班的工作负责人关于工作结束和工作地点清理完毕、工作班已全部撤出的通知后，应立即巡视设备状况和工作地点有无遗留物件，是否清洁等。然后在工作票上填明工作结束时间，交工作负责人签名后，值班员则将两份工作票留存。

④ 值班员完成下列手续后，工作票方告终结。

拆除所有接地线，清点接地线的数目，并对照编号检查接地线有无遗漏。

拆除临时遮栏和标示牌。

恢复常设遮栏。

测量绝缘电阻工作应在拆除临时遮拦和标示牌以前进行。

⑤ 在同一电气连接部分上，若有几个工作班同时进行工作，则须待所有工作票均告结束后方可将设备投入运行。

⑥ 线路停电检修工作终结时，应先查明所有工作人员确已从线路全部撤出，线路上的接地线确已拆除，临时遮栏和标示牌也已拆除，且恢复常设遮栏，并得到值班调度员或值班负责人的许可命令后，方可合闸送电。

⑦ 工作票终结后，一分由值班员保存，另一份交回工作票签发人保管。已终结的工作票，应加盖“已执行”印章后妥善保存三个月，以便于检查和进行交流。

【思考与练习】

1. 保证安全的组织措施有哪些？
2. 在什么情况下填用第一种工作票？在什么情况下填用第二种工作票？
3. 工作许可手续包括哪些内容？
4. 工作监护人应做好哪些工作？
5. 工作票签发人能否担任工作监护人？为什么？

任务 7.3 掌握保证安全的技术措施

能力目标

① 掌握保证安全的技术措施的五个方面。

② 牢记各种电压等级下电气作业的安全距离。

③ 掌握停电、验电、装设接地线、悬挂标示牌、装设遮栏的相关内容和要求。

任务实施及要求

① 通过教师课堂讲授，使学生掌握保证安全的技术措施的五个方面，牢记各种电压等级下电气作业的安全距离，掌握停电，验电，装设接地线，悬挂标示牌，装设遮栏的相关内容和要求。

② 以班级为单位进行讲授学习，有条件的也可分 20～25 人一组进行讲授学习。

考核标准及评价

① 能正确说出保证安全的技术措施的五个方面 10 分，每错一个方面扣 2 分。

② 能分别说出各种电压等级下电气作业的安全距离 10 分，每错一个扣 2 分。

③ 能大致说出停电的相关内容和要求 10 分，有错误时酌情扣分。

④ 能大致说出验电的相关内容和要求 20 分，有错误时酌情扣分。

⑤ 能大致说出装设接地线的相关内容和要求 20 分，有错误时酌情扣分。

⑥ 能大致说出悬挂标示牌和装设遮栏的相关内容和要求 30 分，有错误时酌情扣分。

相关知识介绍

在全部停电或部分停电的电气设备上工作，保证安全的技术措施有：停电，验电，装设接地线，悬挂标示牌，装设遮栏。

上述安全措施，应由管理该设备的值班电气人员或断开电源人执行，并应有监护人在场。

(1) 停电

在施工设备上断开电源时，必须将全部设备或部分设备的所有电源完全断开，必须拉开刀闸，使各方面至少有一个明显的断开点。禁止在只经断路器断开电源的设备上工作，为了防止发生由低压侧通过变压器向高压侧倒送电，应将与停电设备有关的变压器从高、低压两侧断开。

断路器远方控制回路的保险应取下，开关和刀闸的操作把手应锁住或绑死。工作人员必须与导电部分保持足够的安全距离，见表7-3。安全距离不够时，即使非施工设备，也应断开电源。

表7-3 电气作业安全距离

电压等级	低压部分	10kV以下	25～35kV	60～110kV	220kV	330kV
安全距离	0.20m以上	0.70m以上	1.00m以上	1.50m以上	3m以上	4m以上

(2) 验电

验电前应先将验电器在带电的设备上试验，证明其良好后，再在施工设备的进出线两侧验电，不同电压等级的验电器不得混用。高压验电时，应戴绝缘手套，并有人监护，验电器应逐渐接近带电体。

500V以下的设备验电工作，可以用白炽灯或试电笔检验有无电压（室外线路验电，最好用白炽灯泡）。

表示设备断电的常设信号装置，只能作参考，不得作为设备确无电压的根据。但若信号装置指示有电，则绝对禁止在该设备上工作。

(3) 装设接地线

装设接地线应注意的事项如下。

① 当验明设备确无电压后，应立即将检修设备接地并三相短路，这是在工作地点防止突然来电致使工作人员触电的可靠安全措施；同时设备断开部分的剩余电荷，亦可因接地而放尽。

② 凡是可能向停电设备突然送电的各电源侧，均应装设接地线。对电源而言，应始终保证工作人员在接地线的后侧工作，以确保安全。

所装的接地线及带电部分的距离，在考虑了接地线摆动后，不得小于表7-3所规定的安全距离。

当有可能产生危险感应电压的情况时，应视具体情况适当增挂接地线，至少应保证在感应电源两侧的检修设备上各有一组地线。

装设接地线的工作，应由值班员执行，但在某些地点装设接地线确有困难时，如需要上杆、登高等，则可委托检修人员代为执行，值班人员进行监护。

③ 在母线上工作时，应根据母线的长短和有无感应电压等实际情况，确定接地线数量。装设10m及以下的母线时，可以只装设一组接地线；装设10m以上的母线时，则应视连接在母线上电源进线的多少和分布情况及感应电压的大小，适当增加装设接地线的数量。

④ 检修部分若分为几个在电气上不相连接的部分（如分段母线以刀闸或开关隔开分成几段），则各段应分别验电接地短路。接地线与检修部分之间不得连有开关或保险器。降压变电所全部停电时，应将各个可能来电侧的部分都分别接地短路，其余部分不必每段都装设接地线。

⑤ 为了保证接地线和设备导体之间接触良好，对室内配电装置来说，应将接地线悬挂在刮去油漆的导电部分的固定处。因为如果接地线和导电部分接触不良，当流过短路电流时，在接触电阻上产生的压降，将施加于停电设备上，这是不允许的。

接地线的接地端应固定牢靠，连接良好，以保证可靠地接地。在配电装置的适当地点，应设置接地网的接头，供固定接地线用；也可采用在接地线的接地端设专用的夹具固定在接地体上的连接方式。

变电所接地网的接地电阻，必须符合SDJ8-76（电力设备接地设计技术规程）的规定。

⑥ 装设或拆除接地线，必须由两人进行，即一人监护，一人操作。若为单人值班，只允许操作接地刀闸或使用绝缘棒来合、拉接地刀闸。

⑦ 在装拆接地线的过程中，应始终保持接地线处于良好的接地状态，这样可以防止突然来电时，能有效地限制接地线上的电位，从而保证装拆接地线人员的人身安全。因此，在装设接地线时，必须先接接地端，后接导体端。拆接地线时则与此相反。为确保操作人员的人身安全，装拆接地线均应使用绝缘棒或戴绝缘手套。

⑧ 接地线应用多股软裸铜线，其截面积应符合短路电流的要求，但不得小于$25mm^2$。接地线在每次装设以前应作详细检查。损坏的接地线应及时修理或更换。禁止使用不符合规定的导线作接地或短路之用。

接地线必须使用专用的线夹固定在导体上，严禁用缠绕的方法进行接地或短路。

⑨ 高压回路上的工作，需要拆除全部或一部分接地线后始能进行工作的（如测量母线和电缆的绝缘电阻，检查开关触头是否同时接触），需经特别许可。

下述工作必须征得值班员的许可（根据调度员命令装设的接地线，必须征得调度员的许可），方可进行。

拆除一相接地线；

拆除接地线，保留短路线；

将接地线全部拆除或拉开接地刀闸。

工作完毕后，立即恢复

⑩ 每组接地线均应编号，并存放在固定地点。存放位置也应编号，接地线号码与存放位置号码必须一致。

⑪ 装拆接地线，应做好记录，交接班时应交待清楚。

（4）悬挂标示牌和装设遮栏：

悬挂标示牌和装设遮栏的地点：

① 在一经合闸即可送电到工作地点的开关和刀闸的操作把手上，均应悬挂“禁止合闸，有人工作！”的标示牌。

如果线路上有人工作，应在线路开关和刀闸操作把手上悬挂“禁止合闸，线路有人工作！”的标示牌。标示牌的悬挂和拆除，应按调度员的命令执行。

② 部分停电的工作，安全距离小于表7-3规定距离以内的未停电设备，应装设临时遮栏，临时遮栏与带电部分的距离，不得小于表7-3规定的数值。临时遮栏可用干燥木材、橡胶或其他坚韧绝缘材料制成。装设应牢固，并悬挂“止步，高压危险！”的标示牌。

35kV及其以下设备的临时遮栏，如因工作特殊需要，可用绝缘挡板与带电部分直接接触。但此种挡板必须具有高度的绝缘性能，并符合有关要求。

③ 为防止检修人员误入有电设备的高压导电部分或其附近，确保检修人员在工程中的安全，在室内高压设备上工作，应在工作地点两旁间隔和对面间隔的遮栏上，以及禁止通行的过道上，悬挂“止步，高压危险！”的标示牌。

④ 在室外地面高压设备上工作，应在工作地点四周用绳子做好围栏，围栏上悬挂适当

数量的“止步，高压危险!”标示牌，标示牌必须朝向围栏里面（即工作人员所处场所）。

⑤ 在工作地点悬挂“在此工作!”的标示牌。

⑥ 在室外构架上工作，则应在工作地点邻近带电部分的横梁上，悬挂“止步，高压危险!”的标示牌，此项标示牌应在值班人员的监护下，由工作人员悬挂。在工作人员上下用的铁架或梯子上，应悬挂“从此上下!”的标示牌。在邻近其他可能误登的架构上，应悬挂“禁止攀登，高压危险!”标示牌。

严禁工作人员在工作中移动或拆除遮栏、接地线和标示牌。

【思考与练习】

1. 保证安全的技术措施有哪些?
2. 不同电压等级下电气作业的安全距离各是多少?
3. 停电、验电工作的内容和要求有哪些?
4. 装设接地线应注意哪些事项?
5. 悬挂标示牌和装设遮栏的内容和要求有哪些?

任务 7.4 掌握电气安全作业规程

能力目标

① 掌握倒闸操作的安全规程。
② 掌握临时用电装置的安全规程。
③ 掌握停电检修工作的安全规程。
④ 掌握不停电工作的安全规程。

任务实施及要求

① 通过教师课堂讲授，使学生理解和掌握倒闸操作的安全规程、临时用电装置的安全规程、停电检修工作的安全规程和不停电工作的安全规程。牢记倒闸操作的基本要求和基本程序，明确停电检修工作的安全要求和基本顺序，牢记不停电检修工作的安全要求和基本顺序；以便在学生脑海中深刻打下安全操作的烙印。

② 以班级为单位进行讲授学习，有条件的也可分 20～25 人一组进行讲授学习。

考核标准及评价

① 能大致说出倒闸操作的安全规程 20 分，有错误时酌情扣分。
② 能大致说出临时用电装置的安全规程 15 分，有错误时酌情扣分。
③ 能大致说出停电检修工作的安全规程 15 分，有错误时酌情扣分。
④ 能大致说出不停电工作的安全规程 20 分，有错误时酌情扣分。
⑤ 能正确说出倒闸操作的基本程序 10 分，说不完整或有错误酌情扣分。
⑥ 能正确说出停电检修工作的基本顺序 10 分，说不完整或有错误酌情扣分。
⑦ 能正确说出不停电检修工作的基本顺序 10 分，说不完整或有错误酌情扣分。

相关知识介绍

电气安全作业规程是电气安全管理的重要内容，是确保电气设备正常运行和电气作业人员安全的有效措施。

(1) 倒闸操作的安全规程

倒闸操作，是值班运行电工的一项重要而复杂的工作。倒闸操作是指合上或断开开关、闸刀和熔断器，以及与此有关的操作。如交直流操作回路的合上或断开，继电保护及自动重合闸的投入或停用，校核相序及测定绝缘电阻等。

① 倒闸操作的基本要求：倒闸操作应根据设备动力部门的电力调度或主管领导的命令，按倒闸操作票顺序，由专职电工进行操作。复杂的倒闸操作应一人监护，一人操作。且应实行“二点一等再执行”的操作方法。即操作人员先指点铭牌，再指点操作设备，等监护人核对后发出“对”或者“执行”命令时，操作人再执行操作。

② 倒闸操作的基本程序：切断电源（断电）时，为了阻止带负荷拉闸，应先拉开断路器，再拉开闸刀。

合上电源（送电）时，为了防止带负荷合闸，应先合上闸刀，然后再合上断路器。

③ 倒闸操作票：倒闸操作票是防止由于倒闸操作错误而引起的错拉、错合、带负荷拉合隔离开关及未拆接地线合闸等。高压设备倒闸操作必须填写操作票，应由二人进行操作。单人值班，操作票由发令人用电话向值班员传达、填写操作票，复诵无误，并在“监护人”签名处填入发令人的姓名。倒闸操作票的格式如表 7-4 所示。

表 7-4 倒闸操作票

<table>
<tr><td rowspan="2">操作时间</td><td>开始时间</td><td>年 月 日 时 分</td></tr>
<tr><td>停止时间</td><td>年 月 日 时 分</td></tr>
<tr><td colspan="3">操 作 任 务</td></tr>
<tr><td>√</td><td>顺序</td><td>操作项目</td></tr>
<tr><td></td><td></td><td></td></tr>
<tr><td></td><td></td><td></td></tr>
<tr><td></td><td></td><td></td></tr>
<tr><td></td><td></td><td></td></tr>
</table>

操作人：__________ 监护人：__________

倒闸操作票应书写清楚，不得涂改。操作顺序不得颠倒填错，每项在操作完毕后应打“√”号。操作结束，操作人应注明“已执行”。

操作中发生疑问时，不能擅自更改操作票，必须向主管领导或技术负责人报告，弄清楚后再进行操作。操作票应先编号，按编号顺序使用，保存三个月。

下列各项工作可以不用操作票：

事故处理；

拉合开关的单一操作；

拉开接地刀闸或拆除变电所全所（站）仅有的一组接地线。

但上述操作应记入操作记录本内。

④ 拆装携带型临时接地线：携带型临时接地线是保护电气作业人员在工作时，防止突

然来电的有效措施。同时在电气设备的断开部分如有剩余电荷，也可因接地而放尽。接地线应采用不小于 $25mm^2$ 截面的裸铜线制成，严禁使用不符合规定的导线作接地线，接地线应装在明显的地方。

装拆接地线应由两人操作，并须戴绝缘手套。装设时，应先接接地端，在证明工作设备上确实无电后，则将接地线接到设备的各个导体上。各连接点的接触均须紧密可靠。拆除时，应先拆工作设备导体上的接地线，再拆接地端。

(2) 临时用电装置的安全规程

临时用电装置是指因生产或生活急需而装设的临时用电设备和临时用电线路。由于临时用电装置的使用时间短暂，容易忽视安全措施，故易导致触电事故。

临时用电装置应严格控制，如确需装设时，应由使用部门填写“临时线路安装申请单”，经设备、安技部门批准方可装设。

临时用电线路的基本要求及装拆顺序，可参见有关内容。

在临时用电装置的电源端及操作处均应装设熔断器和开关，电动机和操作开关的安装部位，应安在能看清电动机运行的地方，以防事故。

(3) 停电检修工作的安全规程

停电检修工作是指电气设备和电气线路的检修工作，是在全部停电或局部停电后进行。停电检修工作必须得到设备动力部门的同意或使用工作票。

① 停电检修工作的安全要求：停电检修工作，必须在验明确实无电以后才能进行。停电检修时，对有可能送电到所检修的设备及线路的开关和闸刀，均应全部断开，并做好防止误合闸的措施。在已断开的开关和闸刀的操作手柄上，挂上“禁止合闸，有人工作”的标示牌，必要时应加锁。

② 停电检修工作的基本顺序：首先应根据工作票内容，做好全部停电的倒闸操作。停电后再对电力电容器和电缆线等，应用携带型接地线及绝缘棒放电。

然后用验电笔，对所检修的设备及线路进行验电。在证实无电后，才能开始工作。

③ 检修完毕后的送电顺序：必须先将遗留在工作现场的工具、器具材料等彻底收拾清理。再拆除携带型临时接地线、临时遮栏及护罩。检查无遗留后，按工作票（或倒闸操作票）内容，拆除开关、闸刀等操作手柄上的标示牌，然后进行通电的倒闸操作。

(4) 不停电工作的安全规程

不停电工作是指在带电设备、带电体附近或在带电设备的外壳上进行检修工作。如电力部门在不停电的带电体上进行绝缘杆工作，等电位工作，带电水冲洗等。

① 不停电工作的安全要求：不停电工作必须严格执行监护制度，应指派有经验的电工专人监护，由经过培训，鉴定（考核）合格，且能熟练掌握不停电检修技术的电工担任。

所使用的工具应经过检查和试验。

不停电工作必须保证足够的安全距离。

不停电检修工作的时间不宜太长，以免检修人员的精力分散而导致事故。

不停电工作严禁使用无绝缘柄的钳子、螺丝刀、活络扳头、金属尺和有金属物的毛刷等工具。

在带电的低压导线上工作，导线与导线之间未采取绝缘措施时，工作人员不得穿越导线。在带电的低压配电装置上工作时，应采取防止相间短路，相地短路的隔离防护措施。

带电作业的电工，应穿好长袖上衣和长裤，扣紧袖口。严禁穿汗背心和短裤。带电工作时，应戴绝缘手套和安全帽，穿绝缘鞋或站在干燥的绝缘垫上。

② 不停电工作的顺序：在带电的低压线路上工作时，上杆前应分清相线零线，选好工作位置。

断开导线时，应先断开相线，后断开零线；搭接导线时，应先将线头试搭，然后先接零线，后接相线。

【思考与练习】

1. 什么是倒闸操作？倒闸操作的基本程序是什么？
2. 临时用电装置的安全规程的主要内容是什么？
3. 停电检修工作的基本顺序是什么？
4. 不停电检修工作的安全要求和基本顺序是什么？

项目8

继电保护及二次回路的认识

任务8.1 认识变配电所继电保护回路及安装接线

能力目标

① 熟悉继电保护回路的作用及动作原理。

② 掌握二次回路安装接线图的绘制。

③ 熟悉二次回路安装及工艺要求。

材料、工具及设备准备

按表8-1准备材料、工具及设备。

表8-1 材料、工具及设备准备表

序号	名称	规格	单位	数量	备注
1	电路原理图		张	1	
2	电流互感器	LQJ-10	台	2	
3	电流继电器	DL-32	只	4	
4	时间继电器	DS-33 220V	只	1	
5	信号继电器	DX-31B/0.025A	只	2	
6	中间继电器	DZB-257 220V	只	1	
7	连接片	YY1-D	个	1	
8	模拟配电盘	700mm×800mm	块	1	
9	导线	BV2.5mm^2	米	5	
10	导线	BV1.5mm^2	米	10	
11	跳闸线圈				使用直流接触器模拟接线
12	断路器辅助常开接点				
13	直流电源	220V	组	1	
14	碳素笔		支	1	自备
15	直尺		把	1	自备
16	纸	A4	张	若干张	
17	电工工具	常用工具、万用表、兆欧表	套	各1	自备

任务实施及要求

以工厂高压电力线路的定时限、速断保护电路接线为例，在教师指导下进行。

（1）熟悉电路图

熟读下列图 8-1 工厂高压电力线路定时限、速断保护电路图。

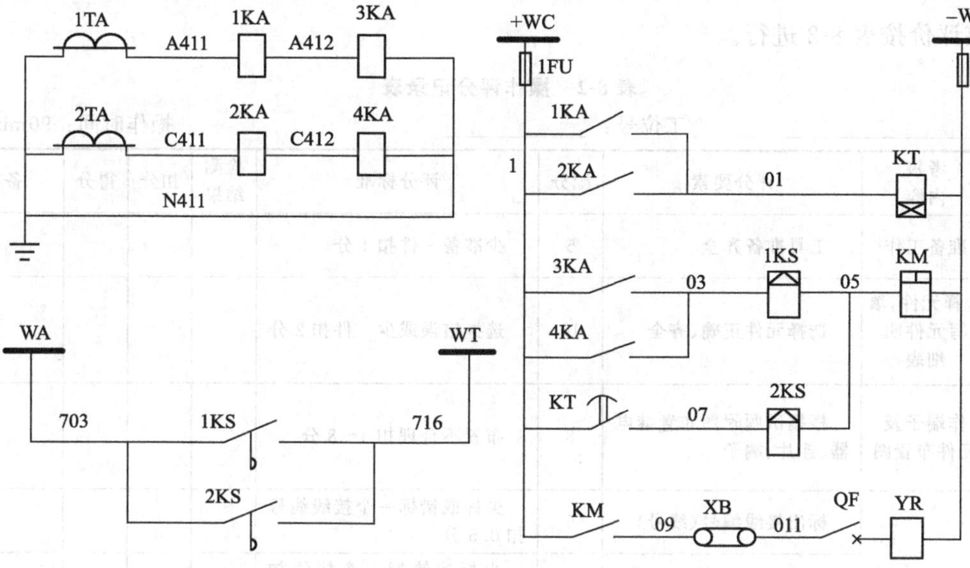

图 8-1　工厂高压电力线路定时限、速断保护电路图

（2）熟悉操作程序并进行相应工作

① 准备工作；

② 选择元件，填写元件明细表；

③ 根据原理图作端子及元件布置图；

④ 绘制安装接线图；

⑤ 接线操作；

⑥ 检查试验；

⑦ 清理现场。

（3）遵守操作规程

① 不得违章操作；

② 安装接线图有错误时不准接线。

（4）遵守操作时限

① 准备时间：1min；

② 操作时间：90min；

③ 从正式操作开始计时；

④ 提前完成操作不加分，超过规定操作时间停止操作。

学习组织形式

① 先由教师进行讲授，并作任务实施示范。

② 根据情况将学生分为3～5人一组，以小组为单位，进行学习、讨论，查找资料，熟

悉内容和任务要求，然后做出元件明细表、安装接线图，小组互查或提交教师检查。

③ 按照正确的安装接线图进行安装接线。

④ 在整个操作过程中教师应适时监控，及时纠正错误和给予指导。

⑤ 学生撰写学习心得，补齐不足。

考核标准及评价

考核评价按表 8-2 进行。

表 8-2 操作评分记录表

姓名：________ 工位号：________ 操作时间：90min

序号	考核内容	评分要素	配分	评分标准	检测结果	扣分	得分	备注
1	准备工作	工具准备齐全	5	少准备一件扣 1 分				
2	选择元件，填写元件明细表	选择元件正确、齐全	16	选择错误或少一件扣 2 分				
3	作端子及元件布置图	根据试题附图布置继电器、连片、端子	8	布置不合理扣 4～8 分				
4	绘制安装接线图	标出接线编号(线号)	6	少标或错标一个接线线号扣 0.5 分				
		标出接线去向	15	少标或错标一个接线扣 1 分				
		标明电流端子	5	错误或漏标电流端子符号一处扣 2 分				
		标明电缆线去向	5	错误或漏标电缆线去向扣 5 分				
5	接线操作	接线符合工艺要求	20	接线不完整每空一个端子扣 2 分 未标或错标一个线号扣 0.5 分 接线不美观扣 1～10 分				
6	检查试验	①正确检查线路 ②送电试验一次成功	20	未检查线路扣 5 分 送电试验一次不成功扣 5 分				
7	考核时限	在规定时间内完成		超时停止操作				
		合计	100					

考评员： 核分员： 年 月 日

相关知识介绍

8.1.1 常用的电磁式保护继电器

(1) 电磁式电流继电器

电磁式电流继电器在继电保护装置中，通常用作启动元件，因此又称启动继电器。

常用的 DL 型电磁式继电器的基本结构如图 8-2 所示，其内部接线和图形符号如图 8-3 所示。在图 8-2 中，当线圈 3 通过电流时，电磁铁 1 中产生磁通，形成电磁力，力图使 Z 型

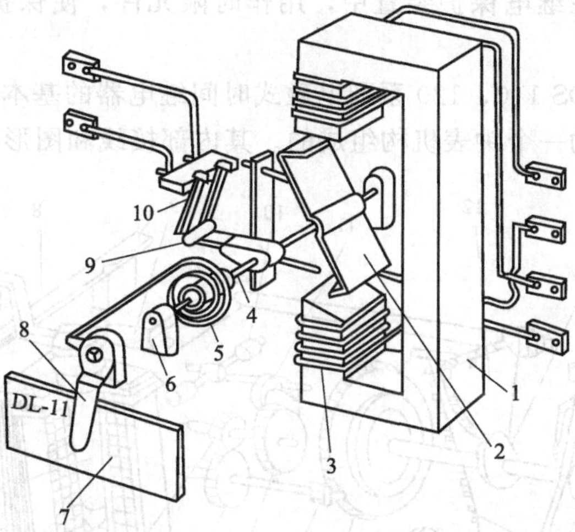

图 8-2　DL 型电磁式电流继电器的内部结构图

1—电磁铁；2—钢舌簧片；3—线圈；4—转轴；5—反作用弹簧；6—轴承；
7—标度盘（铭牌）；8—启动电流调节转杆；9—动触点；10—静触点

钢舌簧片 2 向凸出磁极偏转。与此同时转轴 4 上的反作用弹簧 5 又力图阻止钢舌簧片偏转。当继电器线圈中的电流增大到使钢舌簧片所受到的转矩大于弹簧的反作用力矩时，钢舌簧片便被吸近磁极，同时带动同轴的动触点 9 转动，使常开触点闭合，常闭触点断开，这就叫继电器的动作或启动。

电流继电器动作后，减小流入继电器线圈的电流到一定值时，钢舌簧片在弹簧作用下返回起始位置（常开触点断开）。能使电流继电器动作（常开触点闭合）的最小电流称为继电器的“动作电流”，用 I_{op} 表示。使继电器由动作状态返回到起始位置的最大电流，称为继电器的“返回电流”，用 I_{re} 表示。

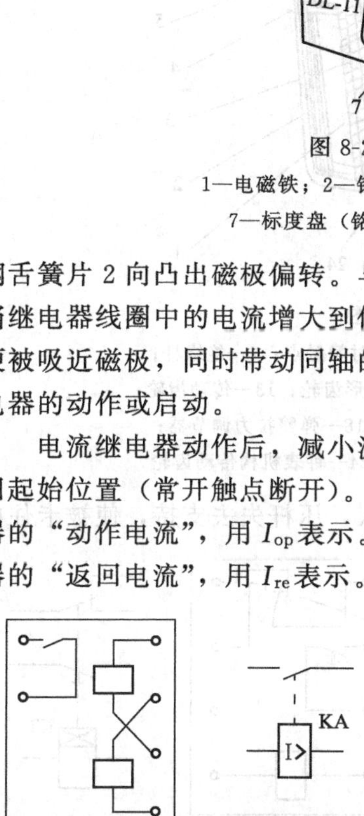

(a) 内部接线　　(b) 图形符号

图 8-3　DL 型电磁式电流继电器的内部接线和图形符号

继电器“返回电流”与“动作电流”的比值，称为继电器的返回系数，用 K_{re} 表示，即 $K_{re}=I_{re}/I_{op}$。

显然，过电流继电器的返回系数小于 1，一般为 0.8～0.9。DL-10 系列电流继电器返回系数约为 0.8，DL-30 系列电流继电器返回系数要求 0.85～0.9；返回系数越接近于 1，说明继电器越灵敏。返回系数过高，会使常开触点闭合压力不够；返回系数过低，可能使保护装置误动作。

继电器内电流线圈分成两部分（见图 8-3），利用连接片可以将线圈接成串联（中间两个端子短接，另外两个端子串联在电路中）或并联（上两个端子、下两个端子分别短接，再串联到电路中）。当串联改成并联时，动作电流增大一倍。

电磁式电流继电器的动作极为迅速，可认为是瞬时动作，因此这种继电器也称为瞬时继电器。

电磁式电流继电器的动作电流调节有两种方法：一种是平滑调节，即拨动转杆 8（图 8-2）来改变弹簧 5 的反作用力矩；另一种是级进调节，即改变线圈联结方式，当线圈并联时，动作电流将比线圈串联时增大一倍。

（2）电磁式时间继电器

电磁式时间继电器在继电保护装置中，用作时限元件，使保护装置的动作获得一定的延时。

供电系统中常用的DS-110、120系列电磁式时间继电器的基本结构如图8-4所示。它是由一个电磁启动机构带动一个钟表机构组成的。其内部接线和图形符号如图8-5所示。

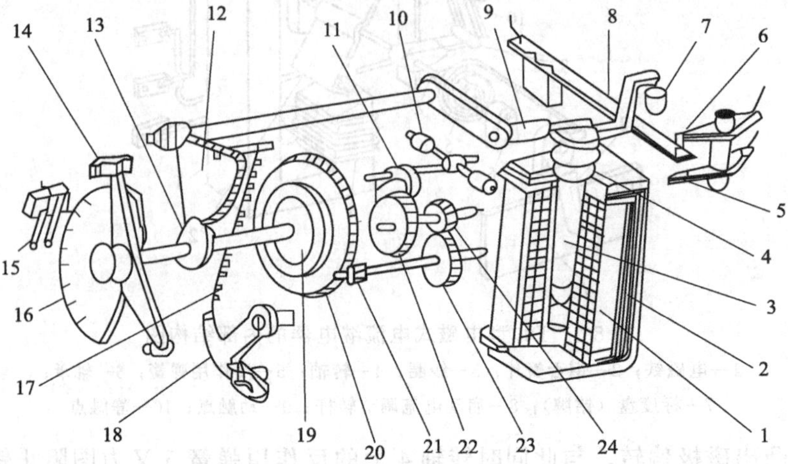

图8-4　DS型时间继电器的内部结构图

1—线圈；2—电磁铁；3—可动铁芯；4—返回弹簧；5，6—瞬时静触点；7—绝缘杆；8—瞬时动触点；9—压杆；10—平衡锤；11—摆动卡板；12—扇形齿轮；13—传动齿轮；14—主动触点；15—主静触点；16—标度盘；17—拉引弹簧；18—弹簧拉力调节器；19—摩擦离合器；20—主齿轮；21—小齿轮；22—掣轮；23，24—钟表机构传动齿轮

当继电器的线圈1得电（加上动作电压）后，铁芯被吸入，压杆失去支持，使被卡住的一套钟表机构启动，同时切换瞬时触点。在拉引弹簧的作用下，主动触点恒速运动，经过一定时间后与主静触点相接触。继电器的延时，是用改变主静触点的位置（即它与主动触点的相对位置）来调整。调整的时间范围，在标度盘上标出。

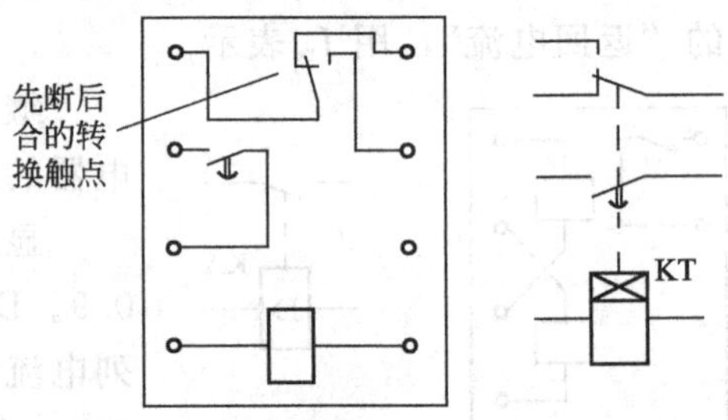

(a) 内部接线　　(b) 图形符号

图8-5　DS型时间继电器的内部接线图和图形符号

当线圈失电后，继电器在拉引弹簧的作用下立即返回起始位置。

DS-100型系列时间继电器有两种，一种为DS-110型，另一种为DS-120型。前者为直流，后者为交流，延时范围0.1～9s。

（3）电磁式信号继电器

电磁式信号继电器在继电保护装置中，用来发出指示信号，指示保护装置已经动作，提醒运行值班人员注意。供电系统中常用DX-11型电磁式信号继电器，它的基本结构如图8-6所示，其内部接线和图形符号如图8-7所示。

在正常情况下，继电器线圈1中没有电流通过，衔铁4被弹簧3拉住，信号牌5由衔铁的边缘支持着保护在水平位置。当线圈1中有电流流过时，电磁力吸引衔铁而释放信号牌。信号牌由于自重而下落，并且停留在垂直位置（机械自保持）。这时在继电器外壳上面的玻璃孔上可以看到带有颜色的信号标志。

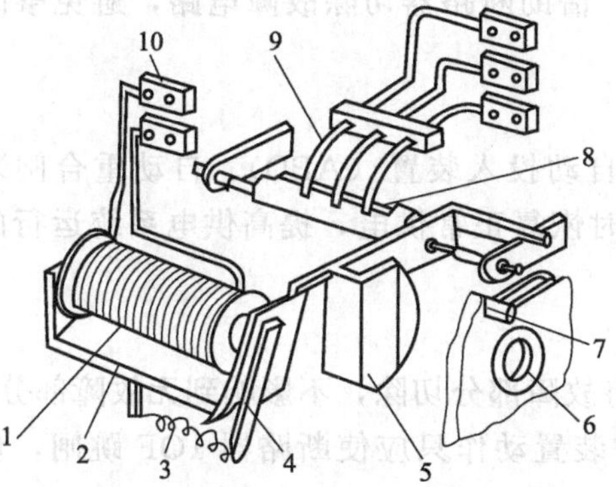

图 8-6　DX-11 型信号继电器的内部结构图

1—线圈；2—电磁铁；3—弹簧；4—衔铁；
5—信号牌；6—玻璃窗孔；7—复位旋钮；
8—动触点；9—静触点；10—接线端子

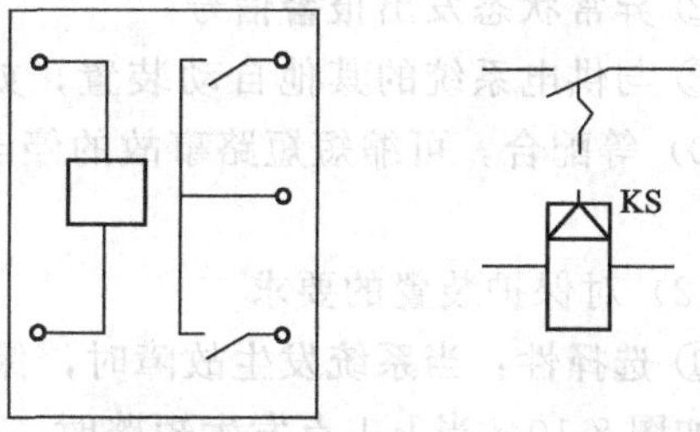

(a) 内部接线　　(b) 图形符号

图 8-7　DX-11 型信号继电器的内部接线图和图形符号

在信号牌落下时，固定信号牌的轴同时转动 90°，固定在这轴上的动触点 8 与静触点 9 接通，使灯光或音响信号回路接通。复位时，用手转动复位旋钮 7，由它再次把信号牌抬到水平位置，让衔铁 4 支持住，并保持在这个位置准备下次动作。

DX-11 型电磁式信号继电器有电流型和电压型两种（如：DX-31B/0.025A，DX-31B/220V）。电流型可串联在二次回路中而不影响其他二次元件的动作。电压型必须并联在二次回路内。

(4) 电磁式中间继电器

中间继电器的作用：扩大接点的数量与容量。

电磁式中间继电器常用在保护装置的出口回路中，用来接通断路器的跳闸回路，故又称为出口继电器。DZ 型中间继电器的基本结构如图 8-8 所示，其内部接线和图形符号如图 8-9 所示。

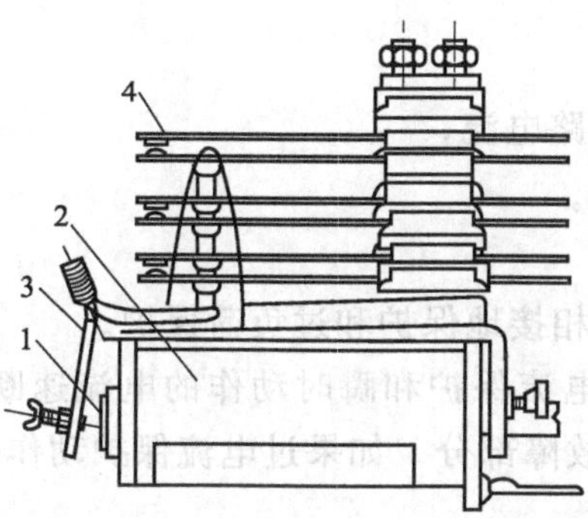

图 8-8　DZ 型中间继电器的内部结构图

1—电磁铁；2—线圈；3—衔铁；4—触点

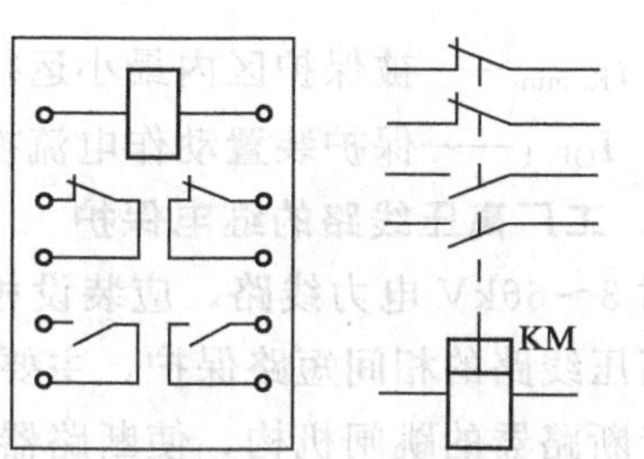

(a) 内部接线　　(b) 图形符号

图 8-9　DZ 型中间继电器的内部接线图和图形符号

当电压加在线圈上时，衔铁被电磁铁吸向闭合位置，并带动触点转换，常开触点闭合，常闭触点断开。当断开电源时，衔铁被快速释放，触点全部返回到起始位置。

常见型号：如 DZY-206 型、DZY-206X 型（带信号灯）、DZS 系列动作是延时的。

8.1.2　保护装置的任务与要求

(1) 保护装置的任务

① 故障时跳闸。发生故障时，保护装置动作，借助断路器切除故障电路，避免事故的扩大。

② 异常状态发出报警信号。

③ 与供电系统的其他自动装置，如备用电源自动投入装置（APD）、自动重合闸装置（ARD）等配合，可缩短短路事故的停电时间，及时恢复正常供电，提高供电系统运行的可靠性。

（2）对保护装置的要求

① 选择性：当系统发生故障时，保护装置只将故障部分切除，不影响到无故障部分。

如图 8-10，当 k-1 点发生短路时，则继电保护装置动作只应使断路器 1QF 跳闸，切除电动机 M。而其他断路器都不跳闸。

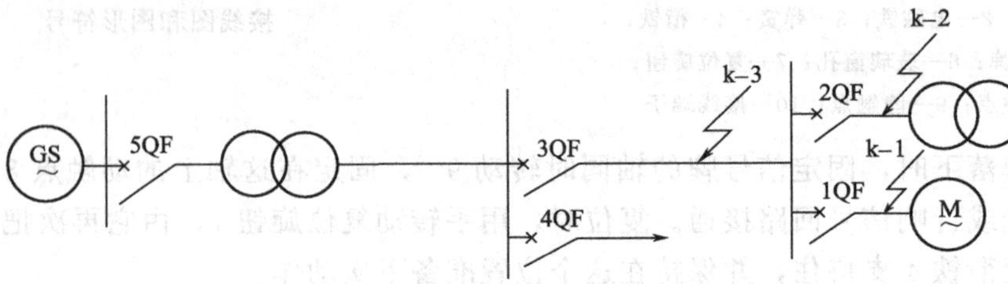

图 8-10 继电保护装置动作选择性示意图

② 速动性：当系统内发生短路故障时，保护装置应尽快动作，快速切除故障（故障切除时间＝保护装置整定动作时间＋断路器跳闸时间）。

③ 可靠性：在保护范围内发生故障时，保护装置应可靠动作，而在正常运行状态时不误动作（即不拒动和不误动）。

④ 灵敏性：灵敏性是指保护装置在其保护范围内对故障和不正常运行状态的反应能力。灵敏性通常用灵敏度 S_P 来衡量。对于过电流保护装置，其灵敏度为：

$$S_P=\frac{I_{K.\min}}{I_{OP.1}}$$

式中 $I_{K.\min}$——被保护区内最小运行方式下的最小短路电流；

$I_{OP.1}$——保护装置动作电流换算到一次电路值。

8.1.3 工厂高压线路的继电保护

对 3～66kV 电力线路，应装设相间短路保护、单相接地保护和过负荷保护。

高压线路的相间短路保护，主要采用带时限的过电流保护和瞬时动作的电流速断保护，动作于断路器的跳闸机构，使断路器跳闸，切除短路故障部分。如果过电流保护动作时限不大于 0.5～0.7s 时，可不装设电流速断保护。

线路的单相接地保护，有以下两种方式。

① 绝缘监视装置，装设在变配电所的高压母线上，动作于信号。

② 有选择性的单相接地保护（零序电流保护），也动作于信号，但当危及人身和设备安全时，则应动作于跳闸。

对可能经常过负荷的电缆线路，应装设过负荷保护，动作于信号。

这里只叙述最常用的定时限的过电流保护和电流速断保护。定时限的过电流保护和电流速断保护装置的组成如图 8-11。

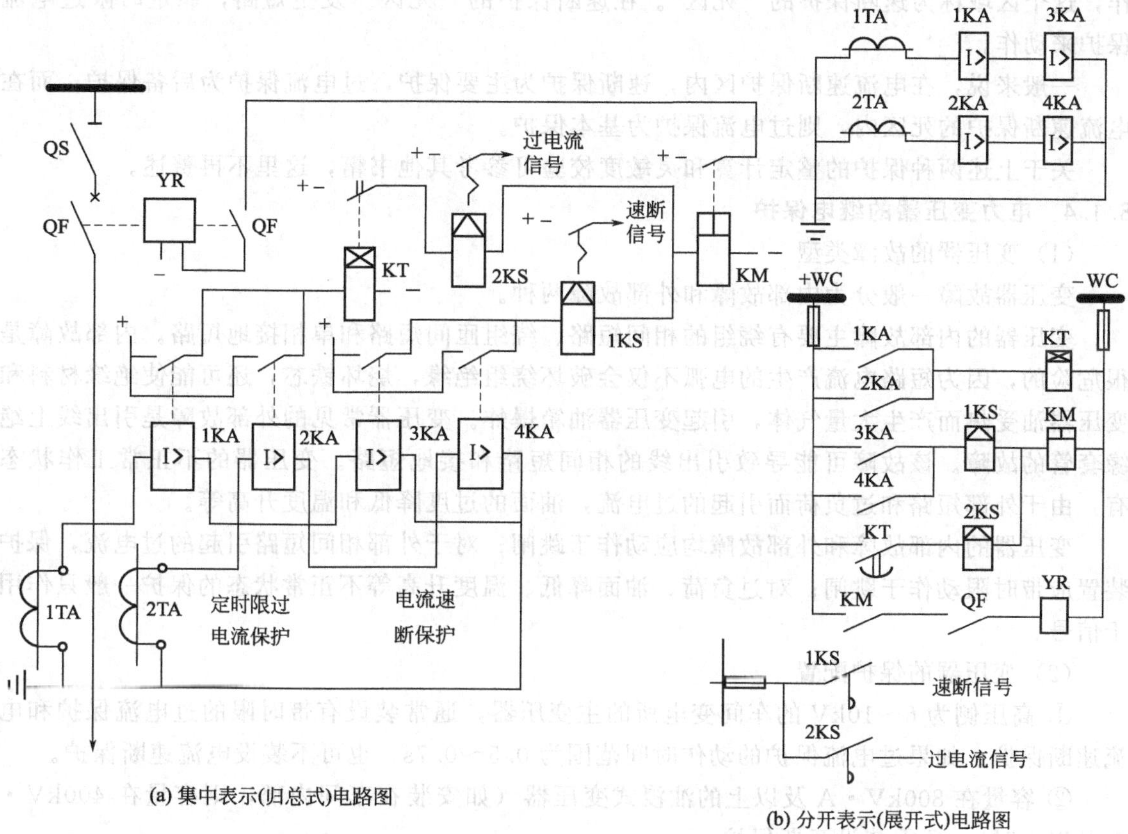

图 8-11　线路定时限过电流保护和电流速断保护原理接线图

QF—高压断路器；TA—电流互感器；KA—电流继电器；KS—信号继电器；
KT—时间继电器；KM—中间继电器；YR—跳闸线圈

定时限过电流保护：当一次电路发生相间短路时，短路电流流过电流互感器的一次侧，其二次电流成比例增大，电流继电器 1KA、2KA 中至少一个瞬时动作，闭合其动合触点，使时间继电器 KT 启动。KT 经过整定限时后，其延时触点闭合，使串联的信号继电器（电流型）2KS 和中间继电器 KM 动作。KM 动作后，其触点接通断路器的跳闸线圈 YR 的回路，使断路器 QF 跳闸，切除短路故障。与此同时，2KS 动作，常开触点接通信号回路，发出灯光和音响信号。在断路器跳闸后，QF 的辅助触点随之断开跳闸回路，以切断其回路中的电流（防止 YR 长期通电而烧毁）。在短路故障被切除后，继电保护装置中除 2KS 外的其他所有继电器均自动返回起始状态，而 2KS 可手动复位。

电流速断保护：当一次电路在速断保护区发生相间短路时，短路电流反应到电流互感器的二次电流使电流继电器 3KA、4KA 中至少一个瞬时动作，其常开触点闭合，使串联的信号继电器（电流型）1KS 和中间继电器 KM 动作。KM 动作后，其触点接通跳闸线圈 YR，使断路器 QF 跳闸，切除短路故障。与此同时，1KS 动作，其触点接通速断信号回路。在断路器 QF 跳闸后，QF 的辅助触点随之断开 YR 回路。在短路故障被切除后，继电保护装置中除 1KS 外的其他所有继电器均自动返回起始状态，而 1KS 可手动复位。

由于速断保护是瞬时动作的，为了满足选择性，电流速断保护的动作电流整定值较大，不能保护全部线路。在被保护线路末端的一段区域内发生各种形式的短路，速断保护不会动作，这个区域称为速断保护的“死区”。在速断保护的“死区”发生短路，靠定时限过电流保护来动作。

一般来说，在电流速断保护区内，速断保护为主要保护，过电流保护为后备保护；而在电流速断保护的死区内，则过电流保护为基本保护。

关于上述两种保护的整定计算和灵敏度校验可参考其他书籍，这里不再赘述。

8.1.4 电力变压器的继电保护

(1) 变压器的故障类型

变压器故障一般分为内部故障和外部故障两种。

变压器的内部故障主要有绕组的相间短路、绕组匝间短路和单相接地短路。内部故障是很危险的，因为短路电流产生的电弧不仅会破坏绕组绝缘，烧坏铁芯，还可能使绝缘材料和变压器油受热而产生大量气体，引起变压器油箱爆炸。变压器常见的外部故障是引出线上绝缘套管的故障。该故障可能导致引出线的相间短路和接地短路。变压器的不正常工作状态有：由于外部短路和过负荷而引起的过电流，油面的过度降低和温度升高等。

变压器的内部故障和外部故障均应动作于跳闸；对于外部相间短路引起的过电流，保护装置应带时限动作于跳闸；对过负荷、油面降低、温度升高等不正常状态的保护一般只作用于信号。

(2) 变压器的保护配置

① 高压侧为 6～10kV 的车间变电所的主变压器，通常装设有带时限的过电流保护和电流速断保护。如果过电流保护的动作时间范围为 0.5～0.7s，也可不装设电流速断保护。

② 容量在 800kV·A 及以上的油浸式变压器（如安装在车间内部，则容量在 400kV·A 及以上时），还需装设瓦斯保护。

③ 并列运行的变压器容量，单台在 400kV·A 及以上，以及虽为单台运行但又作为备用电源用的变压器有可能过负荷时，还需装设过负荷保护，但过负荷保护只动作于信号，而其他保护一般动作于跳闸。

④ 如果单台运行的变压器容量在 10000kV·A 及以上、两台并列运行的变压器容量，单台在 6300kV·A 及以上时，则要求装设纵联差动保护来取代电流速断保护。

高压侧为 35kV 及以上的工厂总降压变电所主变压器，一般应装设过电流保护，电流速断保护和瓦斯保护。

(3) 变压器的瓦斯保护

变压器的瓦斯保护是保护油浸变压器内部故障的一种基本保护。瓦斯继电保护的主要元件是瓦斯继电器，它装在变压器的油箱和油枕之间的联通管上，图 8-12 为 FJ1-80 型开口杯式瓦斯继电器的结构示意图。

在变压器正常工作时，瓦斯继电器的上下油杯中都是充满油的，油杯因其平衡锤的作用使其上下触点都是断开的。当变压器油箱内部发生轻微故障时（如匝间短路），油箱内产生少量气体进入瓦斯继电器，致使油面下降时，上油杯因其中盛有剩余的油使其力矩大于平衡锤的力矩而降落，从而使上触点接通，发出报警信号，这就是轻瓦斯动作。当变压器油箱内部发生严重故障时（如相间短路、铁芯起火等），由于故障产生的气体很多，带动油流迅猛地由变压器油箱通过联通管进入油枕，这大量的油气混合体在经过瓦斯继电器时，冲击挡板，使下油杯降落，从而使下触点接通，直接动作于跳闸。这就是重瓦斯动作。

如果变压器出现漏油，将会引起瓦斯继电器内的油也慢慢流尽。这时继电器的上油杯先

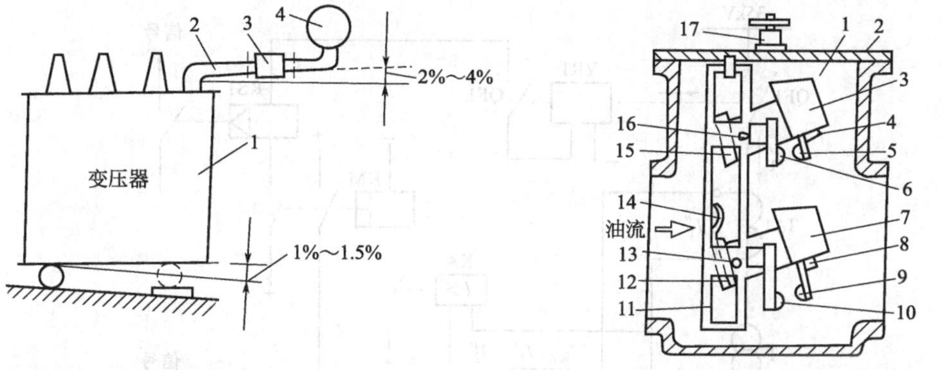

(a) 瓦斯继电器在变压器上的安装
1—变压器油箱；2—联通管；
3—瓦斯继电器；4—油枕

(b) FJ1-80瓦斯继电器的结构示意图
1—容器；2—盖板；3—上油杯；4—永久磁铁；
5—上动触点；6—上静触点；7—下油杯；
8—永久磁铁；9—下动触点；10—下静触点；
11—支架；12—下油杯平衡锤；13—下油杯转轴；
14—挡板；15—上油杯平衡锤；
16—上油杯转轴；17—放气阀

图 8-12　瓦斯继电器的安装及结构示意图

降落，接通上触点，发出报警信号，当油面继续下降时，会使下油杯降落，下触点接通，从而使断路器跳闸。

瓦斯继电器只能反映变压器内部的故障，包括漏油、漏气、油内有气、匝间故障、绕组相间短路等。而对变压器外部端子上的故障情况则无法反映。因此，除设置瓦斯保护外，还需设置过流、速断或差动等保护。

(4) 变压器的差动保护

变压器的差动保护，主要用来保护变压器内部以及引出线和绝缘套管的相间短路，并且也可用来保护变压器的匝间短路，其保护区在变压器一、二次侧所装电流互感器之间。

图 8-13 是变压器差动保护的单相原理电路图。将变压器两侧的电流互感器同极性串联起来，使继电器跨接在两联线之间，于是流入差动继电器的电流就是两侧电流互感器二次电流之差。合理选择电流互感器的变比，使正常运行时差流为零。在变压器正常运行或差动保护的保护区外 k-1 点发生短路时，I_1''、I_2''同时增大，流入继电器 KA 的电流很小，继电器 KA 不动作。而在差动保护的保护区内 k-2 点发生短路时，对于单端供电的变压器来说，$I_2''=0$，$I_{KA}=I_1''$，超过继电器 KA 所整定的动作电流，使 KA 瞬时动作，然后通过出口继电器 KM 使断路器 QF1、QF2 同时跳闸，将故障变压器退出，切除短路故障，同时由信号继电器发出信号。

综上所述，变压器差动保护的工作原理是：正常工作或外部故障时，流入差动继电器的电流为不平衡电流，在适当选择好两侧电流互感器的变压比和结线方式的条件下，该不平衡电流值很小，并小于差动保护的动作电流，故保护不动作；在保护范围内发生故障，流入继电器的电流大于差动保护的动作电流，差动保护动作于跳闸。因此它不需要与相邻元件的保护在整定值和动作时间上进行配合，可以构成无延时速动保护。其保护范围包括变压器绕组内部及两侧套管和引出线上所出现的各种短路故障。

(5) 变压器的过电流保护、电流速断保护和过负荷保护

变压器的容量无论大小，都应该装设过电流保护。400kV・A 以下的变压器多采用高压熔断器保护，400kV・A 及以上的变压器高压侧装有高压断路器时，应装设带时限的过电流

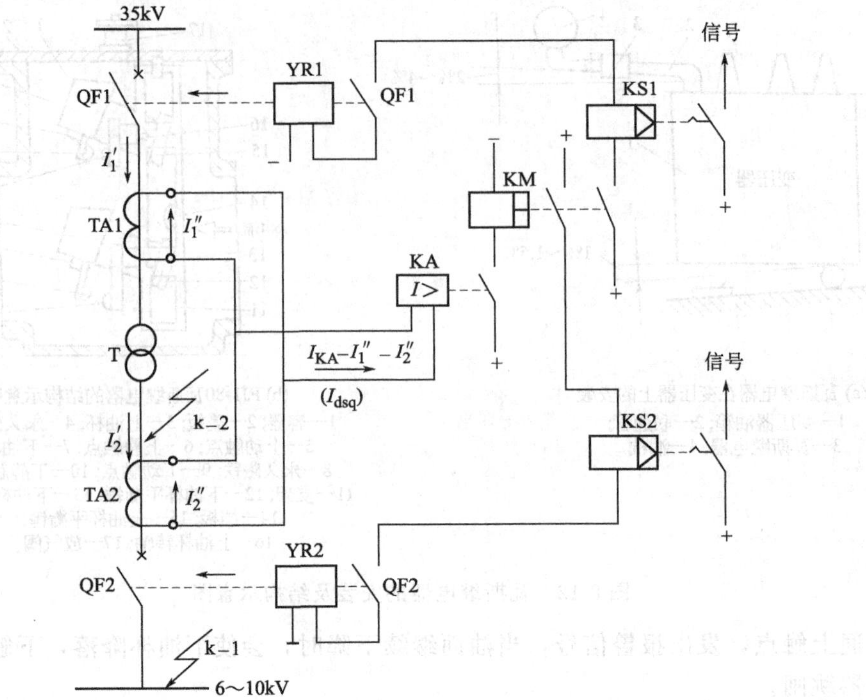

图 8-13 变压器纵联差动保护的单相原理电路图

保护装置。对于车间变压器来说，过电流保护可作为主保护。如果过电流保护的时限超过 0.5s，而且容量不超过 8000kV・A，应装设电流速断作为主保护，而过电流保护则作为电流速断的后备保护。用以防御变压器对称过负荷的过负荷保护，该保护多装在 400kV・A 以上并联运行的变压器上，对单台运行易于发生过载的变压器也应装设过负荷保护。变压器的过负荷保护通常只动作于信号。图 8-14 是变压器的过电流保护、电流速断保护和过负荷保护的综合接线原理图。

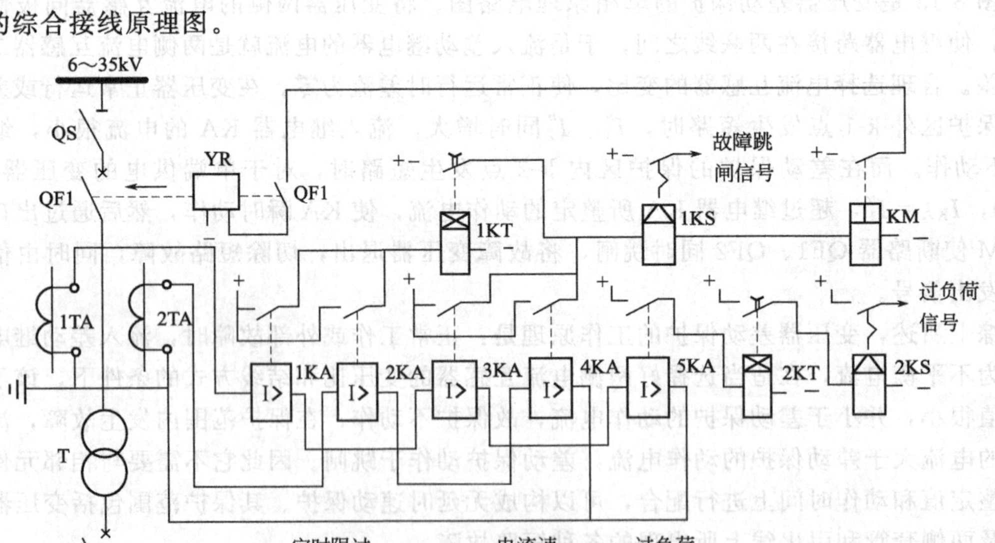

图 8-14 变压器的过电流保护、电流速断保护和过负荷保护的综合接线原理图

变压器带时限过电流保护和电流速断保护的组成和动作原理与线路的保护完全相同。对于变压器的过负荷保护，它是反映变压器正常运行时的过载情况的，一般只延时后动作于信号。由于变压器的过负荷电流大多是三相对称增大的，因此过负荷保护只需在一相电流互感器二次侧接一个电流继电器（图8-14中的5KA）。

应该指出，变压器的过电流保护装置是用以防御内、外部各种相间短路，并作为瓦斯保护和差动保护（或电流速断保护）的后备保护。

8.1.5　二次回路的接线和接线图

（1）二次回路的接线要求

按《电气装置安装工程盘、柜及二次回路接线施工及验收规范》规定，二次回路的接线应符合下列要求。

① 按图施工，接线正确。

② 导线与电气元件间采用螺栓连接、插接、焊接或压接等，均应牢固可靠。

③ 盘、柜内的导线不应有接头，导线芯线应无损伤。

④ 电缆芯线和导线的端部均应标明其回路编号，字迹清晰且不易脱色。

⑤ 配线应整齐、清晰、美观，导线绝缘应良好，无损伤。

⑥ 每个接线端子的每侧接线宜为1根，不得超过2根，有更多导线连接时可采用连接端子；对于插接式端子，不同截面的两根导线不得接在同一端子上，对于螺栓连接端子，当接两根导线时，中间应加平垫片。

⑦ 二次回路接地应设专用螺栓。

⑧ 盘、柜内的二次回路配线：电流回路应采用电压不低于500V的铜芯绝缘导线，其截面不应少于$2.5mm^2$；其他回路配线不应小于$1.5mm^2$；对电子元件回路、弱电回路采用锡焊连接时，在满足载流量和电压降及有足够机械强度的情况下，可采用不小于$0.5mm^2$截面的绝缘导线。

用于连接盘、柜门上的电器、控制台板等可动部位的导线还应符合下列要求。

应采用多股软导线，敷设长度应有适当裕度。

线束应有外套塑料管等加强绝缘层。

与电器连接时，端部应绞紧，并应加终端附件或搪锡，不得松散、断股。

在可动部位两端应用卡子固定。

引入盘、柜内的电缆及其芯线应符合下列要求。

引入盘、柜的电缆应排列整齐，编号清晰，避免交叉，并应固定牢靠，不得使所接的端子排受到机械应力。

铠装电缆在进入盘、柜后，应将钢带切断，切断处的端部应扎紧，并应将钢带接地。

使用于静态保护、控制等逻辑回路的控制电缆，应采用屏蔽电缆，其屏蔽层应按设计要求的接地方式予以接地。

橡胶绝缘的芯线应外套绝缘管保护。

（2）二次回路接线图的绘制方法

接线图主要用于安装接线、线路检查、线路维修和故障处理。它表示了设备电控系统各单元和各元器件间的接线关系，并标注出所需数据，如接线端子号、连接导线参数等。实际应用中通常与电路图和位置图一起使用。

接线图上端子之间的连接导线有以下两种表示方法。

① 连续线表示法　表示两端子之间连接导线的线条是连续的，如图 8-15(a) 所示。

② 中断线表示法　表示两端子之间连接导线的线条是中断的，如图 8-15(b) 所示。在线条中断处必须标明导线的去向，即在接线端子出线处标明对方端子的项目代号，这种标号方法，称为“相对标号法”或“对面标号法”。

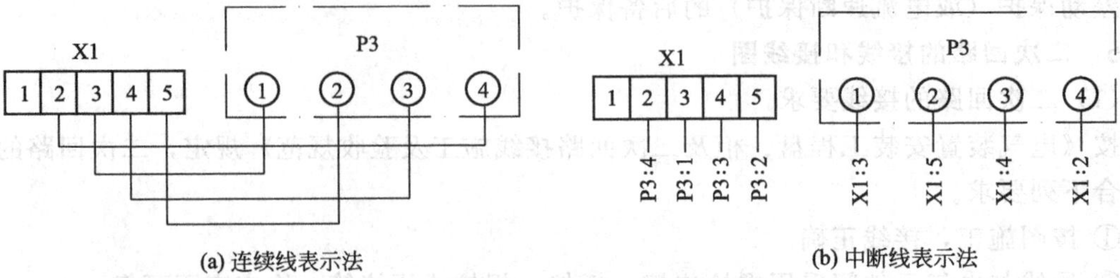

图 8-15　端子间连接导线的表示法

用连续线表示的连接导线如果全部画出，有时显得过于繁复。现在在配电装置二次回路接线图上多采用中断线法来表示连接导线，因为这显得简明清晰，对安装接线和维护检修都很方便。

(3) 绘制、识读接线图时应遵循的原则

① 同一电器的各部件应画在一起，其布置尽可能符合电器的实际情况。

② 各电器元件的图形符号、文字符号和回路标记均以电气原理图为准，并保持一致。

③ 不在同一配电屏上和同一控制柜上的各个电器元件的连接，必须经接线端子板进行连接。

④ 绘制安装接线图时，各电气元件上凡是需要接线的部件端子都应绘出，并予以标号(线号)，各接线端子的标号必须与原理图上的导线标号(线号)相一致。

⑤ 对于控制装置的外部连接线，应在图上或用接线表表示清楚，同时还需标明电源引入点。

(4) 安装接线图实例

某供电给高压电容器组的线路上，装有一只无功电度表和三只电流表，原理接线图如图 8-16(a) 所示。仪表和端子排的安装接线图如图 8-16(b) 所示。

实作训练

完成配电变压器定时限过电流保护、电流速断保护和过负荷保护电路接线。

【提示】

1. 在表 8-1 的基础上多增加以下材料：

1	电流继电器	DL-32	只	1	
2	时间继电器	DS-33/220V	只	1	
3	信号继电器	DX-31B/220V	只	1	

2. 配电变压器定时限过电流保护、电流速断保护和过负荷保护电路接线原理图见图 8-14。

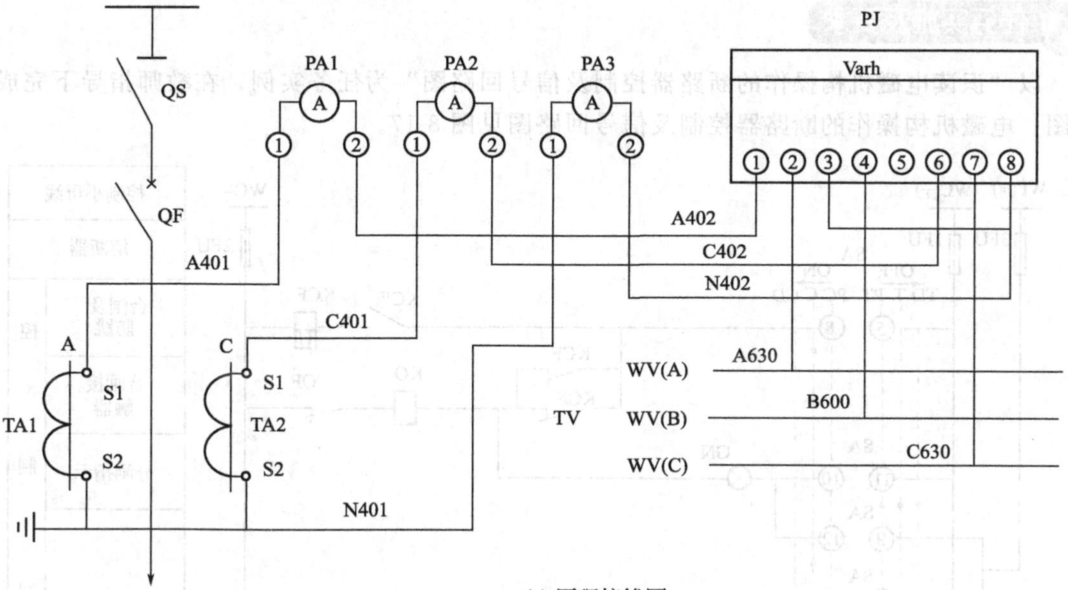

(a) 原理接线图

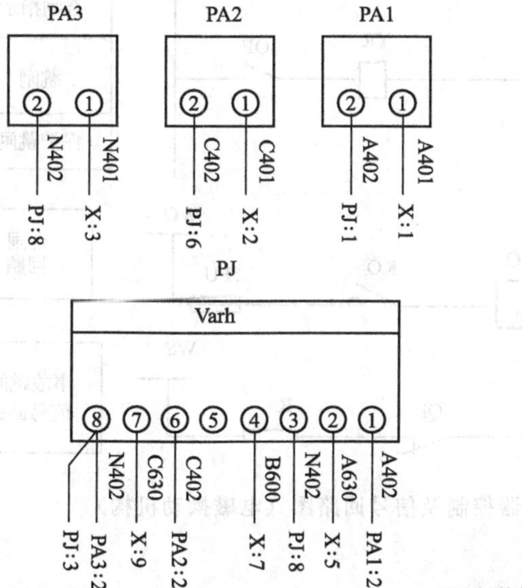

X		端子排	
TA1:S1	1	A401	PA1:1
TA2:S1	2	C401	PA2:1
TA1:S2	3	N401	PA3:1
TA2:S2	4	N401	
WV(A)	5	A630	PJ:2
	6		
WV(B)	7	B600	PJ:4
	8		
WV(C)	9	C630	PJ:4
	10		

(b) 安装接线图

图 8-16　高压电容器组测量线路安装接线图

任务 8.2　识读变配电所二次回路图和自动装置图

能力目标

① 掌握变配电所各种二次回路的工作原理。

② 熟悉变配电所的二次设备。

③ 掌握读图方法。

任务实施及要求

以“识读电磁机构操作的断路器控制及信号回路图”为任务实例，在教师指导下完成识读图。电磁机构操作的断路器控制及信号回路图见图 8-17。

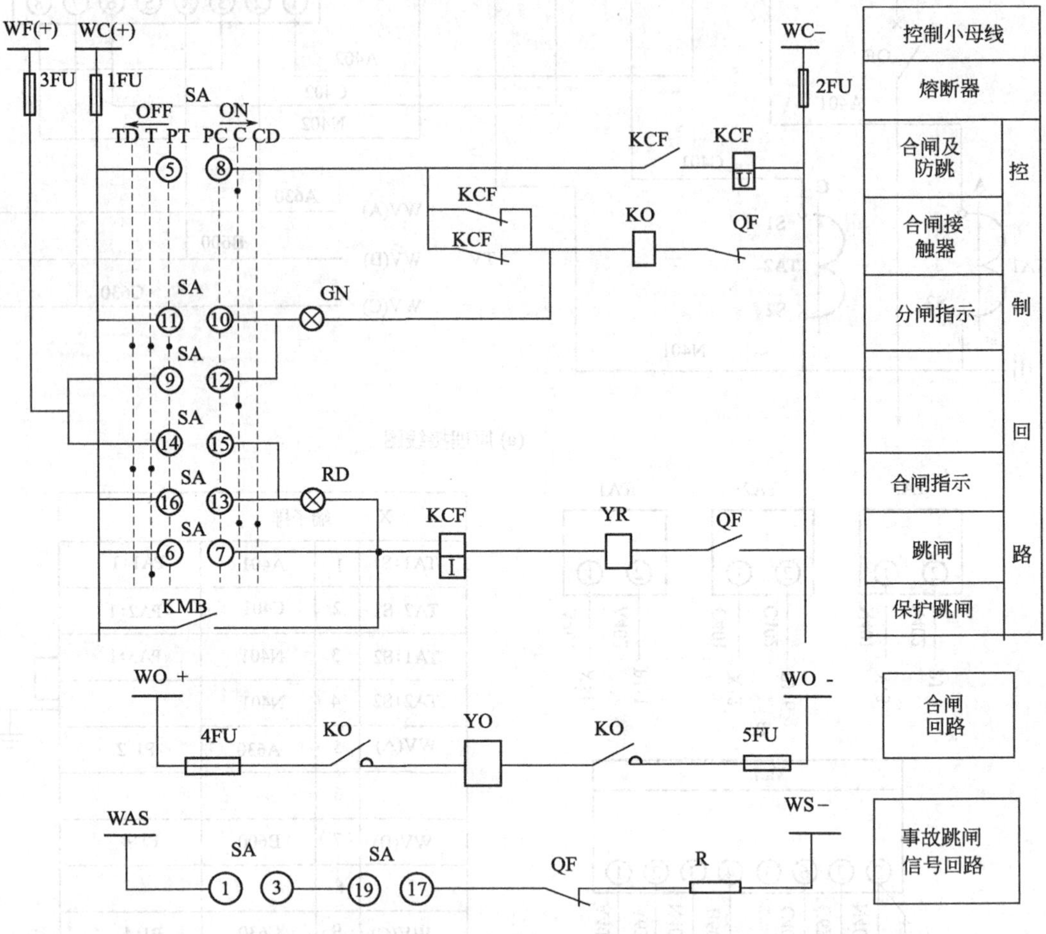

图 8-17 具有灯光监视的断路器控制及信号回路图（电磁操动机构）

（1）熟悉读图程序并进行相应工作

① 准备工作；

② 根据图 8-17 写出回路中字母含义；

③ 写出合闸过程；

④ 写出分闸过程；

⑤ 写出各元件作用。

（2）读图时限

① 准备时间：1min；

② 读图时间：30min。

学习组织形式

① 由教师先介绍电路结构组成、各种元器件名称及字母含义，再讲述电路的工作原理，

教会学生读图。

② 可根据情况将学生分为 4～6 人一组，以小组为单位，进行相互读图讲述，以达到熟练读图。

③ 教师进行总结，再次讲述读图要领，纠正学生的读图错误。

④ 学生撰写学习心得。

考核标准及评价

考核评价按表 8-3 的要求进行。

表 8-3 识读电磁机构操作的断路器控制及信号回路图考核评分记录表

姓名：________ 工位号：______ 考核时间：30min

序号	考核项目	考核要点	配分	评分标准	检测结果	扣分	得分	备注
1	准备工作	控制回路图纸一份 记录纸、笔	3	少准备一件扣 1 分				
2	写出回路中字母含义	写出图纸上 YR、SA、QF、KCF、WF 的含义	20	写错一个扣 4 分				
3	写出合闸过程	从控制回路正电源至负电源并清楚 QF、SA 开关接点状态， 从合闸回路正电源至负电源	30	未能讲出合闸过程不得分 讲错 1 处扣 2 分 QF 开关接点状态不清楚扣 5 分、SA 开关接点状态不清楚扣 5 分 未能讲出合闸线圈得电情况扣 10 分				
4	写出分闸过程	从控制回路正电源至负电源并清楚 QF、SA 开关接点状态	22	未能讲出分闸过程不得分 讲错 1 处扣 2 分 QF 开关接点状态不清楚扣 6 分，SA 开关接点状态不清楚扣 6 分				
5	写出主要元件作用	写出 KCF、QF、WF、KO、YO 的作用	25	写错一个扣 5 分				
6	考核时限	按规定时间完成		超时停止读图				
	合计		100					

评分员： 核分员： 年 月 日

相关知识介绍

8.2.1 二次回路及其操作电源

(1) 二次回路概述

二次回路是指用来控制、指示、监测和保护一次电路运行的电路。二次回路又称二次系统。按功能二次回路可分为断路器控制回路、信号回路、保护回路、监测回路和自动化回路。为保证二次回路的用电，还有相应的操作电源回路等。

就二次回路图而言，主要有二次回路原理图、二次回路原理展开图、二次回路安装接线图等。

(2) 操作电源

二次回路的操作电源主要有直流和交流两大类。直流操作电源主要有蓄电池和硅整流直流操作电源两种。对采用交流操作的断路器应采用交流操作电源，对应的所有二次回路如保护回路继电器、信号回路设备、控制设备等均采用交流形式。

直流操作电源

① 蓄电池组供电的直流操作电源：在一些大中型变电所中，可采用蓄电池组作直流操作电源。蓄电池主要有铅酸蓄电池和镉镍蓄电池两种。采用镉镍蓄电池组作操作电源，不受供电系统运行情况的影响，工作可靠，大电流放电性能好、比功率大，机械强度高，使用寿命长，腐蚀性小，无需专用房间来装设，从而大大降低了投资，因此在工厂供电系统中应用比较普遍。

② 硅整流直流操作电源：硅整流直流操作电源在工厂变配电所中应用较广，按断路器的操动机构的要求有电容储能（电磁操动）和电动机储能（弹簧操动）等类型。图 8-18 所示为硅整流电容储能直流系统原理图。

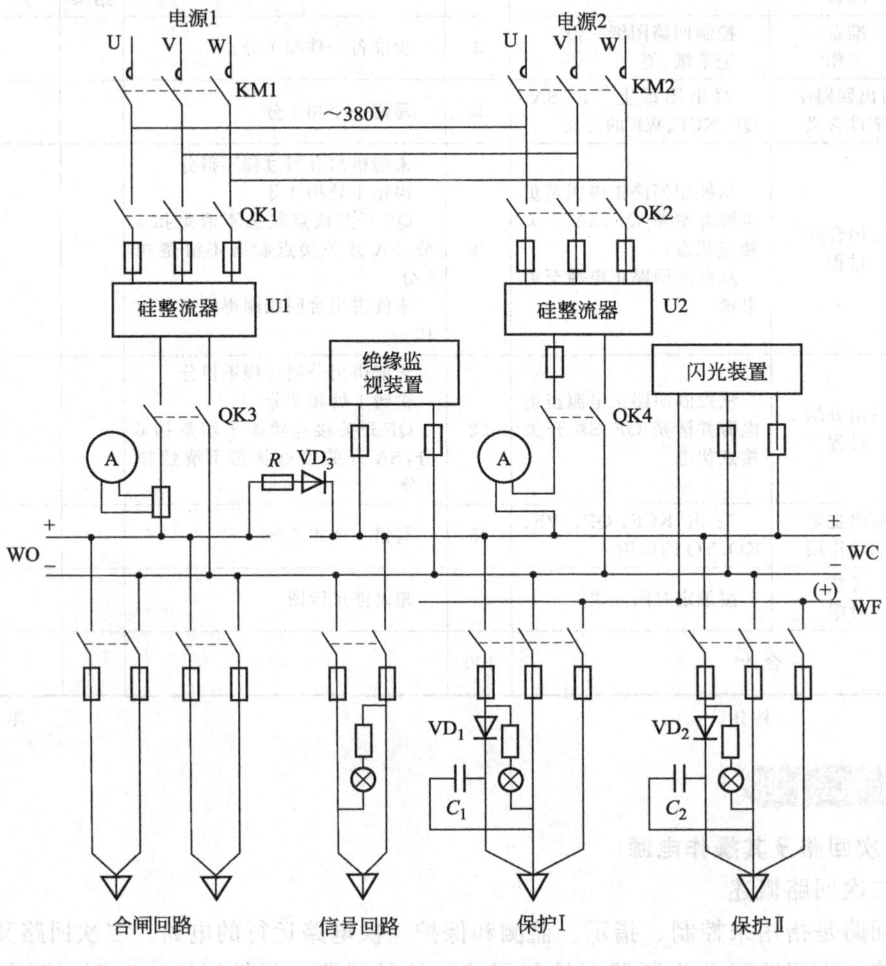

图 8-18　硅整流电容储能直流系统原理图

硅整流的电源来自所用变低压母线，一般设一路电源进线，但为了保证直流操作电源的可靠性，可以采用两路电源和两台硅整流装置。硅整流器 U1 主要用做断路器合闸电源，并可向控制、保护、信号等回路供电，其容量较大。硅整流器 U2 仅向操作母线供电，容量较小。两组硅整流之间用电阻 R 和二极管 VD_3 隔开，VD_3 起到逆止阀的作用，它只允许从合闸母线向控制母线供电而不能反向供电，以防在断路器合闸或合闸母线侧发生短路时，引起控制母线的电压严重降低，影响控制和保护回路供电的可靠性。电阻 R 用于限制在控制母线侧发生短路时流过硅整流 U1 的电流，起保护 VD_3 的作用。在硅整流器 U1 和 U2 前，也可以用整流变压器（图中未画）实现电压调节。整流电路一般采用三相桥式整流电路。

在直流母线上还接有绝缘监察装置和闪光装置，绝缘监察装置用以监测正负母线或直流回路对地绝缘电阻，当某一母线对地绝缘电阻降低时，发出信号。闪光装置主要提供灯光闪光电源。当系统或二次回路发生故障时，相应信号指示灯发出闪光信号。

直流操作电源的母线上，引出若干条线路，分别向各回路供电，如合闸回路、信号回路、保护回路等。在保护供电回路中，C_1、C_2 为储能电容器组，电容器所储存的电能仅在事故情况下，用作继电保护回路和跳闸回路的操作电源。逆止元件 VD_1、VD_2 主要作用是在事故情况下，交流电源电压降低引起操作母线电压降低时，禁止向操作母线供电，而只向保护回路放电。

带电容储能的直流装置的优点是投资少、建设快、运行维护方便，但可靠性上不如硅整流带镉镍蓄电池组储能的直流装置。

交流操作电源

交流操作电源的优点是：接线简单、投资低廉、维修方便。缺点是：交流继电器性能没有直流继电器完善，不能构成复杂的保护。因此，交流操作电源在小型工厂变配电所中应用较广，而对保护要求较高的变配电所采用直流操作电源。

交流操作电源可分为电流源和电压源。电流源取自电流互感器，主要供电给继电保护和跳闸回路。电压源取自变配电所的所用变压器或电压互感器，通常以所用变压器作为正常工作电源，而电压互感器因其容量小，只作为保护油浸式变压器内部故障的瓦斯保护的交流操作电源。

交流操作电源供电的继电保护装置，主要有“直接动作式”和“去分流跳闸的操作方式”两种操作方式。在交流操作方式下，采用 GL 型感应式电流继电器。继电保护的交流操作方式如图 8-19。

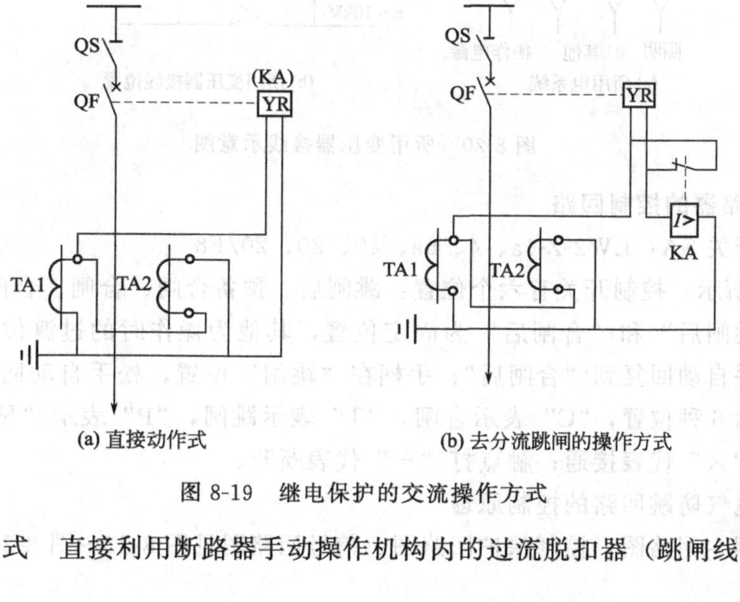

(a) 直接动作式　　(b) 去分流跳闸的操作方式

图 8-19　继电保护的交流操作方式

① 直接动作式　直接利用断路器手动操作机构内的过流脱扣器（跳闸线圈）YR 作为过

电流继电器（启动元件），可接成两相继电器式或两相两继电器式接线。由于正常运行时，流过 YR 的电流较小，YR 不会动作。当线路发生短路时，流过 YR 的电流很大，超过 YR 的动作值，YR 动作，使断路器跳闸。这种操作方式虽然简单，但灵敏度不高，实际上应用较少。

② 去分流跳闸的操作方式　电流继电器的常闭触点将跳闸线圈短路，正常运行时，跳闸线圈 YR 中无电流流过。当线路发生故障时，KA 动作，其常闭触点打开，使 YR 的短路分流支路去掉，使电流互感器二次电流全部流过 YR，使断路器跳闸。这就是去分流跳闸操作方式。这种接线简单，由于使用了电流继电器作启动元件，提高了保护的灵敏度，在工厂供配电系统中应用广泛。

(3) 所用变压器

变电所的用电一般应设置专门的变压器供电，简称“所用变”。变电所的用电主要有室外照明、室内照明、生活区用电、事故照明、操作电源用电等。

为保证操作电源的用电，所用变压器一般都接在电源的进线处，如图 8-20 所示。即使变电所母线或变压器发生故障时，所用变压器仍能取得电源。

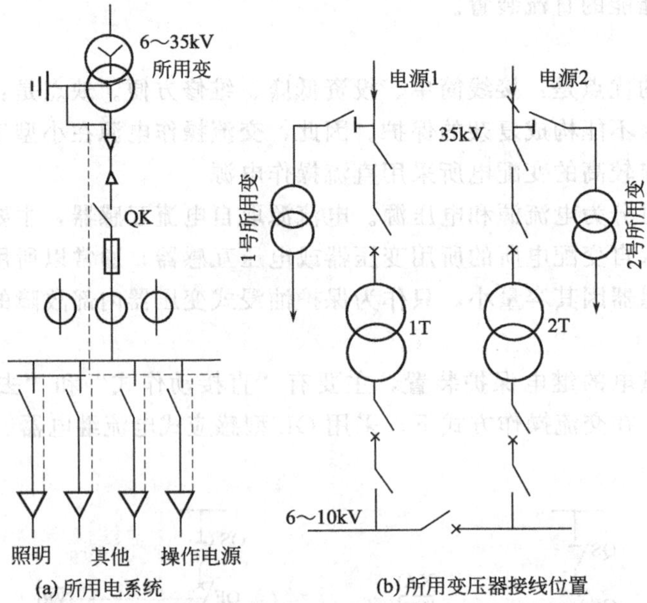

图 8-20　所用变压器接线示意图

8.2.2　高压断路器的控制回路

(1) 控制开关 SA：LW2-Z-1a、4、6a、40、20、20/F8

如图 8-21 所示，控制开关有六个位置：跳闸后、预备合闸、合闸、合闸后、预备跳闸、跳闸，其中“跳闸后”和“合闸后”为固定位置，其他为操作时的过渡位置。手柄在“合闸”位置，松手自动回复到“合闸后”；手柄在“跳闸”位置，松手自动回复到“跳闸后”。有时用字母表示 6 种位置，“C”表示合闸，“T”表示跳闸，“P”表示“预备”，“D”表示“后”。触点打“×”代表接通；触点打“－”代表断开。

(2) 具有电气防跳回路的控制原理

配电变压器主回路图、控制保护回路图、信号回路图见图 8-22～图 8-24。

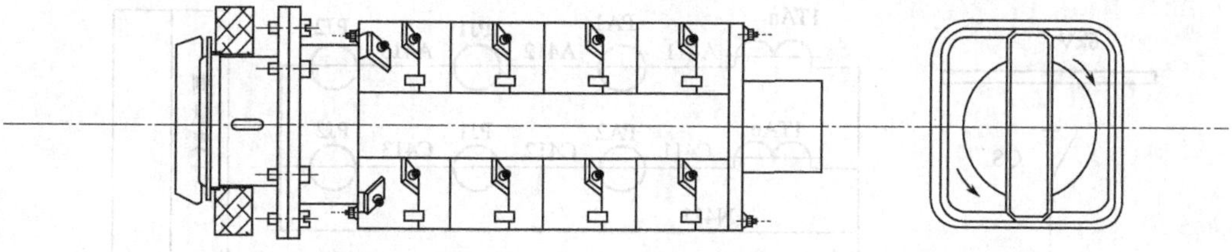

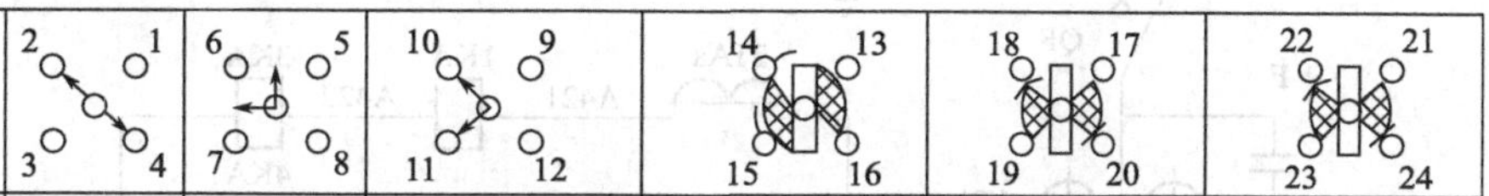

接点盒型式		1a		4		6a			40			20			20		
位置 \ 触点号		1-3	2-4	5-8	6-7	9-10	9-12	11-10	14-13	14-15	16-13	19-17	17-18	18-20	21-23	21-22	22-24
跳闸后		—	×	—	—	—	—	×	—	×	—	—	—	×	—	—	×
预备合闸		×	—	—	—	×	—	—	×	—	—	—	×	—	—	×	—
合闸		—	—	×	—	—	×	—	—	—	×	×	—	—	×	—	—
合闸后		×	—	—	—	×	—	—	—	—	×	×	—	—	×	—	—
预备跳闸		—	×	—	—	—	—	×	×	—	—	—	×	—	—	×	—
跳闸		—	—	—	×	—	—	×	—	×	—	—	—	×	—	—	×

图 8-21　LW2-Z-1a、4、6a、40、20、20/F8 型控制开关触点图表

断路器 QF 的合闸过程如下。

① 转换开关 SA 处于“跳闸后”位置，接点 10-11 接通，1GN 绿灯亮（指示断路器 QF 分闸状态）（1-5-3-4-2），监视了合闸回路的完好性。接点 14-15 通，若 QF 自动合闸，1RD 闪光（电源来自闪光小母线 WF+），表示 SA 与 QF 的状态不对应（100-35-33-37-10-2）。

② SA 置“预备合闸”位置，接点 9-10 接通，10-11 断。这时分闸指示灯 1GN 的正电来自闪光小母线 WF+（100-5-3-4-2），1GN 分闸指示灯闪光，提示操作人员注意。接点 13-14 接通，若 QF 自动合闸，1RD 闪光，表示 SA 与 QF 的状态不对应（100-35-33-37-10-2）。

③ SA 置“合闸”位置，接点 5-8、9-12、13-16 接通，5-8 接通使合闸接触器 KO 动作（1-7-13-9-3-4-2）（允许合闸开关 SA1 在接通位置），QF 的合闸线圈 YO 得电（见图 8-24 合闸回路），由电磁操作机构使断路器 QF 合闸（变压器带电运行），1RD 亮（1-35-33-37-10-2）。与此同时，QF 常闭（4-2）断开，KO 释放，YO 断电，分闸指示灯 1GN 熄灭；QF 常开（10-2）闭合，为 QF 分闸作好准备。

④ 合闸完毕，松开手，SA 自动回复到“合闸后”位置，接点 9-10、13-16 接通，1RD（合闸指示灯）仍亮。如果在合闸时因某种原因 QF 没合上，此时分闸指示灯 1GN 闪光（100-5-3-4-2），表明转换开关 SA 与断路器 QF 的状态不对应。SA 在“合闸后”位置，在运行中保护动作使保护出口 KMB 动作跳 QF，接点 9-10 接通，也使 1GN 闪光。

断路器 QF 的分闸过程如下。

① 要将 QF 断开，先将 SA 置“预备跳闸”位置，接点 10-11、13-14 接通，13-16 断开，1RD 闪光，提示操作人员注意。

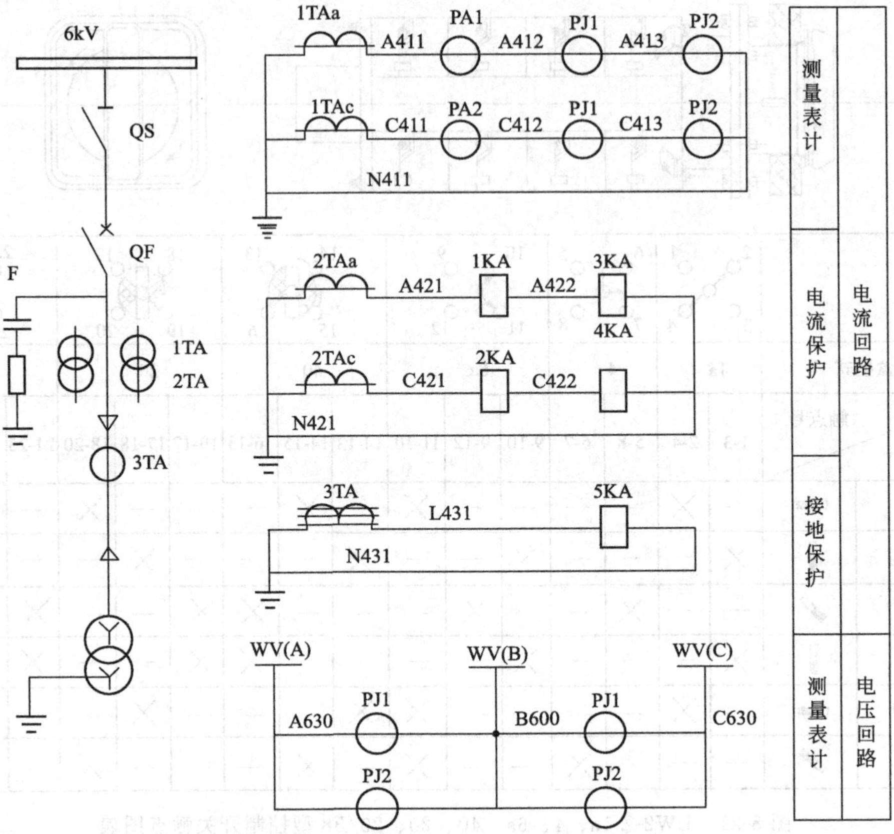

图 8-22　配电变压器主回路原理图

② SA 置“跳闸”位置，接点 6-7、10-11、14-15 接通。6-7 接通，跳闸线圈 YR 得电（1-33-37-10-2），QF 跳闸。QF 跳闸后，QF 常开（10-2）断开，使 YR 失电（避免 YR 长期通电）；合闸指示灯 1RD 熄灭，分闸指示灯 1GN 亮。

③ QF 分闸后，松开手，SA 自动回复到“跳闸后”位置，接点 10-11、14-15 接通。1GN 仍亮。如果在分闸时因某种原因没跳开，合闸指示灯 1RD 闪光，表明 SA 位置与断路器 QF 的位置不对应。

④ SA 在“合闸后”位置，接点 1-3、19-17 接通，因保护动作或断路器误脱扣时，接通事故音响小母线 2WAS，发出事故音响信号。

⑤ 断路器 QF 的防跳，用 KCF 实现。

防跳回路：SA 合闸，接点 5-8 通，QF 合闸。若合于故障上，保护出口中间继电器 KMB 马上动作跳 QF，KCF 电流线圈有电流通过动作，常开闭合，常闭断开。由于操作人员需要一定的反应时间，接点 5-8 仍通，使 KCF 电压线圈自保持，保持其常开闭合，常闭断开，切断合闸接触器 KO 回路，使开关不会再合闸，防止了开关的“跳跃”。手松开 SA 回复到“合闸后”位置，接点 5-8 断开，切断合闸回路，KCF 返回。由于 SA 接点 9-10 通（SA 合闸后位置），1GN、2GN 闪光。

保护出口继电器 KMB 采用具有电流自保持线圈的中间继电器，如 DZB-257 型。当保护跳闸时，由于 KMB 电流线圈的自保持作用，确保了触点 QF（10-2）先断开（切断跳闸回路电流），KMB 继电器才返回，能起到保护触点 KMB 的作用。

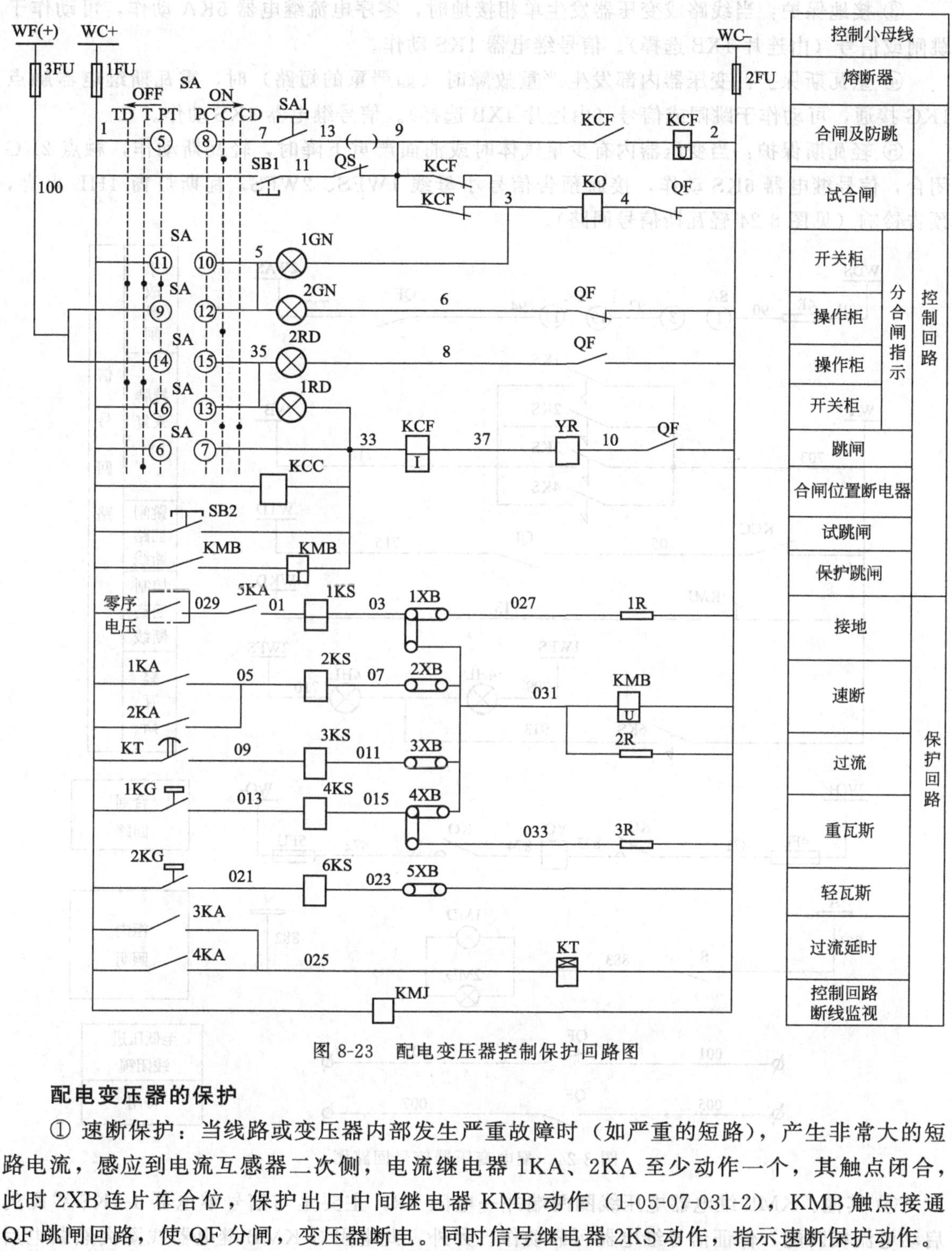

图 8-23　配电变压器控制保护回路图

配电变压器的保护

① 速断保护：当线路或变压器内部发生严重故障时（如严重的短路），产生非常大的短路电流，感应到电流互感器二次侧，电流继电器 1KA、2KA 至少动作一个，其触点闭合，此时 2XB 连片在合位，保护出口中间继电器 KMB 动作（1-05-07-031-2），KMB 触点接通 QF 跳闸回路，使 QF 分闸，变压器断电。同时信号继电器 2KS 动作，指示速断保护动作。

② 定时限过电流保护：当线路或变压器外部发生故障时（如变压器低压侧短路），过电流继电器 3KA、4KA 动作，其动合触点闭合，时间继电器 KT 得电，经过一段时间 KT 延时常开接点闭合，此时 3XB 连片在合位，KMB 得电，断路器 QF 跳闸，变压器断电。同时信号继电器 3KS 动作，指示过电流保护动作。

③ 接地保护：当线路或变压器发生单相接地时，零序电流继电器 5KA 动作，可动作于跳闸或信号（由连片 1XB 选择）。信号继电器 1KS 动作。

④ 重瓦斯保护：变压器内部发生严重故障时（如严重的短路）时，重瓦斯继电器触点 1KG 接通，可动作于跳闸或信号（由连片 4XB 选择）。信号继电器 4KS 动作。

⑤ 轻瓦斯保护：当变压器内有少量气体时或油面严重下降时，轻瓦斯动作，触点 2KG 闭合，信号继电器 6KS 动作，接通预告信号小母线 1WFS、2WFS，瓦斯灯窗 4HL 点亮，预告铃响（见图 8-24 轻瓦斯信号回路）。

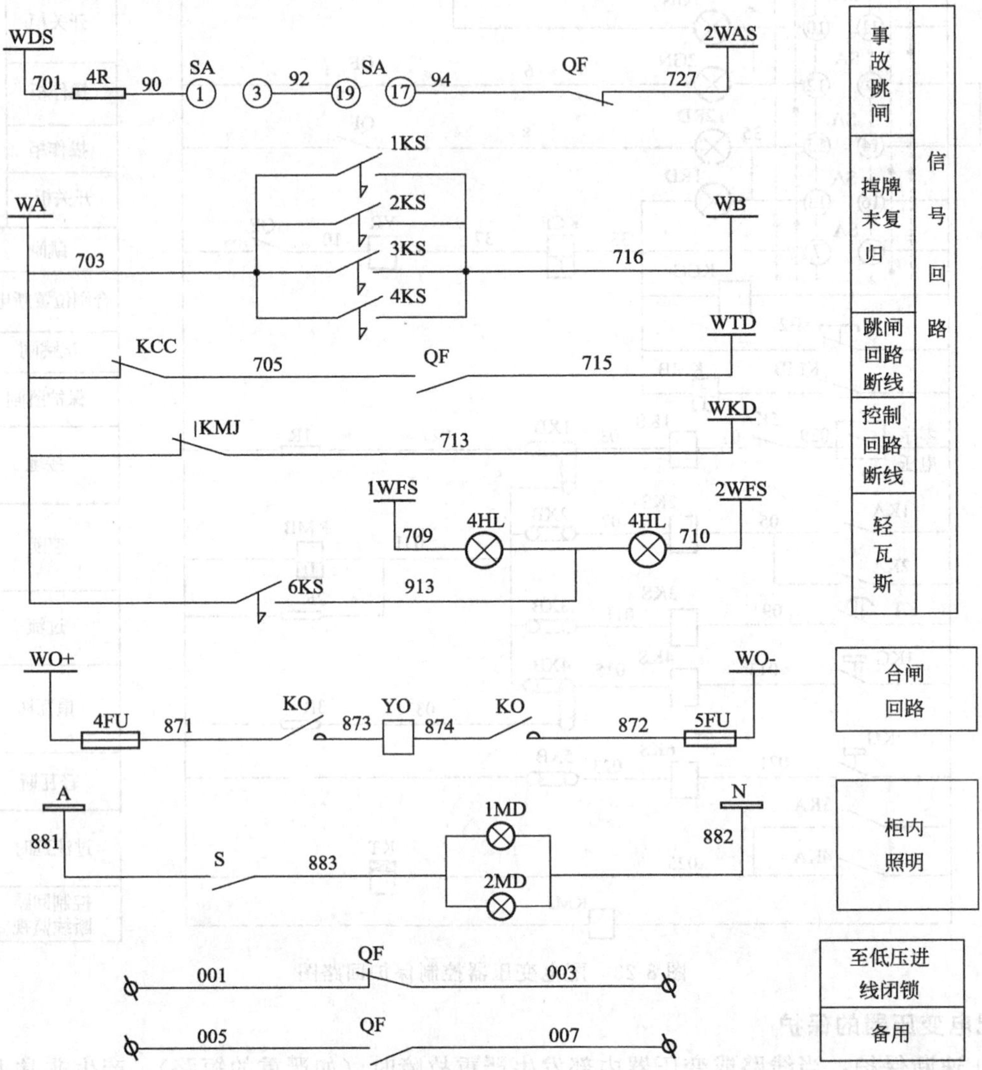

图 8-24　配电变压器信号回路图

⑥ 其他：KMB 继电器电压线圈两端并一电阻 2R，主要是与信号继电器 1-4KS 线圈的启动电流相匹配，保证信号继电器可靠动作。另外，此电阻对 KMB 继电器线圈突然断电后而产生的感应电动势起了良好的泄放作用，保护了继电器的线圈。合闸位置继电器 KCC 可监视跳闸回路的完好性，运行中跳闸回路断线时，KCC 释放，其常闭触点接通跳闸回路断线小母线 WTD，启动预告信号装置发信号。中间继电器 KMJ 可监视控制回路电源的完好性，熔断器 1FU、2FU 熔断时，KMJ 释放，其常闭触点接通控制回路断线小母线 WKD，

启动预告信号装置发出信号。保护动作后，信号继电器 1-4KS 未复归，其触点接通掉牌未复归小母线 WB，也启动预告信号装置发信号。

8.2.3 中央信号装置

中央信号装置由中央事故信号电路和中央预告信号电路组成。

(1) 中央复归不重复动作的中央事故信号电路

图 8-25 为中央复归不重复动作的中央事故信号电路。

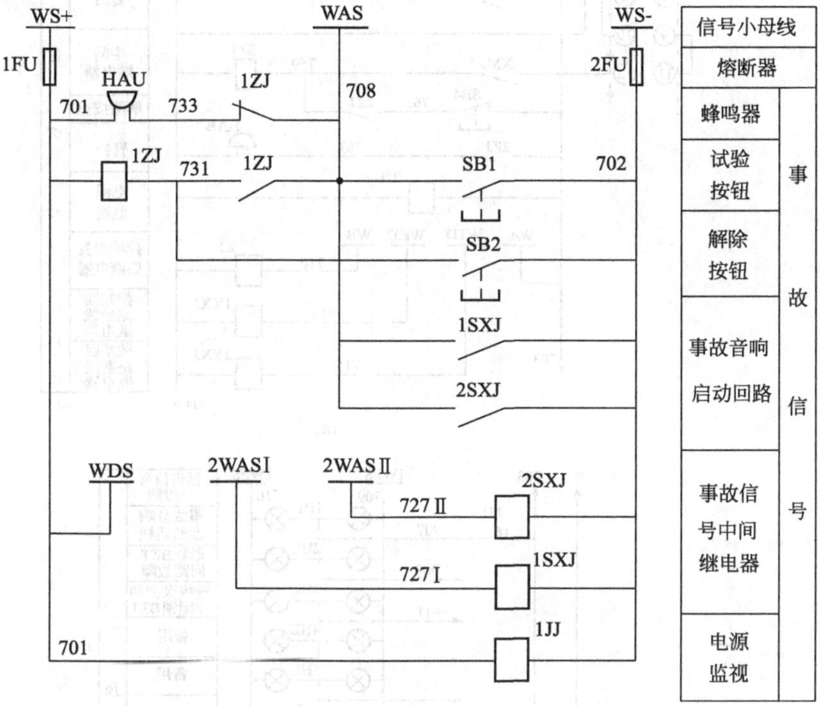

图 8-25　中央复归不重复动作的中央事故信号电路

特点：不使用冲击继电器，使二次接线简化，设备元件减少、经济可靠。不足之处是不能重复动作，这对于进出线回路少、断路器不多的变电所来说，不失为一种实用的设计方案。

① 事故信号的启动：当 6～10kV 配电装置发生断路器事故跳闸时，单独的信号启动回路将 WDS 与 2WASⅠ 或 2WASⅡ 接通，启动事故信号继电器 1SXJ 或 2SXJ，其常开触点闭合，使蜂鸣器 HAU 通电，发出事故音响信号。同时预告信号光字牌 10HL 或 11HL 点亮。

② 信号复归：按下 SB2，1ZJ 动作并自保持，其常闭触点断开 HAU 回路，解除事故音响信号。

③ 不重复动作：由于 1ZJ 动作后，自保持不复归，只有将事故跳闸断路器的控制开关复位至“跳闸后”位置，使 1ZJ 解出自保持，整个电路复归。如果第一个断路器事故跳闸后启动电路未解除（已复归信号），又发生了第二台断路器事故跳闸，不会再次发出音响信号。

(2) 由 JC-2 型冲击继电器构成的中央预告信号电路

图 8-26 是由 JC-2 型冲击继电器构成的中央预告信号电路。XMJ 为冲击继电器；1WFS、2WFS 为预告信号小母线；WA、WB 为掉牌未复归小母线；WTD、WKD 为 6～

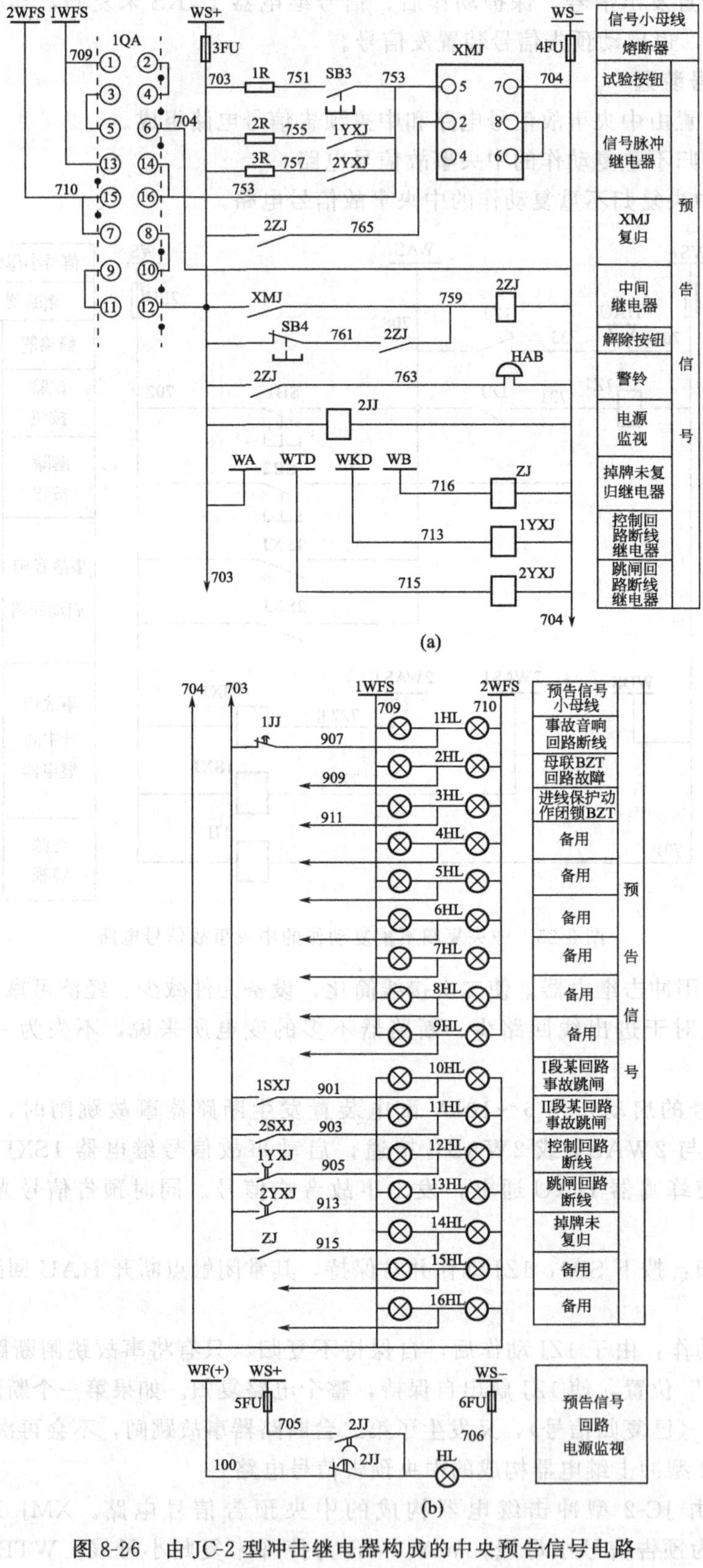

图 8-26　由 JC-2 型冲击继电器构成的中央预告信号电路

10kV 配电装置跳闸回路断线、控制回路断线预告信号小母线；1YXJ、2YXJ 为预告信号继电器。

① 预告信号的启动：1QA 在工作位置时，13-14、15-16 触点接通。如果电气设备发生不正常状况，如事故信号回路断线，延时后 1JJ（703-907）闭合，这时信号电流 WS+-703-907-1HL-709 和 710-753-XMJ 的脉冲变压器（5、7）-704-WS-，形成通路，启动冲击继电器 XMJ。XMJ 的端子 1 和 3 之间的常开触点 XMJ（703-759）闭合后，使 2ZJ 动作自保持，电铃 HAB 发出音响信号；同时光字牌 1HL 点亮。

② 预告信号复归：2ZJ 动作后，其触点 2ZJ（703-765）闭合，使端子 2 因接 WS+而复归 XMJ。按下 SB4，可实现警铃信号的手动复归（解除警铃）。

③ 预告信号的重复动作：预告信号的重复动作是靠突然并入另一光字牌（并入电阻），使流过冲击继电器中变流器一次侧电流发生突变来实现。当预告信号未解除（警铃已解除），又出现另一预告信号，冲击继电器的变流器回路中突然并入另一光字牌（并入电阻），电流突变，使 XMJ 又动作，再次发出音响信号，相应光字牌点亮。

④ 光字牌的检查：1QA 试验位置，其触点 1-2、3-4、5-6、7-8、9-10、11-12 接通，使 1WFS 接 WS-，2WFS 接 WS+。此时，如果光字牌 1～9HL 中指示灯全亮，说明光字牌完好，否则，更换之。

需要注意的是，发预告信号时，光字牌的两只灯泡是并联的，灯泡两端的电压为电源电压；检查时，两灯泡是串联的，灯泡发暗光，且其中一只损坏时，两只灯泡都不亮。

⑤ 6～10kV 配电装置预告信号回路：当跳闸回路断线或控制回路断线，1YXJ、2YXJ 动作，一对触点去启动预告信号起动电路发音响信号，另一对触点去起动光字牌 12HL、13HL，这样既有预告音响信号，又有光字信号。

⑥ 预告信号回路电源监视：电源正常时，2JJ 吸合，HL 发平光。电源消失 2JJ 延时后，HL 闪光。

⑦ 掉牌未复归：ZJ 动作，光字牌 14HL 点亮。

⑧ 事故信号回路电源监视：电源消失，1JJ 延时后启动预告信号音响装置、点亮 1HL 光字牌。

(3) 重复动作的中央复归式事故音响信号回路

图 8-27 为采用 ZC-23 型冲击继电器构成的重复动作的中央复归式事故音响信号回路。

1SA 合闸后位置，接点 1-3、19-17 接通，当断路器 QF1 事故跳闸后，辅助接点 QF1 闭合，冲击继电器 KU 的脉冲变流器一次绕组电流突增，在其二次侧绕组中产生感应电动势使干簧继电器 KR 动作。KR 的常开触点闭合，使中间继电器 KM1 动作自锁，KM1（3-4）闭合使蜂鸣器 HB 通电发出声响；KM1（5-6）闭合使时间继电器 KT 线圈通电，延时后使中间继电器 KM2 动作，使 KM1 释放，音响解除。此时当另一台断路器 QF2 又因事故跳闸时，又使冲击继电器 KU 的脉冲变流器一次绕组电流突增，在其二次侧绕组中产生感应电动势又使干簧继电器 KR 动作，同样使蜂鸣器 HB 通电发出声响。这就叫做能“重复动作”的音响信号装置。

冲击继电器中 C 和 VD_1 用于抗干扰；VD_2 起旁路作用，当一次电流减少时，二次绕组中的感应电流经 VD_2 旁路而不经过 KR 线圈。图中 SB1 为音响试验按钮，SB2 为音响解除按钮。

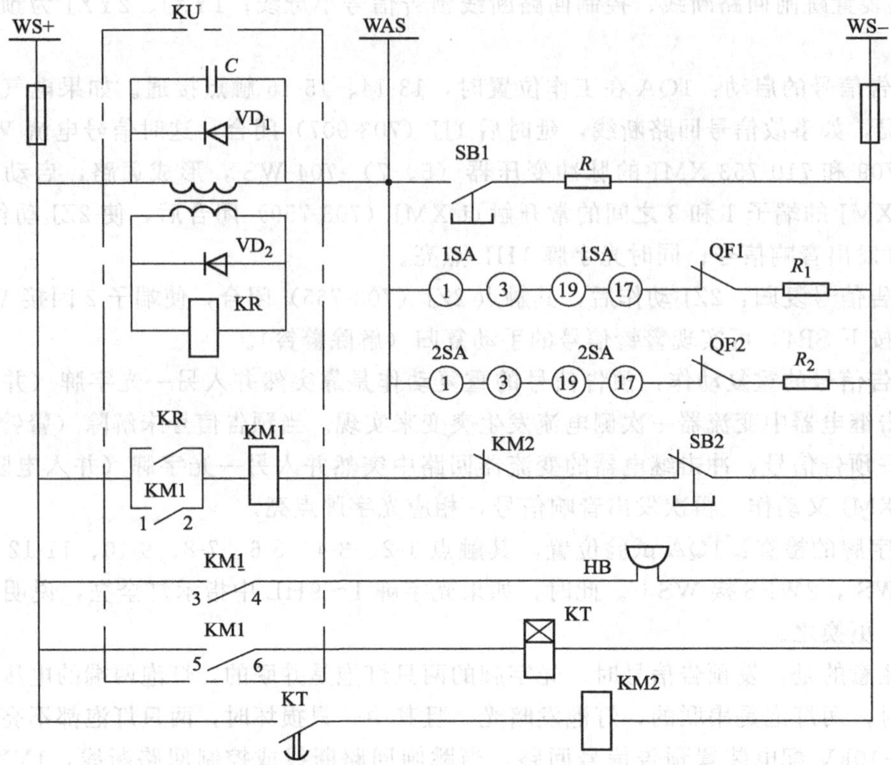

图 8-27　重复动作的中央复归式事故音响信号回路

8.2.4　自动重合闸与备用电源自动投入装置

(1) 自动重合闸装置（ARD）

电力系统的运行经验证明：架空线路上的故障大多数是瞬时性短路，如雷电放电、潮湿闪络、鸟类或树枝的跨接等。这些故障虽然引起断路器跳闸，但短路故障后，如雷闪过后、鸟或树枝烧毁后，故障点的绝缘一般能自行恢复。此时若断路器再合闸，便可立即恢复供电，从而提高了供电的可靠性。自动重合闸装置就是利用这一特点，运行资料表明重合闸成功率约在 60%～90%。自动重合闸装置主要用于架空线路，在电缆线路（电缆为架空线混合的线路除外）中一般不用 ARD，因为电缆线路中的大部分跳闸多因电缆、电缆头或中间接头绝缘破坏所致，这些故障一般不是短暂的。

自动重合闸装置按其不同特性有不同的分类方法。按动作方法可分为机械式和电气式，机械式 ARD 适用于弹簧操动机构的断路器，电气式 ARD 适用于电磁操动机构的断路器；按重合次数来分可分为一次重合闸、二次或三次重合闸，工厂变电所一般采用一次重合闸。

图 8-28 为电气一次自动重合闸装置原理接线图。KAR 为 DH-2 型重合闸继电器；控制开关 SA1 为 LW2-Z-1a. 4. 6a. 40. 20. 204/F8 型，它的合闸（ON）和跳闸（OFF）操作各具有三个位置：预备跳、合闸，正在跳、合闸，跳、合闸后。SA1 的两侧箭头“→”指向就是此操作顺序。选择开关 SA2 采用 LW2-1. 1/F4-X 型，只有合（ON）和分（OFF）两个位置，用来投入和解除 ARD。

ARD 的工作原理

线路正常运行时，SA1 合闸后位置，SA2 扳到合（ON）位置，ARD 投入工作。这是重合闸继电器 KAR 中的电容 C 经 R_4 充电，指示灯 HL 亮，表示控制母线 KM 的电压正常，

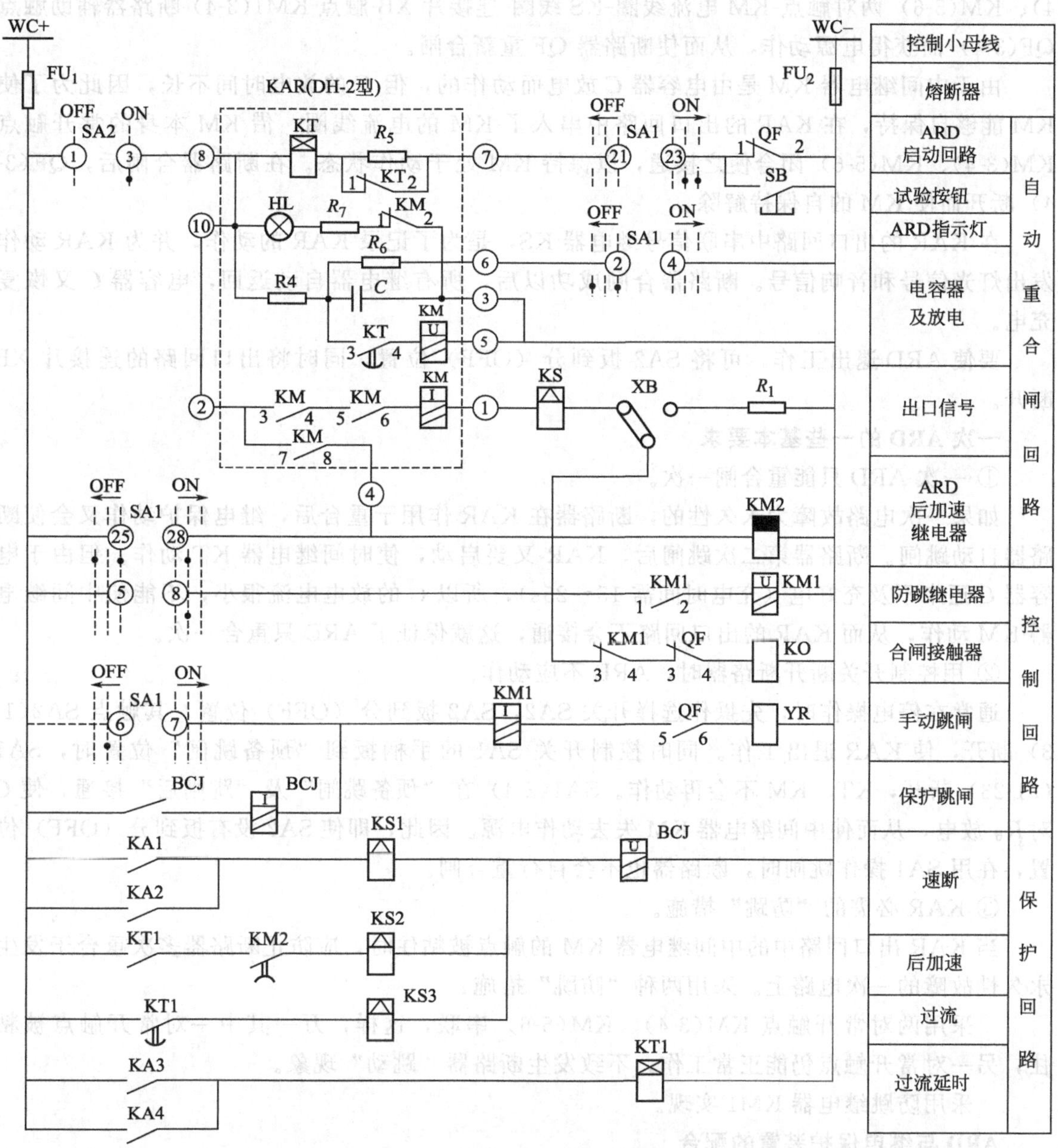

图 8-28 电气一次自动重合闸装置原理接线图

C 已处在充满电状态。

当断路器 QF 因一次电路故障跳闸时，其辅助触点 QF(1-2) 闭合，而 SA1 仍处在合闸后位置，从而接通 KAR 的启动回路，使 KAR 中的时间继电器 KT 经它本身的常闭触点 KT(1-2) 而动作。KT 动作后，其常闭触点 KT(1-2) 断开，串入电阻 R_5，使 KT 保持动作状态。串入 R_5 的目的，是限制流入 KT 线圈的电流，避免线圈过热，因为 KT 线圈不是按长期接入额定电压设计的。时间继电器 KT 动作后，经一定延时 KT(3-4) 闭合。这时电容器 C 就对 KAR 中的中间继电器 KM 的电压线圈放电，使 KM 动作。

中间继电器 KM 动作后，其常闭触点 KM(1-2) 断开，使 HL 熄灭，这就表示 KAR 已经动作，其出口回路已经接通。合闸接触器 KO 由控制母线＋KM-SA2-KAR 中的 KM(3-

4)、KM(5-6) 两对触点-KM 电流线圈-KS 线圈-连接片 XB-触点 KM1(3-4)-断路器辅助触点 QF(3-4) 而获得电源动作，从而使断路器 QF 重新合闸。

由于中间继电器 KM 是由电容器 C 放电而动作的，但 C 的放电时间不长，因此为了使 KM 能够自保持，在 KAR 的出口回路中串入了 KM 的电流线圈，借 KM 本身的常开触点 KM(3-4)、KM(5-6) 闭合使之接通，以保持 KM 处于动作状态。在断路器合闸后，QF(3-4) 断开而使 KM 的自保持解除。

在 KAR 的出口回路中串联信号继电器 KS，是为了记录 KAR 的动作，并为 KAR 动作发出灯光信号和音响信号。断路器合闸成功以后，所有继电器自动返回，电容器 C 又恢复充电。

要使 ARD 退出工作，可将 SA2 扳到分（OFF）位置，同时将出口回路的连接片 XB 断开。

一次 ARD 的一些基本要求

① 一次 ARD 只能重合闸一次。

如果一次电路故障为永久性的，断路器在 KAR 作用于重合后，继电保护动作又会使断路器自动跳闸。断路器第二次跳闸后，KAR 又要启动，使时间继电器 KT 动作。但由于电容器 C 还来不及充好电（充电时间需 15～25s），所以 C 的放电电流很小，不能使中间继电器 KM 动作，从而 KAR 的出口回路不会接通，这就保证了 ARD 只重合一次。

② 用控制开关断开断路器时，ARD 不应动作。

通常在停电操作时，先操作选择开关 SA2，SA2 扳到分（OFF）位置，其触点 SA2(1-3) 断开，使 KAR 退出工作。同时控制开关 SA1 的手柄扳到“预备跳闸”位置时，SA1(21-23) 断开，KT、KM 不会再动作。SA1(2-4) 在“预备跳闸”及“跳闸后”接通，使 C 对 R_6 放电，从而使中间继电器 KM 失去动作电源。因此，即使 SA2 没有扳到分（OFF）位置，在用 SA1 操作跳闸时，断路器也不会自行重合闸。

③ KAR 必需的“防跳”措施。

当 KAR 出口回路中的中间继电器 KM 的触点被粘住时，应防止断路器多次重合于发生永久性故障的一次电路上。采用两种“防跳”措施：

采用两对常开触点 KM(3-4)、KM(5-6) 串联，这样，万一其中一对常开触点被粘住，另一对常开触点仍能正常工作，不致发生断路器“跳动”现象。

采用防跳继电器 KM1 实现。

ARD 与继电保护装置的配合

假设线路上装设有带时限的过电流保护和电流速断保护，则在线路末端短路时，过电流保护应该动作。因末端是速断保护的“死区”，速断保护不会动作。过电流保护使断路器跳闸后，由于 KAR 动作，使断路器重新合闸，如果短路故障是永久性的，则过电流保护又要动作，使断路器再次跳闸。但由于过电流保护带有时限，将使故障延续时间延长，危害加剧。为减轻危害，缩短故障时间，采取重合闸后加速保护动作的措施。重合闸动作时，启动 KM2。若又合在故障上，KT1 动作，BCJ 得电动作，使断路器未经延时直接跳闸。

(2) 备用电源自动投入装置（APD）

在对供电可靠性要求较高的工厂变配电所中，通常采用两路及以上的电源进线。或互为备用，或一路为主电源，另一路为备用电源。当主电源线路中发生故障而断电时，需要把备用电源自动投入运行以确保供电可靠，通常采用备用电源自动投入装置（简称APD)。由于变电所电源进线及主接线的不同，对所采用的APD要求和接线也有所不同，如APD有采用直流操作电源的，也有采用交流操作电源的。电源进线运行方式有工作电源和备用电源方式，也有互为备用电源方式。

图8-29为交流操作双电源互为备用的APD回路。当双电源进线互为备用时，要求任一主工作电源消失时，另一路备用电源自动投入装置动作，双电源进线的两个APD接线是相似的。图中断路器采用交流操作的CT7型弹簧操动机构。

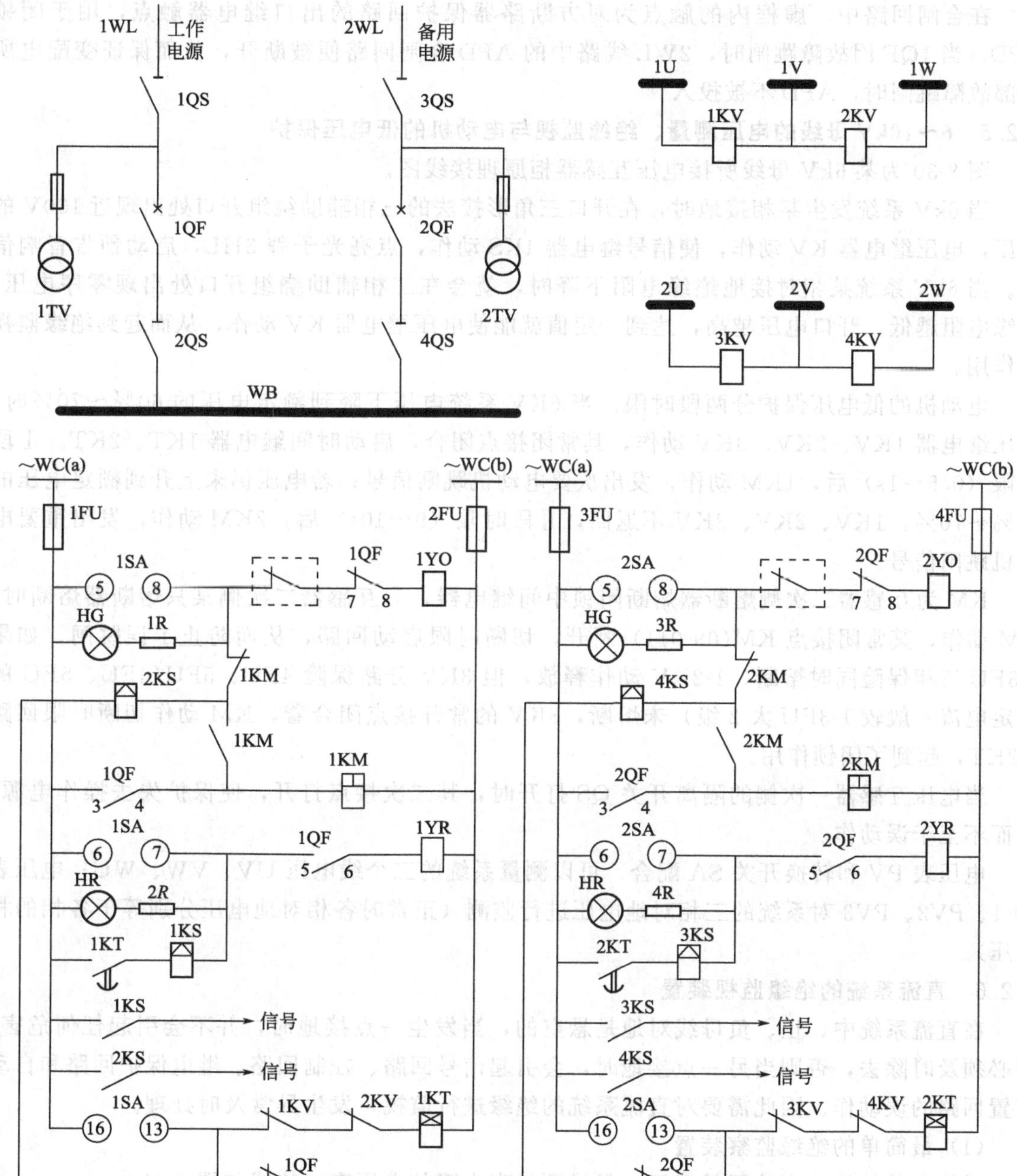

图8-29 双电源互为备用的APD原理接线图

当1WL工作时，2WL为备用。1QF在合闸位置，1SA的5-8、6-7不通，16-13通。1QF的辅助触点中常闭断开，常开闭合。2QF在分闸位置，2SA的5-8、6-7、16-13均断开。当1WL电源侧因故障而断电时，电压继电器1KV、2KV常闭触点闭合，1KT动作计时，延时后动合触点接通，使1QF的跳闸线圈1YR通电跳闸。1QF(1-2)闭合，则2QF的合闸线圈2YO经1SA(16-13)-1QF(1-2)-4KS线圈-2KM的常闭触点-2QF(7-8)通电，将2QF合上，从而使备用电源2WL自动投入，变配电所恢复供电。

同样，当2WL为主电源时，发生上述现象后，1WL也能自动投入。

在合闸回路中，虚框内的触点为对方断路器保护回路的出口继电器触点，用于闭锁APD，当1QF因故障跳闸时，2WL线路中的APD合闸回路便被断开，从而保证变配电所内部故障跳闸时，APD不被投入。

8.2.5 6～10kV母线的电压测量、绝缘监视与电动机的低电压保护

图8-30为某6kV母线所接电压互感器柜原理接线图。

当6kV系统发生某相接地时，在开口三角形接法的三相辅助绕组开口处出现近100V的电压，电压继电器KV动作，使信号继电器1KS动作，点亮光子牌3HL，启动预告音响信号。当6kV系统某相对接地绝缘电阻下降时，就会在三相辅助绕组开口处出现零序电压，绝缘电阻越低，开口电压越高，达到一定值就能使电压继电器KV动作，从而起到绝缘监视的作用。

电动机的低电压保护分两段时限。当6KV系统电压下降到额定电压的60%～70%时，电压继电器1KV、2KV、3KV动作，其常闭接点闭合，启动时间继电器1KT、2KT。Ⅰ段时限（0.5～1s）后，1KM动作，发出次要电动机跳闸信号；若电压仍未上升到额定电压的60%～70%，1KV、2KV、3KV不返回，Ⅱ段时限（9～10s）后，2KM动作，发出重要电动机跳闸信号。

KM为互感器二次侧熔断器熔断闭锁中间继电器，当互感器二次侧某只熔断器熔断时，KM动作，其常闭接点KM(09-011)断开，切断时限启动回路，从而防止了误跳闸。如果1-3FU三相保险同时熔断，1-2KV动作释放，但3KV分路保险4FU、5FU(4FU、5FU的额定电流一般较1-3FU大2级）未熔断，3KV的常开接点闭合着，KM动作切断时限回路1-2KT，起到了闭锁作用。

当电压互感器一次侧的隔离开关QS打开时，其二次接点打开，使保护失去操作电源，因而不至于误动作。

电压表PV和转换开关SA配合，可以测量系统的三个线电压UV、VW、WU；电压表PV1、PV2、PV3对系统的三相对地电压进行监测（正常时各相对地电压分别等于各相的相电压）。

8.2.6 直流系统的绝缘监视装置

在直流系统中，正、负母线对地是悬空的，当发生一点接地时，并不会引起任何危害，但必须及时除去，否则当另一点接地时，会引起信号回路、控制回路、继电保护回路和自动装置回路的误动作。因此需要对直流系统的绝缘进行监视，发生异常及时处理。

(1) 最简单的绝缘监察装置

最简单的绝缘监察装置是采用一只或两只高内阻的电压表，接线如图8-31。

图8-31(a)采用一只电压表。用切换开关分别测量正、负极对地电压。若电压表指示均为零，表明两极对地绝缘良好；若测量一极有电压指示，则表明另一极有绝缘损坏。

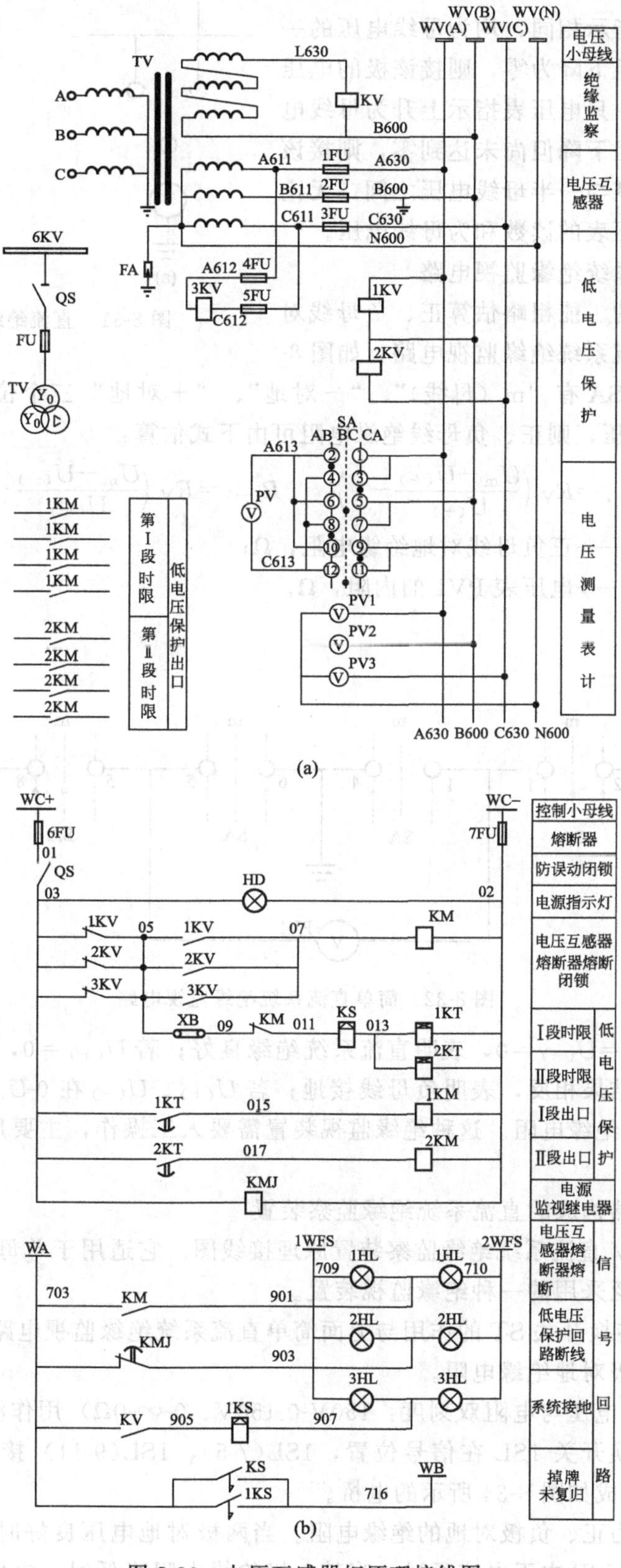

图 8-30 电压互感器柜原理接线图

图 8-31(b) 采用两只电压表。当两极绝缘良好时，两只电压表指示相同，均为母线电压的一半，若一极绝缘电阻下降为零，则接该极的电压表指示降为零，另一只电压表指示上升为母线电压；若某极绝缘电阻下降但尚未达到零，则接该极的电压表指示在零与一半母线电压之间。无论何种情况，两只电压表的读数和为母线电压。

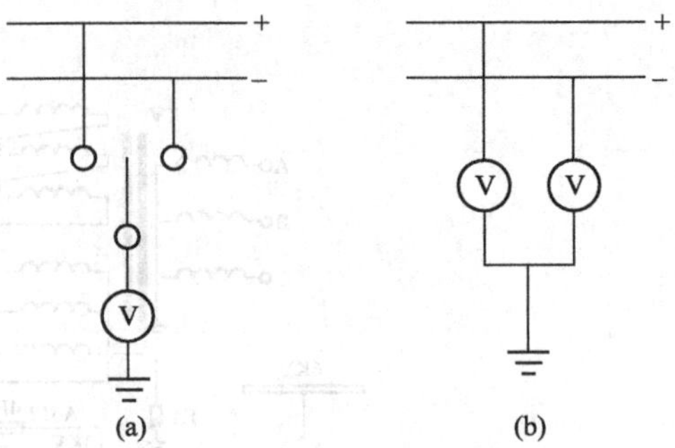

图 8-31　直流绝缘监视电压表

(2) 简单直流系统绝缘监视电路

还有一种简单的、能粗略估算正、负母线对地的绝缘电阻的直流系统绝缘监视电路，如图 8-32 所示。转换开关 SA 有“m（母线)”、“－对地”、“＋对地”三个位置可分别测得 U_m、$U_{(-)}$、$U_{(+)}$ 三个电压，则正、负母线绝缘电阻可由下式估算：

$$R_{(+)}=R_V\left(\frac{U_m-U_{(+)}}{U_{(-)}}-1\right)\qquad R_{(-)}=R_V\left(\frac{U_m-U_{(-)}}{U_{(+)}}-1\right)$$

式中　$R_{(+)}$，$R_{(-)}$——正负母线对地绝缘电阻，Ω；

R_V——电压表 PV1 的内阻，Ω。

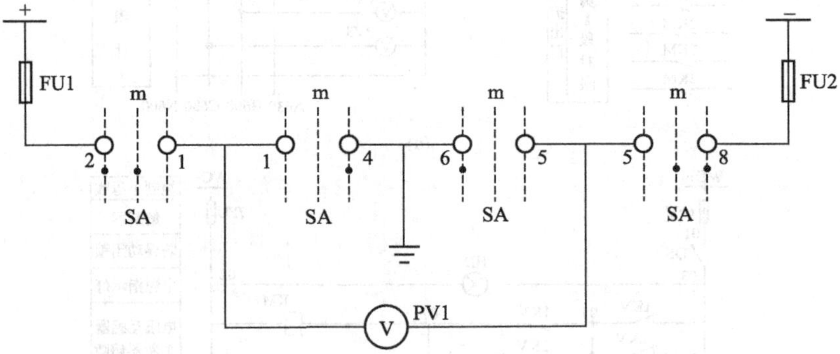

图 8-32　简单直流系统绝缘监视电路

可见，若 $U_{(+)}=U_{(-)}=0$，表明直流系统绝缘良好；若 $U_{(+)}=0$，$U_{(-)}=U_m$，表明正母线接地；若测得结果相反，表明负母线接地；若 $U_{(+)}$、$U_{(-)}$ 在 0-U_m 之间，则可用上式估算 $R_{(+)}$、$R_{(-)}$ 的绝缘电阻。这种绝缘监视装置需要人工操作，主要用于小型变电所和小型水电站。

(3) 电磁继电器构成的直流系统绝缘监察装置

图 8-33 为 220V 直流系统绝缘监察装置原理接线图。它适用于单母线供电的直流系统，是工厂和变电所广泛采用的一种绝缘监视装置。

电压表 2V 和转换开关 ST 的作用与上面简单直流系统绝缘监视电路的作用及原理一样，可粗略估算正、负极对地绝缘电阻。

电压表 1V（有电压与电阻双刻度：150V-0-150V、0-∞-0Ω）用作测量直流系统总的绝缘电阻。正常时转换开关 1SL 在信号位置，1SL(7-5)、1SL(9-11) 接通，ST(9-11) 也接通，继电器 KSE 组成如图 8-34 所示的电桥。

R_+、R_- 分别为正、负极对地的绝缘电阻。当两极对地电压良好时，其绝缘电阻相等，电桥平衡，继电器 KSE 内无电流通过。当某一极绝缘电阻降低时，电桥失去平衡，KSE 线

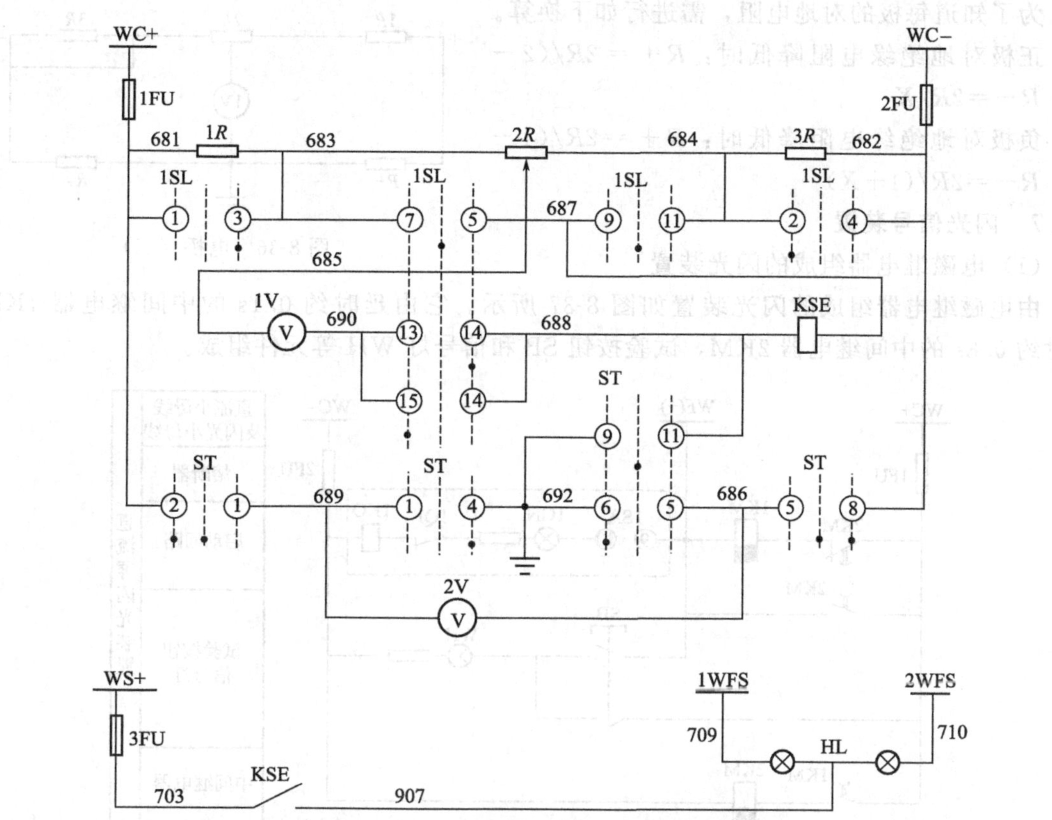

图 8-33　220V 直流系统绝缘监察装置原理图

圈有电流通过，当绝缘电阻降低至 15～20kΩ 时，继电器 KSE 启动，常开触点闭合，接通光字牌 HL 发出光字信号和音响信号。

绝缘监察装置还可以测量并计算出正对地或负对地绝缘电阻值，测量方法如下：

先通过 ST 测量出绝缘电阻降低的那一极。假设为正极（正极绝缘电阻下降时 ST 置“-对地”电压表 2V 有指示），将 1SL 顺时针旋转至右（“正极”）位置，1SL(1-3)、1SL(13-14) 接通，形成如图 8-35 所示的电桥。

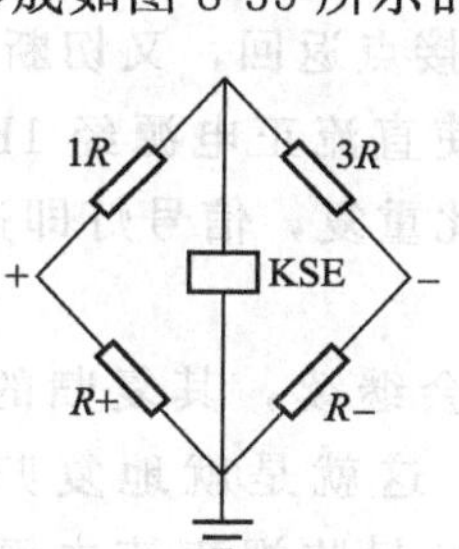

图 8-34　电桥（一）

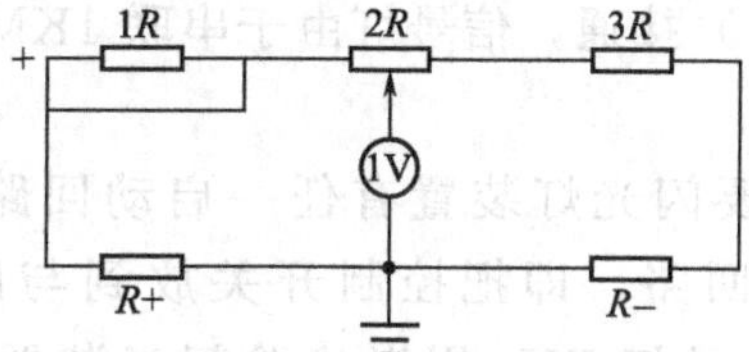

图 8-35　电桥（二）

调节电阻 2*R* 使电压表 1V 指示为零（电桥平衡），读出调节电阻指示的百分数 X。保持电位器 2*R* 滑动触点位置不变，再将 1SL 投到逆时针的左（“负极”）位置上，形成如图 8-36 所示的电桥。此时电压表 1V 的欧姆指示数即为直流系统总的对地绝缘电阻 *R*。

负极绝缘电阻下降时，1SL 的操作顺序与正极绝缘电阻下降时相反（改为先“负极”后“正极”）。

为了知道每极的对地电阻，需进行如下换算。

正极对地绝缘电阻降低时：$R+=2R/(2-X)$，$R-=2R/X$

负极对地绝缘电阻降低时：$R+=2R/(1-X)$，$R-=2R/(1+X)$

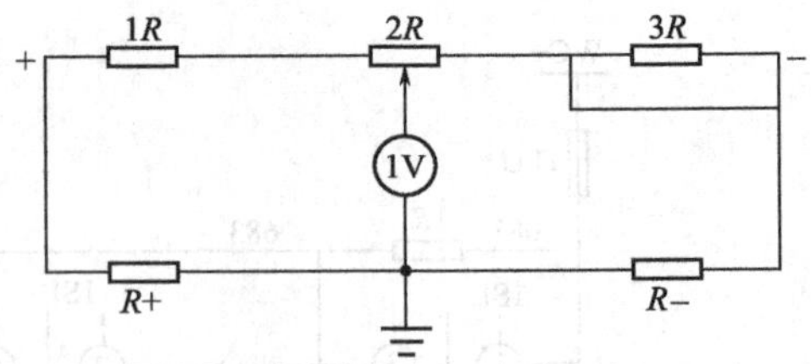

图 8-36　电桥（三）

8.2.7　闪光信号装置

（1）电磁继电器组成的闪光装置

由电磁继电器组成的闪光装置如图 8-37 所示。它由延时约 0.1s 的中间继电器 1KM，延时约 0.8s 的中间继电器 2KM，试验按钮 SB 和信号灯 WH 等元件组成。

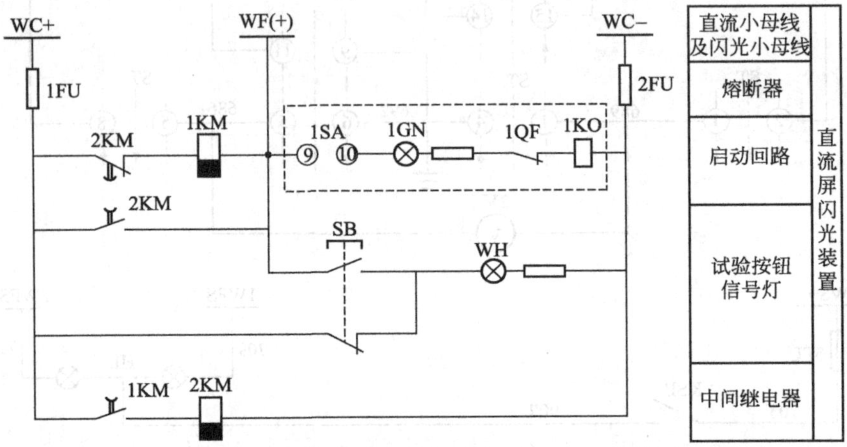

图 8-37　由电磁继电器组成的闪光装置

变电所内全部断路器与控制开关位置不对应电路并联在 WF（+）和 WC－之间。当某一断路器事故分闸与控制开关位置不对应时，启动回路接通，信号灯（如 1GN）由于串联 1KM 的线圈而发暗光。由于 1KM 动作电压较低，所以即使起动回路中串联有信号灯，跳闸线圈或合闸接触器，它也能动作。1KM 动作后，其常开接点闭合，起动 2KM，2KM 常开接点闭合，将正电源直接接至闪光小母线 WF（+），信号灯发出较强的光。同时，2KM 的常闭接点断开，使 1KM 的线圈回路断电；0.1s 后 1KM 接点返回，又切断了 2KM 的线圈回路；0.8s 后 2KM 的常开接点断开，常闭接点闭合，使直流正电源经 1KM 的线圈和 WF（+）接通，信号灯由于串联 1KM 的线圈而变暗。如此重复，信号灯即连续一明一暗的闪光。

只要闪光灯装置有任一启动回路接通，闪光就一直会继续，其复归的方法只有断开启动回路，即把控制开关放到与断路器对应的位置，这就是就地复归。试验按钮 SB 和信号灯 WH 用以检验闪光装置的完好性。WH 平时起监视直流电源及熔断器的作用。

（2）闪光继电器组成的闪光装置

由闪光继电器组成的闪光装置如图 8-38 所示。它由闪光灯继电器、附加电阻和电容构成，接线简单，性能可靠。

当断路器事故跳闸后，其位置与控制开关的位置不对应时，闪光灯装置启动回路接通，电容 C 被充电，信号灯只有充电电流流过发暗光。经充电一定时间后，电容器两端电压上

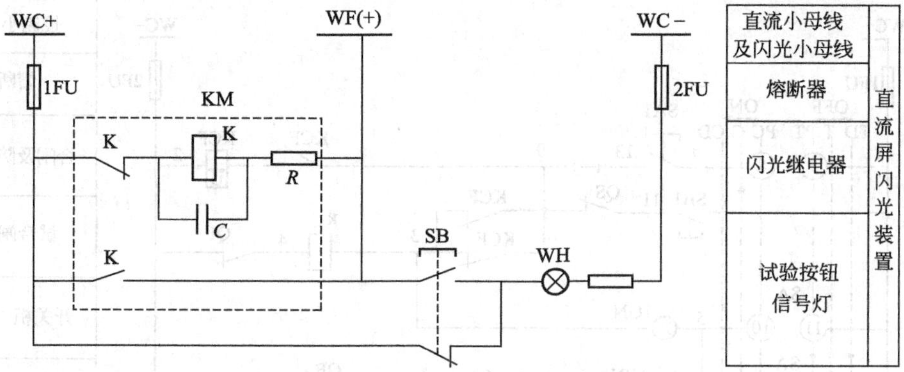

图 8-38　由闪光继电器组成的闪光装置

升到继电器的动作电压时，K 动作，其常开接点闭合，将正电源直接加至 WF(＋)，信号灯发出明亮的光；同时其常闭接点断开闪光继电器 KM 的线圈回路，使电容 *C* 对继电器 K 的线圈放电，维持继电器 K 的常开接点在闭合状态。当电容 *C* 的两端电压逐渐下降至闪光继电器 K 的返回值时，闪光灯继电器复归，其常开接点断开，常闭接点闭合，又接通充电回路，信号灯变暗。如此重复动作，造成信号灯闪光。

实作训练

训练一：识读中央事故信号回路图（读图时间：15min）。

训练二：识读弹簧机构操作的断路器控制回路图（读图时间：25min）。

任务 8.3　认识变配电所二次回路常见故障的查找

能力目标

① 掌握二次回路故障分析的思路。

② 熟悉变配电所运行中二次回路故障的检查方法。

材料、工具及设备准备

序号	名称	规格	数量	备注
1	电路图		1 份	
2	万用表		1 块	
3	电工工具		1 套	

任务实施及要求

以处理“断路器柜合闸”为任务实例，在教师指导下完成故障查找。断路器的控制、合闸回路见图 8-39。

① 熟悉操作程序并进行相应工作：准备工作；安全措施；检查电源及设备；分析查找

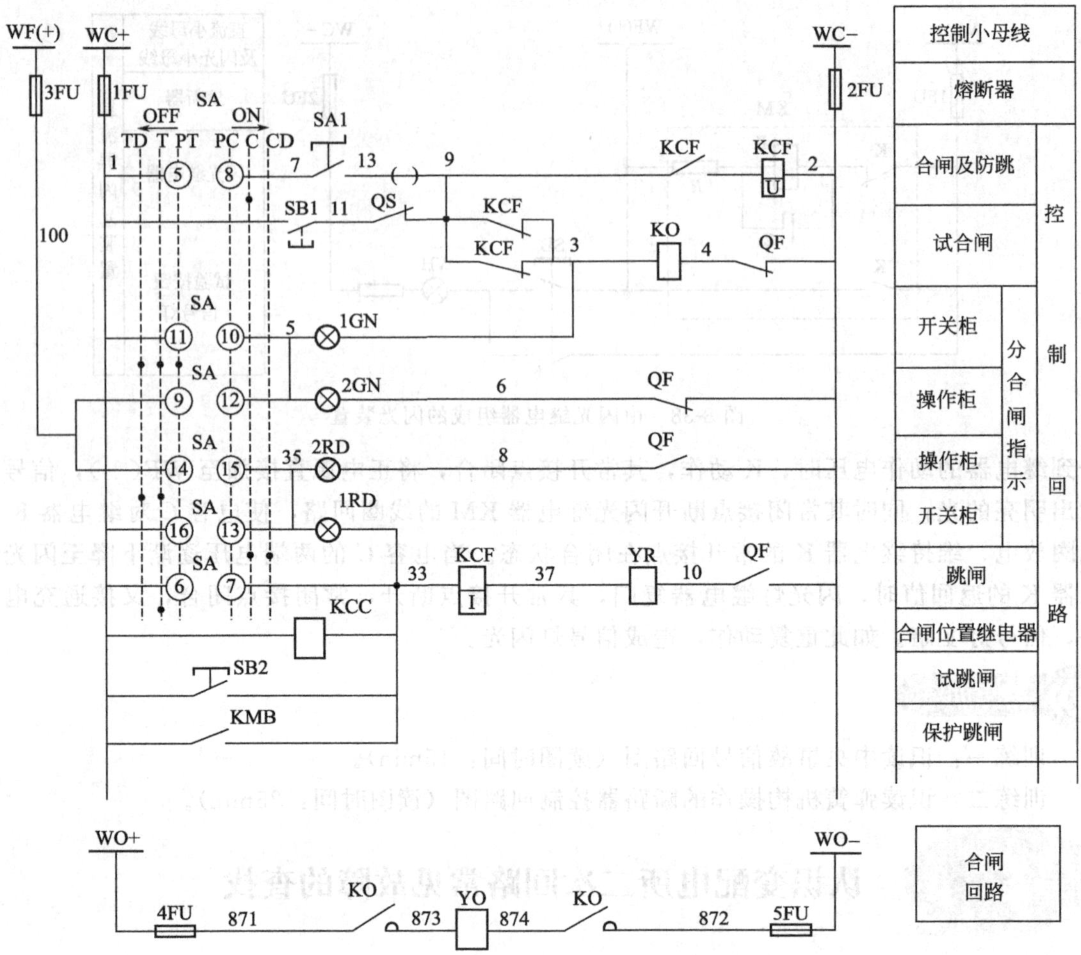

图 8-39 断路器的控制、合闸回路

控制保护回路；明确工作中的注意事项。

② 禁止违章操作，考核采用 100 分制。

③ 遵守操作时限：准备时间：1min；操作时间：30min；从正式操作开始计时；提前完成操作不加分，超过规定操作时间按规定标准评分。

学习组织形式

① 先由教师进行讲授，并作任务实施示范。

② 可根据情况将学生分为 3～5 人一组，以小组为单位，进行学习、讨论，查找资料，熟悉二次回路故障的检查方法。

③ 按照正确的故障查找方法进行故障查找。

④ 在整个操作过程中教师应适时监控，及时纠正错误和给予指导。

⑤ 学生撰写学习心得，补齐不足。

考核标准及评价

考核评价按表 8-4 的要求进行。

表 8-4 处理断路器柜合闸操作技能考核评分记录表

姓名：____________ 工位号：____________ 考核时间：30min

序号	考核项目	评分要素	配分	评分标准	检测结果	扣分	得分	备注
1	准备工作	万用表、螺丝刀、尖嘴钳	3	少选择一项扣1分				
2	安全措施	办理工作票； 将设备转为冷备用； 安全措施； 熟悉现场	10	未办理工作票扣4分； 未转冷备用扣2分； 未作安全措施扣2分； 未熟悉现场扣2分				
3	检查电源及设备	检查直流电源： ①检查合闸电源； ②检查控制电源	15	①未检查合闸电源扣10分； ②未检查控制电源扣5分				
		排除开关机械故障： ①检查合闸回路； ②手动合闸或按合闸接触器检查	20	①未检查合闸回路，未证明合闸线圈无故障扣10分； ②未手动合闸或按接触器合闸，排除机械故障扣10分				
4	分析查找控保回路	分析、检查绿灯回路及其辅助接点、接触器的阻值	20	①未检查绿灯平光，可判定控制保险正常，辅助接点正常扣10分； ②未检查接触器线圈基本正常，但不排除阻值增大可能性，这样使接触器吸力不够扣10分				
		排除控制回路故障；检查SA接点⑤～⑧及KO回路，并重新试合跳	15	①未检查SA⑤～⑧接点扣5分； ②未检查防跳接点扣5分； ③未重新合跳扣5分				
5	工作中注意事项	①处理过程中发生设备事故应停止工作； ②应两人工作； ③处理过程中不得发生短路、接地	17	未停止工作扣5分； 未有监护人扣2分； 发生接地扣5分； 发生短路扣5分				
6	清理现场	清理现场		未清理现场从总分中扣5分				
7	安全文明操作	遵守安全操作规程		每违反一项规定从总分中扣5分，严重违规停止操作				
8	考核时限	在规定时间内完成		每超时1min从总分中扣5分，超时3min停止操作				
		合计	100					

考评员： 核分员： 年 月 日

相关知识介绍

8.3.1 二次回路故障的查找方法

（1）二次回路断路故障判断

变电站内二次回路断线是经常发生的故障。二次回路断线总体上分为：电流互感器二次回路断线、电压互感器二次回路断线及直流系统二次回路断线等。二次回路断路有以下几种检查方法。

① 导通法：此方法是用万用表的欧姆挡测量电阻。不能使用兆欧表，因为兆欧表对回

路中各原件接触不良或电阻元件变值的故障测不出来。用导通法检查时，必须先断开被测回路的电源，否则会烧坏表计。

用导通法查找回路不通的原理，是通过测某两点之间电阻值的变化来判别故障。对于接触良好的接触点，电阻应为零，严重接触不良时有一定的阻值，未接通的触点其两端电阻非常大；对于电流线圈，其电阻应很小（近于零）；对于电压线圈和电阻元件，其限值应与标称值相近。

② 测电压降法：测电压降法是用万用表的直流电压挡，测回路中某两点之间或各元件上的电压降。查回路不通故障无需断开电源，因此无导通法的缺点。测量时所选用表计量程应稍大于电源电压。

该方法原理是：在回路接通的情况下，回路两端电压应等于零，若不等于零（有一定值）或为全电压（电源电压），则说明该回路中有元件或导线接触不良或未接触。电流线圈两端电压应近于零，过大则有问题，电阻元件及电压线圈两端则应有一定的电压，回路中仅有一个电压线圈且无串联电阻时，线圈两端电压不应比电源电压低得很多。线圈两端电压正常而其不动作，说明线圈断线。

③ 对地电位法：用此方法查二次回路不通故障，也无需断开电源。测前应首先分析回路各点的对地电位，然后再进行测量，将分析结果和所测值及极性相比较。

将电位分析和测量结果比较，所测值和极性与分析相同，误差不大，表明各元件良好。若相反或相差很大，表明部分有问题。

测量各点对地电位，应使用万用表直流电压挡（量程应大于电源电压），将一支表笔接地（金属外壳），另一表笔接被测点。若被测点应带正电，则应将正表笔接被测点，负表笔接地；反之，将负表笔接被测点而正表笔接地。若表计指示为直流电源电压的一半左右（电源电压220V时约为110V），则表明该点到电源正极或电源负极之间是通的。

用测对地法检查回路不通的故障，方便、准确，且不受某个元件和端子安装地点的影响，回路中有两个不通点也能准确查出（两断开点之间对地电位是零）。为了更有效地检查回路不通点或接触不良问题，可以用测对地电位法和测电压降法配合使用，这样更便于判别查找。

（2）二次回路短路故障判断

二次回路发生短路时，电路熔断器熔断。可检查该回路中有无冒烟的线圈或烧坏的部件，检查回路中各元件的接线端子、接线柱等有无明显相碰，有无异物落上造成短路及碰金属外壳等现象，必要时可用万用表、兆欧表检测。也有可能是控制电缆因为施工等原因发生短路故障，只要将电缆和端子排断开，测量绝缘即可。

（3）直流系统接地故障判断

直流系统正极或负极单独接地并不构成短路，因此它既不是断路故障，也不属于短路故障。直流系统接地是经常发生的故障现象（有绝缘监察装置监测），下面进行分析。

直流系统接地原因

接地的原因可能是：①户外端子箱、触点盒、电磁锁或温度计等密封不良，漏入雨雪水分或有昆虫或其他小动物进入；②上述设备内部结露潮湿，绝缘受潮；③控制电缆或接线端子绝缘损坏。④继电保护元件或二次线绝缘损坏。⑤二次回路工作人员不慎，引起接地或短路。

直流系统接地故障类型及特点分析

① 电阻性单点接地：电阻性单点接地无论是金属性接地还是经过高电阻接地，均会引起接地电阻的降低，当低于 25kΩ 时直流系统绝缘监察装置即会发出接地报警，并进行选择查找接地点，防止造成由于直流系统接地引起的误动、拒动。

② 多点经高阻接地：当发生直流系统多点经高阻接地后，直流系统的总接地电阻逐步下降，当低于整定值时，才发生接地报警，从而出现多点接地现象。如第一点 80kΩ 接地，一般不会有报警，电压偏移也不多，第二点 80kΩ 接地，并联后为 40kΩ，高于绝缘监察设定的 25kΩ 报警限值，一般也不会报警，但电压偏移会较大，在巡视、运行过程中要引起足够的重视，当第三点高阻接地发生后，如 40kΩ，则第三点并联后直流接地电阻为 20kΩ，这时必然会引起接地报警。多点经高阻接地引起的接地报警，由于每条接地支路电阻均较高，直流拉路选择变化不明显，可能漏掉真正的接地支路，此时最好能检测出支路的接地电阻值，而不是接地电流的相对值或百分比，可判断接地状况。

③ 多分支接地：有关设备经过多次改造或施工不小心及图纸设计不合理等，都将导致经多个电源点引来正电源或负电源去某个设备，当该设备发生接地时，即为多分支接地，比多点更麻烦，通过拉闸几乎不可能找出接地支路，因为断开任何一条支路，接地点还存在，对地电压也不会发生变化或变化较小，此时应在保证安全的基础上断开所有支路再逐条支路送出，来查找接地电阻，但风险较大。

直流系统接地故障的查找方法

查找直流接地故障原则：根据运行方式、操作情况、气候影响进行判断可能接地的处所，采取拉路查找处理的方法，先信号和照明部分后操作部分，先室外部分后室内部。查找时按以下步骤进行查找：

① 根据接地的极性，分析故障可能发生的原因、大概位置。

② 若站内二次回路上有工作，或有设备检修试验，应立即停止，看信号是否消除。

③ 缩小查找范围，将直流系统分成几个不相联系的部分。

④ 对于不太重要的直流负荷及不能转移的分路，利用“瞬时停电”的方法，查该分路中所带回路有无接地故障。

⑤ 对于重要的直流负荷，用转移负荷法（即将发生接地的系统各个回路逐回短时切换到另一电压相同的正常直流回路中，观察接地现象是否随着转移，以判断该回路是否接地），查该分路内各回路有无接地故障。

在进行上述各项检查选择后仍未查出故障点，则应考虑同极性两点接地。当发现接地在某一回路后，有环路的应先解环，再进一步采用取保险及拆端子的办法，直至找到故障点并消除。

8.3.2 二次回路常见故障及处理简介

（1）断路器控制回路的故障处理：

① 断路器的红、绿灯指示熄灭的处理：此时应由二人进行检查处理，在进行检查处理时，如换灯泡，要尽量不断开其操作电源，如果必要，应向调度汇报，防止造成直流接地。注意投退操作电源时可能误动的保护装置。

断路器红、绿灯指示熄灭的原因可以从以下几个方面去查找。

检查指示灯泡灯丝是否烧断，控制熔断器是否熔断、松动或接触不良。

检查灯具和附加电阻是否接触不良或断线。

检查断路器的辅助触点是否接触不良。

检查操作机构的储能是否足够和气体断路器的气压是否足够，其闭锁触点是否粘接。

检查跳、合闸线圈是否断线或接触不良。

检查控制开关的触点是否接触不良。

检查防跳继电器的电流线圈是否断线或接触不良。

检查控制回路的其他连接线是否断线。

② 断路器合不上闸的处理：合闸前，若绿灯不亮，应按上述方法检查处理；若绿灯亮而合不上闸，则应检查电气回路情况：

是否有保护装置动作，发出跳闸脉冲。

合闸熔丝是否熔断或松动，合闸接触器触点的接触是否良好（电磁式操作机构）。

合闸时，合闸线圈端电压是否过低（电磁式操作机构）。

控制开关有关触点接触不良。或者由于操作控制开关不到位，造成其触点接触不良或控制开关返回过早。

当经上述检查后，未发现异常现象，可判断为机械故障，应与检修人员联系，进行处理。

③ 断路器不能分闸的处理：此时可以人为地启动分闸铁芯，若断路器能分闸，则系电气回路故障，若仍不能分闸，则系机械故障。

电气回路故障：若红灯不亮，应按第①条进行检查处理；若红灯亮，而不能分闸，则系控制开关有关触点接触不良，或者操作控制开关不到位，造成其触点接触不良或者控制开关返回过早。

若判明系断路器机械故障，则应用旁路断路器代替故障断路器运行，而将故障断路器退出运行，并通知检修人员检查处理。

④ 电磁式操作机构的断路器合闸后合闸接触器的触点打不开：对于电磁式操作机构的断路器，在其合闸后，若发现直流电流表的指针不返回，应判断为合闸接触器的触点未打开，此时应立即断开断路器的合闸电源，否则合闸线圈会因较长时间通过大电流而烧毁。然后处理合闸接触器触点，待其正常后，方可投入断路器的合闸电源。

（2）电压回路故障处理

① 交流电压回路断线处理：交流回路断线的现象是电压回路断线信号发出、有功及无功表指示不正常、电度表停转或走慢、断线相的相电压为下降、其他两相的相电压正常。电压互感器一次侧熔断器熔断时，其现象与此类似，但电压互感器二次侧开口三角形处有较高电压。

这时运行人员首先应停用电压回路断线可能误动的保护及自动装置。其次，由于电压回路断线而使指示不正确时，应尽可能根据其他仪器的指示，对设备进行监视。如系空气开关跳闸（熔断器熔断），应立即投试一次，若再次跳闸，则二次回路有故障，不得再试投。若空气开关未跳闸（熔断器未熔断），则应查出发生断线的地点，并及时处理。若一时处理不好，应将该电压回路中的负荷倒至另一电压回路，并停用该组电压互感器，并通知继电保护专业人员处理。

② 交流电压回路短路的处理：交流电压回路短路查找及处理如下：

断开该电压二次回路的所有负荷。注意退出可能误动的保护；

试投空气开关（熔断器）。试投一次，若再发生故障跳闸，则短路发生在电压互感器二次侧，应查明故障点，若不能查明时，应将所带二次负荷倒至另一电压互感器二次回路。

若空气开关试投后不跳闸，则应逐一地恢复所带负荷，若在恢复过程中遇上故障跳闸，应停用该负荷，然后恢复其他负荷的正常运行，并通知有关人员处理有短路故障的二次负荷回路。

(3) 交流电流回路故障的处理

交流电流回路的故障一般为开路，其现象是：电流回路断线信号发出电流表指示为零，电流互感器发出“嗡嗡”的响声，导线的端子处还可能出现放电火花。

若是操作二次交流回路引起的开路，应立即将其复原，以消除开路故障。

若不能即时找出开路地点，应立即将开路的那一组电流互感器二次侧短接。在处理过程中应穿绝缘靴、戴绝缘高压手套，然后检查开路地点，并予以消除，若不能消除时，应将该回路停用，并通知有关人员处理。应当注意的是，在发生故障时，应先停用可能误动的保护装置及自动装置。

(4) 隔离开关电气闭锁接线的运行监察及异常处理

电磁锁动作不灵活的情况时有发生，尤其在室外易受风雨侵蚀的地方，在运行中应注意监视其正常状态和外表。电磁锁钥匙的存放应防止受潮。

当电磁锁操作不能动作时，首先应检查锁的状态是否正常，钥匙是否良好，如无不良，应检查锁的插座两端是否有电，且电压是否正常。若无电压则应检查回路的熔断器是否熔断，相应断路器的辅助触点和连接回路是否导通。只能在找出并消除故障后，才能进行操作，未经批准，不允许作取消闭锁的解锁操作方法。

8.3.3 二次回路的故障的查找实例：断路器拒合闸故障的查找

断路器的控制、合闸回路如图 8-39。

断路器合闸合不上故障的原因可能是控制系统故障，也可能是合闸系统（合闸线圈 YO 所在的回路）故障，还可能是保护系统故障或操作机构的机械系统出现问题，甚至可能是一次系统故障导致保护的正常动作跳闸等。

第一步：先分析究竟是哪个子系统发生了故障。

首先，根据合闸过程中，断路器是否发出动作的声音或指示断路器合闸位置的红灯有没有闪一下进行区分。若在合闸过程中断路器发出合闸的声音或者是红灯闪了一下，则意味着断路器进行了合闸，只是合闸不成功（合闸后又分闸），则说明控制系统中有关合闸的部分没有故障，合闸回路也没有故障。故障很可能由保护系统故障、操作机构的机械系统出现问题，或者是一次系统故障导致保护的正常动作跳闸。若在合闸过程中没有任何反应（既没有合闸的声音，红灯也没有闪一下），则意味着故障出在控制系统或合闸系统，就要检查合闸接触器 KO 能否动作，合闸线圈是否得电。

其次，根据信号继电器掉牌的情况进行分析，若有信号继电器掉牌，则意味着保护发生了动作。可能是正确的动作，也可能是误动作。要区分保护是正确动作还是误动作，要在保护回路图中进行分析。

最后，将与断路器串联的隔离开关拉开，人工通过操作机构手动将断路器合闸。若能合闸成功，则说明操作机构没有故障；若合闸不能成功，则说明操作机构发生了故障。可结合表 8-5，根据故障发生时的多个现象，以及信号装置的动作情况，进行综合分析判断。

注：① 人工手动合闸时，与断路器串联的隔离开关必须处于断开状态。

② 断路器发出合闸声音（或红灯闪了一下）涉及控制系统唯一可能的故障是：图 8-39

中回路编号为 33 或 37 代表的电路与正控制电源之间发生了短路故障。

③ 区分是保护误动作还是因为一次系统故障导致保护正常动作，需在保护回路图中进行分析，查看信号继电器能否复归、保护回路是否有故障。

表 8-5　是断路器合闸合不上故障的现象与原因对照表

可能发生故障的子系统	故障发生时的现象				
	断路器有合闸声音	红灯闪了一下	信号继电器有掉牌现象	合闸接触器不动作	人工手动不能合闸
控制系统	无	无	无	有	可能有或无
合闸系统	无	无	无	可能有或无	可能有或无
保护系统	可能有或无	可能有或无	可能有或无	可能有或无	可能有或无
一次系统	可能有或无	可能有或无	可能有或无	可能有或无	可能有或无
操作机构	可能有或无	可能有或无	无	可能有或无	有

第二步：分析究竟是哪个回路发生了故障。

当找到了故障发生的子系统后，接下去分析故障发生在该子系统的哪个回路。假设故障发生在控制系统，通过对图 8-39 的分析可知：要么是控制系统中与合闸接触器 KO 线圈有关的回路发生了故障（多数为开路故障）；要么是跳闸回路发生了短路故障。若为与合闸接触器 KO 线圈有关的回路发生了故障，则断路器没有合闸的声音；若为跳闸回路发生了短路故障，则断路器有合闸的声音。

第三步：查找故障回路的具体故障点。

若第二步分析得出故障发生在控制系统中与合闸接触器 HC 线圈有关的回路，接下去查找具体的故障点。

首先，用万用表直流电压挡测量回路编号为 1 与 2 之间的电压，若电压为零，则说明控制保险熔断或直流电源故障；若电压为 220V，则说明控制保险完好。然后，在控制开关 SA 处于“跳闸后”位置、合上开关，SA1 在合位时，测量回路编号为 1 与 9 之间的电压，若测得的电压为 220V，则说明 2 与 9 之间的电路没有与合闸合不上有关的故障，故障发生在 1 与 9 之间的电路；若测得的电压几乎为零，则说明 2 与 9 之间有开路现象。若查明 2 与 9 之间有开路现象，接下去再测量 1 与 3 之间的电压。若测得的电压为 220V，则说明 3 与 9 之间有开路现象；若测得的电压几乎为零，则说明故障发生在 3 与 2 之间……。一步步查找下去，直至找到具体的故障点后，将故障消除。

上述介绍的是最基本、最有效的查找方法，初学者应该尽量采用最基本的查找方法。具有一定经验的检修人员，还可以通过一些声、光信号或其他现象来帮助判断，从而加快故障分析和处理过程。例如，可以利用分闸指示灯 1GN 是否点亮来帮助判断。当断路器处于跳闸状态，且控制开关 SA 处于“跳闸后”位置时，若 1GN 亮，则说明控制保险完好、2 与 3 之间的回路无故障；若 1GN 不亮，则很有可能是控制保险熔断或 2 与 3 之间的回路有开路故障。

实作训练

训练一：查找和处理断路器拒绝跳闸故障。

训练二：查找和处理直流系统接地故障。

项目9

电气设备的运行与维护

任务9.1 认识变压器的运行维护及故障处理

能力目标

① 进一步熟悉变压器的结构。

② 掌握变压器巡视检查项目。

③ 熟悉变压器的运行维护知识。

④ 掌握变压器的故障处理方法。

任务实施及要求

以“巡视检查变压器”为任务实例，在教师指导下完成相应工作。

(1) 熟悉操作程序并完成下列工作：

① 检查变压器本体运行情况；

② 检查变压器附属设备运行情况；

③ 熟悉巡视要求；

④ 检查、分析、填写记录；

⑤ 如变压器发生故障，应及时处理。

(2) 禁止违章操作，考核采用100分制。

(3) 遵守操作时限：

① 准备时间：1min；

② 操作时间：10min；

③ 提前完成操作不加分，超时操作按规定标准评分。

学习组织形式

① 先由教师进行讲授，并作任务实施示范。

② 可根据情况将学生分为3～5人一组，以小组为单位，进行学习、讨论，查找资料，熟悉检查项目及标准，然后以书面形式提交教师检查。

③ 按照变压器运行维护知识和巡视检查项目进行相应的工作。

④ 在整个过程中教师应适时监控，及时纠正错误和给予指导。

⑤ 学生撰写学习心得，补齐不足。

考核标准及评价

考核评价按表 9-1 的要求进行。

表 9-1 巡视检查变压器技能考核评分记录表

姓名：__________ 工位号：______ 考核时间：10min

序号	考核内容	评分要素	配分	评分标准	检测结果	扣分	得分	备注
1	检查变压器负荷运行情况	检查电压	5	未检查变压器一、二次电压此项不得分				
		检查电流	5	未检查变压器一、二次电流此项不得分				
2	检查变压器本体运行情况	检查温度	5	未检查变压器本体温度此项不得分； 未与远方温度核对扣 3 分				
		检查声音	5	未检查变压器声音此项不得分； 不会判断声音扣 3 分				
		检查油箱	8	未检查油箱外观扣 4 分； 未检查油箱接地扣 4 分				
		检查绝缘油	10	未检查变压器油枕油标内油位扣 3 分； 未检查变压器油枕油标内油色扣 3 分； 未检查油位表数值扣 4 分				
3	检查变压器附属设备运行情况	检查保护装置	10	未检查硅胶变化情况扣 2 分； 未检查呼吸器完好情况扣 2 分； 未检查瓦斯继电器扣 3 分； 未检查压力释放阀扣 3 分				
		检查冷却装置	8	未检查循环管温度扣 2 分； 未检查风扇运行状态扣 4 分； 未检查冷却装置外观扣 2 分				
		检查高低压瓷套管	4	未检查瓷套管外观扣 4 分				
		检查高低压引线接点	8	未检查引线接点扣 4 分； 未检查接线板固定螺钉扣 4 分				
		检查铁芯接地	7	未检查铁芯接地扣 3 分； 未检查铁芯接地电流扣 4 分				
		检查风冷控制箱	4	未检查风冷控制箱外观扣 2 分； 未检查内部接线扣 2 分				
4	巡视要求	按巡视路线巡视	1	未按巡回路线逐点逐项巡视扣 1 分				
5	检查结果分析及记录填写	分析变压器运行状态，发现缺陷及时汇报，并填写相关记录	20	未分析变压器运行状态扣 5 分； 发现缺陷未汇报扣 5 分； 发现缺陷未填写相关记录扣 5 分； 记录内容填写错误扣 5 分				
6	考试时限	在规定时间内完成		超时停止考试				
合计			100					

评分员： 核分员： 年 月 日

相关知识介绍

9.1.1 一般要求

电力变压器是变电所内最关键的设备，做好变压器的运行维护工作是十分重要的。

在有人值班的变电所内，应根据控制盘或开关柜上的仪表信号来监视变压器的运行情况，并每小时抄表一次。如果变压器在过负荷下运行，则至少每半小时抄表一次。安装在变压器上的温度计，应于巡视时检视和记录。

无人值班的变电所，应于每次定期巡视时，记录变压器的电压、电流和上层油温。

变压器应定期进行外部检查。有人值班的变电所，每天至少检查一次，每周进行一次夜间检查。无人值班的变电所，变压器容量大于315kV·A的，每月至少检查一次；容量在315kV·A及以下的，可两月检查一次。根据现场的具体情况，特别是在气候骤变时，应适当增加检查次数。

9.1.2 巡视项目

① 检查变压器的响声是否正常：变压器的正常声音应是均匀的嗡嗡声。如果其声音较平常正常时沉重，说明变压器过负荷。如果其声音尖锐，说明电源电压过高。

② 检查油温及温升是否超过允许值：油浸变压器的上层油温一般不应超过85℃，最高不应超过95℃；温升一般不应超过45℃，最高不应超过55℃。运行中要以上层油温为准，温升是参考数字。油温过高，可能是变压器过负荷引起，也可能是变压器内部故障。应特别注意以下不正常情况。

上层油温或温升超过规定值。

在变压器负载不变或变化很小时，油温不断上升（自然冷状态新投入的变压器除外）。

在负载和冷却介质温度相似的情况下，油温较以前所测数值明显上升。

③ 检查油枕及瓦斯继电器的油位和油色，检查各密封处有无渗油和漏油现象。油面过高，可能是冷却装置运行不正常或变压器内部故障等所引起。油面过低，可能有渗油漏油现象，此时均应及时处理。要注意油位表上面通气孔阻塞时会造成假油位。变压器油正常时应为透明略带浅黄色。如果油色变深变暗，则说明油质变坏。

④ 检查瓷套管是否清洁，有无破损裂纹和放电痕迹；检查高低压接头的螺栓是否紧固，有无接触不良和发热现象。

⑤ 检查防爆膜是否完好无损；检查吸湿器是否畅通，硅胶是否吸湿饱和（超过2/3而且颜色变黄或浅红）。

⑥ 检查接地装置是否完好。

⑦ 检查冷却、通风装置是否正常。

⑧ 检查变压器及其周围有无其他影响其安全运行的异物（例如易燃易爆和腐蚀性物品等）和异常现象。

⑨ 经常监视变压器电源电压的变化范围，其变化范围应在±5%额定电压以内，以确保二次电压质量，如电源电压长期过高或过低，应通过调整变压器的分接开关，使二次电压趋于正常。

⑩ 监测三相电流及平衡情况。对 Y，yn0 接线的三相四线制的变压器，其中性线电流不应超过线圈额定电流的25%，超过时应调节每相的负荷，尽量使各相负荷趋于平衡。

在巡视中发现的异常情况，应记入专用的记录簿内，重要情况应及时汇报上级，请示处理。

9.1.3 变压器运行中故障分析及处理

(1) 变压器声音异常分析及处理

变压器运行时，交变电流通过绕组，便在铁芯中产生交变磁场，由交变磁场引起的电磁力会使铁芯振动而发出轻微的“嗡嗡”声，这是正常的。如果出现不均匀的其他声音，则属不正常现象。

① 变压器空载合闸时，由于产生很大的励磁涌流，会在短时间内引起较大的“嗡嗡”声。

② 若变压器的声音连续均匀，但比平时增大，而且变压器上层油温也有所上升，运行人员可查看功率表、电流表，一般是变压器过负荷所至。

③ 变压器检修后，如果铁芯夹紧螺栓未拧紧，“嗡嗡”声比检修前会明显增大；如果铁芯接地不良或忘了接地，可以听到有明显的放电声；如果用听针听到“叮当叮当”的金属撞击声，可能有铁质垫圈、螺母等杂物掉在变压器内。

④ 大雾天、雪天和细雨天，由于空气潮湿，可能在套管处听到“嘶嘶”的放电声，在夜间还能看到明显的蓝色小火花。这种异声一般不需特殊处理，天晴后能自行消失。有时，由于固定瓷套管的压板或压块接地不良，也可能在套管边缘与压板或压块间产生蓝色小火花，同时可听到放电声，这种异声在晴天也有，需要处理。

⑤ 当运行中的变压器发出很大且不均匀的响声，夹有爆裂和“咕噜”声，这是由于变压器内局部（层间、匝间）绝缘击穿，引线对外壳、引线对铁芯和引线之间局部放电造成的。另外分接开关接触不良引起火花，也会有类似声音。这种异声应引起特别注意，及时进行缺陷登记并向生产主管反映，要求检查处理，防止扩大事故。

⑥ 变压器的温度计或控制信号线的金属软管与箱壁、散热器发生碰撞，风扇电动机固定不好，风扇叶片固定不好或有裂纹，都可能产生不正常的响声。这些异声在变压器附近可明显听到，通过直观检查也较容易发现。

运行人员发现变压器有异声时，除观察有关仪表指示外，还应用手摸或用半导体点温计来检查各部的温度，用听针听四周的声音并观察油温、油位和油色的变化情况，查看变压器保护装置动作情况，综合分析判断产生异常声音的原因。

(2) 变压器温度异常分析及处理

当变压器在正常运行中温度不断升高，应做如下检查。

① 检查变压器的负荷及冷却介质的温度并与以往同样负荷及冷却介质相比较。

② 对新安装或大修后新投运的变压器检查散热器的阀门是否打开，冷却装置是否正常。

③ 检查温度计本身是否失灵。

若以上三项正常，油温比同样条件下高出10℃，且还继续上升，则可断定为变压器内部故障。常见的内部故障有如下几种。

① 分接开关接触不良。分接开关是变压器内部唯一的可动部件，可能因接触不良而使接触电阻增加，损耗增大，产生局部发热。

② 绕组匝间短路。即相邻几个线匝之间绝缘损坏，使线匝间产生金属性接触而形成短路环流，同时使该相绕组的匝数减少，短路环路内的短路电流会使绕组局部产生高温，严重时，可能烧坏变压器。当有匝间短路存在时，一般发热厉害，油温上升，轻瓦斯保护可能动作，在变压器旁用听针可听到像油沸腾一样的“咕噜”响声。

③ 铁芯的硅钢片间存在短路。如由于外力损伤或检修插片时不小心，可能使硅钢片之间的绝缘损坏而形成短路，造成较大涡流，引起铁芯局部过热，严重时会使硅钢片熔伤。

此外，还有绕组内部连接的焊接不良，引线和绕组的焊接不良，引线与导管中导杆的螺母连接不良等造成的接头发热；压环螺钉绝缘损坏或压环碰铁芯造成环流等引起过热。

为了及时发现并防止扩大变压器局部高热故障，在运行维护上，要经常监视变压器的油温，听变压器声音，轻瓦斯保护动作后要引起注意，加强巡视检查，应尽量避免变压器长期过负载运行。

（3）变压器油位异常分析及处理

① 油位异常：变压器油枕的油位表，一般标有30℃、20℃、40℃三条线，它是标志变压器未投入运行前不同油温时的三个油面标志，根据这三个标志可以判断是否需要加油或放油。运行中变压器温度的变化会使油体积变化，从而引起油位上下移动。

常见的油位异常有假油位和油面过低两种。运行中的变压器如发生防爆管通气管堵塞、油标管堵塞和油枕呼吸器堵塞等故障，则在负荷温度变化正常时油标管内的油位就会变化不正常或不变，这些现象称假油位。油面过低是由变压器严重渗漏或大量跑油，多次放油后未作补充，原来油量不足又遇温度骤降等原因造成。变压器严重缺油时，内部的铁芯、线圈就可能暴露在空气中，使绝缘受潮，同时露在空气中的部分线圈因无油循环散热，导致散热不良而引起损坏事故。配有瓦斯保护的变压器，气体继电器装设在油枕下方，当油位降到一定程度时还会发生轻、重瓦斯保护动作。

② 油位指示看不见油位的处理：无论因渗漏油、放油未补充，还是因气温急剧下降等诸因素造成油位指示器看不到油位，都应将变压器退出运行，速报有关领导及进行缺陷登记，请示检查及补油。

（4）变压器外表异常分析及故障处理

外表异常：

主变一般多置于室外，由于长期通电带负荷运行和自然条件的影响，会使变压器外表发生下列变化。

① 渗油、漏油是变压器最常见的外表异常现象。由于变压器本体充满油，各连接部位中间夹有胶垫以防渗漏油，长时间的运行会使胶垫老化龟裂从而引起渗油。当然螺丝松动或放油阀门关闭不严，制造时有砂眼或焊接质量差也是渗漏油的主要原因之一。

② 套管闪络放电也是变压器常见的外表异常现象。套管闪络放电多数是因制造中有隐伤或安装中发生轻微碰伤，套管表面落有导电尘埃，系统出现内、外过电压引起。套管闪络放电，会造成发热，导致老化，引起套管接地或爆炸。

③ 有时还会发生防爆管玻璃破损的现象。这主要是由内部发生短路故障，更换防爆管玻璃时螺丝拧得太紧、法兰盘表面不平整和呼吸器堵塞等原因造成。当油枕呼吸器堵塞后，油枕上方空气压力发生变化，引起防爆管下玻璃破损，这样水蒸气和潮湿空气将进入变压器，引起绝缘物受潮。

④ 为了保证变压器油枕上方空气压力与外部压力平衡，变压器均装有呼吸器。呼吸器下端玻璃筒内装有变色硅胶，其目的是为了便于运行人员监视。正常情况下变色硅胶呈浅蓝色，若其变成粉红色时，说明它已不具备吸潮性能，应予以更换。

⑤ 在无月光和阴雨天晚上，有时还会发现套管与引线夹处发红。这是由于连接部位螺丝松动，接触面氧化严重，使接头过热。一般规定接头连接部位温度不宜超过70℃，可用

示温蜡片试验，有条件也可以用红外线测温仪测量。

事故处理：

在运行中若发现上述几种外表异常，轻者向相关领导汇报，加强监视，进行缺陷登记；严重者应请示停用变压器，等候处理。对下列六种特别严重的故障，可先停下运行变压器，再立即向调度及相关领导汇报。

① 防爆玻璃破碎向外喷油。变压器顶盖上部设有防爆装置，用来将变压器运行中产生的、不能承受的高压气体及时泄放。运行中的变压器，一旦发现防爆玻璃破碎向外喷油，应立即将其退出运行。

这种情况产生的原因是变压器内部有急剧放出大量热量的部位，如绕组击穿短路、分接开关严重接触不良和起弧发热，使变压器油受热急剧分解出大量气体所引起。

② 变压器的套管一旦发生严重破损并引起放电，则认为该变压器已经失去了正常运行的功能，应立即退出运行。

③ 变压器着火。当发现电力变压器着火时，值班人员应该立即拉开各侧电源断路器，拉开隔离开关，拉开操动信号电源，停止冷却器及动力电源；如顶部流油着火，则打开放油阀放油至流油口以下并将油引入储油坑内，采取措施防止再燃。

变压器火灾的扑灭，应使用1211灭火剂以及干粉等不导电灭火剂。在不得已的情况下，可使用沙子灭变压器上的火。

为防止从变压器流出的油着火，变压器油坑内应放卵石，以起到降温散流的作用。

④ 变压器内部响声很大，有爆炸声，很不正常。

⑤ 在正常冷却条件下，上层油温达95℃以上时。

⑥ 油色变化过甚。

(5) 变压器瓦斯保护动作处理

主变一般装有差动保护、重瓦斯保护、复合电压启动的过电流保护以及轻瓦斯保护等。其中主保护为差动保护和重瓦斯保护，复合电压启动过电流保护作为主变的后备保护，这三套保护动作均自动跳闸。因此，运行人员尽快根据掉牌指示，查明何种保护动作，同时立即向技术负责人汇报。

变压器运行中发生局部发热和绝缘损坏，首先表现出的是油气分解的异常，即油在局部高温作用下分解或蒸发为气体，逐渐集聚在变压器顶盖上端及瓦斯继电器内。由于故障性质和严重程度不同，产气的速度和产气量大小不同，气体继电器的动作情况也不相同。为主变设置的瓦斯保护有两种功能：第一，轻瓦斯保护，保护动作时仅发信号报警；第二，重瓦斯保护，保护动作时不仅发出信号，同时主变各侧断路器自动跳闸，主变退出运行。

轻瓦斯动作后的处理：

轻瓦斯动作发出信号后，值班人应首先停止音响信号（一般音响信号能自动停止），检查气体继电器里气体的性质，从颜色、气味和可燃性判断是否发生故障（可参照表9-2）。

① 非变压器原因，如因进行滤油、加油而使空气进入变压器；因温度下降或漏油使油面缓慢下降；因外部穿越性短路电流的影响；二次回路中直流回路绝缘破坏或触点劣化等引起的误动作。如确定为非主变故障原因引起动作，在信号复归后，变压器可继续运行。

② 变压器轻微故障而产生少量气体，则复归信号后应向单位技术主管汇报并进行缺陷登记。确认为变压器内部故障时，应将变压器退出运行并进行必要的检查。

表 9-2 气体继电器的气体性质与故障性质的关系

序号	气体性质	故障情况	说明
1	无色，无味，不可燃	变压器内有空气	排出绝缘油中的空气
2	黄色，不易燃	木质制件烧毁	停电检查
3	灰白色，有臭味，可燃	纸质制件烧毁	立即停电检查
4	灰色，黑色，易燃	绝缘油炭化	接触不良或变压器局部过热

重瓦斯保护动作后的处理：

① 重瓦斯保护动作原因分析。运行中的变压器发生瓦斯保护动作跳闸，则可能由于变压器发生严重故障，油面剧烈下降或保护装置二次回路故障；也可能是检修后充油速度快，静止时间短，油中空气分离后，使重瓦斯保护动作于跳闸。

② 重瓦斯保护动作处理步骤。发生瓦斯信号后，首先停止音响信号而保留光字牌信号，确认是哪一台主变瓦斯动作跳闸后按以下步骤进行。

对变压器外部进行全面检查，有无严重漏油、喷油现象。

收集气体继电器内的气体并根据气体多少、颜色、气味和可燃性等来判断其性质，可参照表 9-2。检查气体是否可燃时，可打开继电器顶盖上的放气栓，对气体进行可燃性试验，可燃时，有明亮的火焰（须注意火苗应距栓口 5～8cm，以免吹熄火苗）。

检查二次回路是否瓦斯保护误动。

测量变压器绝缘电阻。

经上述几步尚无法判明变压器故障性质时，应立即进行气相色谱分析并进行必要的测试，保护好事故现场，为事故调查分析提供依据。

查明原因后，则由检修人员进行处理。

如判明确系重瓦斯保护误动作后，可暂停用重瓦斯保护，但恢复送电时，差动保护必须投入运行。

注意：主变压器发生重瓦斯跳闸动作后，不经详细检查、测量，原因不明者，不得投入运行。

变压器油质气相色谱分析：

正常情况下变压器油及有机绝缘材料在热和电的作用下，会逐渐老化和分解，产生少量的低分子烃类及 CO_2、CO 等气体，这些气体大部分溶解在油中。当存在潜伏性过热或放电故障时，就会加快这些气体的产生速度。随着故障的发展，分解出的气体形成的气泡在油里对流、扩散并不断溶解在油中，当产气速度大于溶解速度时，会有一部分气体进入气体继电器。故障气体的成分和含量与故障的类型及故障的严重程度有密切关系，因此，分析溶解于油中的气体，就能尽早发现设备内存在的潜伏性故障，可随时掌握故障的发展情况。

(6) 变压器差动保护动作后的处理

当主变各侧差动电流互感器之间一次部分发生故障（如主变绕组相间短路、单相严重的匝间短路和出线引出线间的相间短路）时，差动保护动作跳闸将其退出运行，以减轻故障变压器损坏程度。

主变差动保护是按循环电流原理设计的，而瓦斯保护是根据变压器内部故障时会产生和分解气体这一特点设计的，它们都作为主变压器的主保护，相互配合来完成保护主变的任务。运行经验证明，在变压器出现故障（除不严重的匝间短路）时，纵联差动保护和瓦斯保护都能反映出来。

变压器纵联差动保护动作，跳开主变各侧断路器，运行人员在拉开主变各侧断路器的隔离开关后，应重点检查以下几项。

① 变压器套管是否完整，连接变压器的母线上是否有闪络的痕迹，或者连接变压器的电缆是否有移动现象。

② 对变压器差动保护区范围内的所有一次设备（即变压器高压侧及低压侧断路器之间的所有设备、引线和铝线等）进行检查，以便发现在差动保护区内有无异常。

经上述检查没有结果时，有以下几种情况需要考虑。

① 进一步查明是否主变内部故障。检查的方法和步骤可参考变压器重瓦斯保护动作的处理。

② 检查差动保护的二次回路。差动保护动作同电流互感器极性、接线方式有密切的联系。若是二次回路才经过检修，或互感器的一侧动过，那么这种可能性比较大。

③ 差动保护的整定值也应检查。

④ 有些差动保护装置在保护以外发生短路时，也有可能误动作。

⑤ 将该变压器空载合闸试送电，合闸后，经检查正常时，方可带负荷运行。

(7) 变压器后备保护动作后的处理

主变除两套主保护外，一般均装有复合电压启动的过电流保护作为主保护的后备保护。当后备保护动作跳闸时，运行人员在解除音响后，详细检查有无越级跳闸动作的可能，即检查出线断路器保护装置动作情况，各信号继电器是否掉牌，断路器操动机构是否卡死，当然这种情况的分析要根据变电站主接线的运行方式，一般线路有故障时常会出现。在排除上述情况后，则要考虑本变电站主变低压侧母线、电缆或其他电气设备是否短路及运行人员误碰等误动作的可能。在查明原因、确认无误的情况下，运行人员经技术领导同意，方可将变压器投入运行。

实作训练

训练一：处理主变压器“轻瓦斯”信号故障

训练二：处理变压器瓦斯保护动作跳闸后的事故

任务 9.2 认识配电装置、电力线路的运行与维护

能力目标

① 掌握配电装置的巡视检查。

② 掌握电力线路的巡视检查。

③ 掌握控制、保护、信号、电源等设备的巡视检查。

任务实施及要求

以“巡视检查控制盘、保护盘”为任务实例，在老师指导下完成相应工作。

(1) 熟悉操作程序并完成下列工作

① 巡视控制盘；②巡视保护盘；③牢记巡视要求；④检查、分析、填写记录。

（2）禁止违章操作，考核采用100分制。

（3）遵守操作时限

① 准备时间：1min；②操作时间：10min；③提前完成操作不加分，超时操作按规定标准评分。

学习组织形式

① 先由教师进行讲授，并作任务实施示范。

② 可根据情况将学生分为3～5人一组，以小组为单位，进行学习、讨论，查找资料，熟悉检查项目及标准。然后以书面形式提交教师检查。

③ 按照电力线路和配电装置运行维护知识及巡视检查项目进行相应的工作。

④ 在整个过程中教师应适时监控，及时纠正错误和给予指导。

⑤ 学生撰写学习心得，补齐不足。

考核标准及评价

考核评价按表9-3进行。

表9-3 巡视检查控制盘、保护盘技能考核评分记录表

姓名：________ 工位号：______ 考核时间：10min

序号	考核内容	评分要素	配分	评分标准	检测结果	扣分	得分	备注
1	巡视控制盘	检查盘面	20	未检查灯光指示扣5分； 未检查表计指示扣5分； 未检查光字信号扣5分； 未检查开关操作把手位置扣5分				
		检查盘后接线	20	未检查操作直流保险扣5分； 未检查盘后接线扣5分； 未检查端子排扣5分； 未检查反事故措施扣5分				
2	巡视保护盘	检查继电器	20	未检查重合闸监视灯扣5分； 未检查继电器外观扣5分； 未检查继电器状态扣5分； 未检查压板扣5分				
		检查盘后接线	15	未检查盘后接线扣5分； 未检查端子排扣5分； 未检查反事故措施扣5分				
		设备标识	3	未检查单元标识扣3分				
3	巡视要求	按巡视路线，逐点逐项巡视	2	未按巡回路线巡视设备扣2分				
4	检查结果分析及记录填写	分析控保盘设备运行状态，发现缺陷及时汇报，并填写相关记录	20	未分析运行状态扣5分； 发现缺陷未汇报扣5分； 发现缺陷未填写相关记录扣5分； 记录内容填写错误扣5分				
5	考核时限	在规定时间内完成		超时停止考试				
	合计		100					

评分员： 核分员： 年 月 日

相关知识介绍

9.2.1 主要电气设备的运行与维护

（1）高压熔断器的运行与维护

① 巡视时，观察熔断器的接触头与熔管金属帽接触是否良好。如果有接触不良等现象，应立即停电检修。

② 在检修熔断器时，要拔下熔管，看触头与熔管是否接触良好，并擦除灰尘后将其装好。

③ 在更换新熔断器时，必须和原来熔断器的规格及型号相同；更换熔体时必须和原来的熔体额定电流相同。

（2）高压隔离开关的运行与维护

① 隔离开关的接触应该良好，不应发热。接点及连接部分最大允许温度为70℃。一般用变色漆或示温片进行监视（黄、绿、红三种示温片，熔化时分别代表60℃、70℃、80℃）或用红外测温仪定期巡测。

② 隔离开关的闸刀和静触头不应脏污、变形、烧痕。弹簧片、弹簧应无锈蚀、疲劳。

③ 绝缘子应完好清洁，无裂纹及放电现象。

④ 检查触头在合闸后是否到位，接触是否良好。

⑤ 检查闭锁装置是否完好，机械闭锁的销子应销牢，辅助触头的位置应正确，并接触良好。

⑥ 各机件应紧固，位置应正确，无歪斜等不正常现象。

⑦ 运行时，应无振动和异常声音。通过的电流不应超过额定值。

（3）高压负荷开关的运行与维护

① 巡视时，应观察灭弧装置有无闪络、破损和放电现象。

② 触头间接触是否良好，两侧的接触压力是否均匀，有无发热现象，示温片有无熔化。

③ 灭弧触头及喷嘴有无烧损现象。

④ 在几次的空载分、合闸操作中，触头系统和操作机构均应无任何呆滞、卡阻现象。

⑤ 载流部分表面应无锈蚀及发热现象。

⑥ 绝缘子应完好清洁，无裂纹及放电现象。

（4）高压断路器的运行与维护：

① 检查断路器各绝缘部分，应完好，无损坏、闪络、放电现象。

② 各导电部位应无发热、变色等现象，查看示温片有无熔化。

③ 检查少油断路器油面是否在标准刻度线之上，油色应正常，无渗漏现象。

④ 检查真空断路器真空室的颜色有无变化，有无裂纹等现象。

⑤ 检查六氟化硫断路器压力表的压力指示是否在规定的范围内。

⑥ 在断路器事故跳闸后，应重点检查断路器有无喷油现象，油色有无变化，是否有沉淀物出现。

⑦ 检查操作机构的分、合闸线圈有无发热等异常现象；以及操作机构的分、合闸指示器的指示与断路器的实际位置是否相符。

（5）互感器的运行与维护

① 电压互感器的运行与维护

电压互感器投入运行后，应测量二次侧电压是否正常。有功表、无功表等指示应正确。

在调换电压互感器二次侧表计前，应特别注意二次侧不能短路。

三相五柱式电压互感器的一次侧装有单极中性点接地刀闸，当系统发生接地短路故障超过 2h 后，可将该刀闸拉开，要测试时再合上。

当 6～10kV 无载母线通电时，电压互感器有时因铁磁谐振而使三相电压不平衡，开口三角形的二次绕组两端有电压出现，而使系统接地信号动作。当投入线路负载后，该现象应消失。如果接地信号仍不消失，电压仍不正常，则应按单相接地故障处理。

② 电流互感器的运行与维护

流互感器在运行中二次侧不得开路。如在调换电流表、有功表、无功表时，应先将电流回路短路后再进行表计的调换。

为了防止电流互感器在运行中二次侧开路，旋拧电流互感器试验端子的压板时，不要旋得过紧，避免螺扣滑牙，造成开路。

(6) 继电保护装置的运行与维护

① 定期巡视保护屏、信号装置、闪光装置、绝缘监察装置等的完好情况，发现异常及时处理。

② 继电器外壳有无破损，整定位置是否变动。

③ 继电器触点有无卡死、脱轴、脱焊等情况，经常带电的继电器触点有无大的抖动及磨损，感应型继电器铝盘转动是否正常。

④ 各种信号、灯光指示是否正常。

⑤ 保护装置的连接片、切换开关的位置是否与运行要求一致。

⑥ 有无异常声响、发热、冒烟等现象。

9.2.2 成套配电装置的运行与维护

(1) 一般要求

配电装置应定期进行巡视检查，以便及时发现运行中出现的设备缺陷和故障，如导体接头部分发热、绝缘瓷瓶闪络或破损、油断路器漏油等，并设法采取措施予以消除。

在有人值班的变配电所内，配电装置应每班或每天进行一次外部检查。在无人值班的变配电所内，配电装置应至少每月检查一次。如遇短路引起开关跳闸或其他特殊情况（如雷击时），应对设备进行特别检查。

(2) 巡视项目

① 由母线及接头的外观或其温度指示装置（如变色漆、示温蜡等）的指示，检查母线及接头的发热温度是否超过允许值。

② 开关电器中所装的绝缘油颜色和油位是否正常，有无漏油现象，油位指示器有无破损。

③ 绝缘瓷瓶是否脏污、破损，有无放电痕迹。

④ 电缆及其接头有无漏油及其他异常现象。

⑤ 熔断器的熔体是否熔断，熔断器有无破损和放电痕迹。

⑥ 二次系统的设备如仪表、继电器等的工作是否正常。

⑦ 接地装置及 PE 线、PEN 线的连接处有无松脱、断线的情况。

⑧ 整个配电装置的运行状态是否符合当时的运行要求。停电检修部分有没有在其电源

侧断开的开关操作手柄处悬挂"禁止合闸，有人工作"之类的标示牌，有没有装设必要的临时接地线。

⑨ 高低压配电室及电容器室的通风、照明及安全防火装置等是否正常。

⑩ 配电装置本身和周围有无影响安全运行的异物（如易燃易爆和腐蚀性物品等）和异常现象。

在巡视中发现的异常情况，应记入专用记录簿中，重要情况应及时汇报上级，请示处理。

9.2.3 电力线路的运行与维护

（1）架空线路的运行维护

一般要求：

对厂区架空线路，一般要求每月进行一次巡视检查，并根据负荷情况适当进行夜间巡视。如遇大风、大雨及发生故障等特殊情况时，临时增加巡视次数。

巡视项目：

① 电杆有无倾斜、变形、腐朽、损坏及基础下沉等现象，如有，应设法修理。

② 沿线路的地面是否堆放有易燃、易爆和强腐蚀性物体，如有，应立即设法挪开。

③ 沿线路周围，有无危险建筑物，在雷雨季节和大风季节里，应尽可能保证这些建筑物不致对线路造成损坏。

④ 线路上有无树枝、风筝等悬挂杂物，如有，应设法清除。

⑤ 拉线和板桩是否完好，绑扎线是否紧固可靠，如有缺陷，应设法修理或更换。

⑥ 导线的接头是否接触良好，有无过热发红、严重氧化、腐蚀或断脱、绝缘子破损和放电现象，如有，应设法修理或更换。

⑦ 避雷装置的接地是否良好，接地线有无锈断情况，在雷电季节到来之前，应重点检查，以确保防雷安全。

⑧ 其他危及线路安全运行的异常情况。

在巡视中发现的异常情况，应记入专用记录本内，重要情况应及时汇报，请示处理。

（2）电缆线路的运行维护

一般要求：

电缆线路大多是敷设在地下的，要做好电缆的运行维护工作，就要全面了解电缆的敷设方式、结构布置、线路走向及电缆头位置等。对电缆线路，一般要求每季巡视检查一次，并应经常监视其负荷大小和发热情况。如遇大雨、洪水及地震等特殊情况及发生故障时，应临时增加巡视次数。

巡视项目：

① 电缆头及瓷套管有无破损和放电痕迹；对填充有电缆胶（油）的电缆头，还应检查有无漏油溢胶现象。

② 对明敷电缆，须检查电缆外皮有无锈蚀、损伤，沿线支架或挂钩有无脱落，线路上及附近有无堆放易燃易爆及强腐蚀性物体。

③ 对暗敷及埋地电缆，应检查沿线的盖板和其他保护物是否完好，有无挖掘痕迹，路线标桩是否完整无缺。

④ 电缆沟内有无积水或渗水现象，是否堆有杂物及易燃易爆危险品。

⑤ 线路上各种接地是否良好，有无松脱、断股和腐蚀现象。

⑥ 其他危及电缆安全运行的异常情况。

在巡视中发现的异常情况，应记入专用记录本内，重要情况应及时汇报，请示处理。

(3) 车间配电线路的运行维护

一般要求：

要搞好车间配电线路的运行维护工作，必须全面了解车间配电线路的布线情况、结构形式、导线型号规格及配电箱和开关、保护装置的位置等，并了解车间负荷的要求、大小及车间变电所的有关情况。车间配电线路有专职维护电工时，一般要求每周巡视检查一次。

巡视项目：

① 检查导线的发热情况。例如，裸母线在正常运行时的最高允许温度一般为70℃。如果温度过高，将使母线接头处氧化加剧，接触电阻增大，运行情况迅速恶化，最后可能引起接触不良或断线。所以，一般要在母线接头处涂以变色漆或示温蜡，以检查其发热情况。

② 检查线路的负荷情况。线路的负荷电流不得超过导线的允许载流量，否则导线要过热。对于绝缘导线，导线过热还可能引起火灾。因此，运行维护人员要经常注意线路的负荷情况，一般用钳形电流表来测量线路的负荷电流。

③ 检查配电箱、分线盒，开关、熔断器、母线槽及接地保护装置等的运行情况，着重检查母线接头有无氧化、过热变色和腐蚀等情况，以及接线有无松脱、放电和烧毛的现象，螺栓是否紧固等。

④ 检查线路上和线路周围有无影响线路安全的异常情况。绝对禁止在绝缘导线上悬挂物体，禁止在线路近旁堆放易燃易爆危险品。

⑤ 对敷设在潮湿、有腐蚀性物质场所的线路和设备，要作定期的绝缘检查，绝缘电阻一般不得低于0.5MΩ。

在巡视中发现的异常情况，应记入专用记录本内，重要情况应及时向上级汇报，请示处理。

(4) 线路运行中突然停电的处理

电力线路在运行中，如突然停电时，可按不同情况分别处理。

① 当进线没有电压时，说明是电力系统方面暂时停电。这时总开关不必拉开，但出线开关应全部拉开，以免突然来电时，用电设备同时启动，造成过负荷和电压骤降，影响供电系统的正常运行。

② 当双回路进线中的一回路进线停电时，应立即进行切换操作（又称倒闸操作），将负荷特别是其中重要负荷转移给另一回路进线供电。

③ 厂内架空线路发生故障使开关跳闸时，如开关的断流容量允许，可以试合一次，争取尽快恢复供电。由于架空线路的多数故障是暂时性的，所以多数情况下可能试合成功。如果试合失败，开关再次跳闸，说明架空线路上的故障尚未消除，这时应该对线路故障进行停电隔离检修。

④ 对放射式线路中某一分支线上的故障检查，可采用“分路合闸检查”的方法，将故障范围逐步缩小、找出故障线路，并迅速恢复其他完好线路的供电。

实作训练

训练一：巡视检查中央信号盘。

训练二：巡视检查交、直流盘。

任务 9.3 认识变配电所的倒闸操作

能力目标

① 掌握一次开关设备的操作方法。

② 掌握变配电所的倒闸操作原则。

③ 进一步熟悉保障安全的组织措施、技术措施。

材料、工具及设备准备

按表 9-4 准备材料、工具及设备。

表 9-4 材料、工具及设备准备表

序号	名称	规格	单位	数量	备注
1	录音电话		台	1	
2	空白操作票		本	1	
3	格尺		支	1	
4	钢笔	红蓝各一支	支	2	考生自备
5	“已执行”章及印泥		个	1	
6	绝缘手套	高压	双	1	
7	绝缘鞋	高压	双	1	
8	验电器	6kV	支	1	
9	接地线		组	1	
10	活动扳手	300mm	把	1	
11	标示牌		块	2	
12	变电站(所)	35/6kV 或 110/6kV	座	1	
13	断路器单元	6kV	组	1	
14	断路器单控制装置	6kV	套	1	

任务实施及要求

以“6kV 线路停电检修倒闸操作”为任务实例，在老师和电力工程技术人员指导下完成相应工作。

(1) 熟悉操作程序并完成下列工作

①准备工作；②填写操作票；③审核操作票；④接受调度命令；⑤模拟操作；⑥现场操作；⑦验电、布置安全措施；⑧汇报调度；⑨清理现场。

(2) 必须穿戴劳动防护用品，禁止违章操作

(3) 遵守操作时限

①准备时间：1min；②操作时间：15min；③提前完成操作不加分，超时操作按规定标准评分。

学习组织形式

① 先由教师进行讲授，并作任务实施示范。

② 可根据情况将学员分为 3～5 人一组，以小组为单位，进行学习、讨论，查找资料，熟悉检查项目、标准。然后以书面形式提交教师检查。

③ 按照变配电所倒闸操作的原则、方法进行相应的操作。

④ 在整个过程中教师应适时监控，及时纠正错误和给予指导。

⑤ 学生撰写学习心得，补齐不足。

考核标准及评价

考核评价按表 9-5 进行。

表 9-5　6kV 线路停电检修倒闸操作操作技能考核评分记录表

姓名：__________　　　　工位号：________　　　　考核时间：15min

序号	考核内容	评分要素	配分	评分标准	检测结果	扣分	得分	备注
1	准备工作	验电器、接地线、标示牌	3	少选择一件扣 1 分				
2	填写操作票	票面要求	10	涂改一处扣 1 分；术语错误每处扣 2 分；双重名称填写错误每处扣 2 分				
		按顺序填写	10	并项每处扣 5 分； 操作票多项漏项或填写错误终止操作				
3	审核	对照接线图审核	5	未对照接线图逐项审核操作票扣 5 分				
4	接受调度命令	接受调度操作命令及汇报	6	未互通姓名扣 1 分；未记录票令号扣 1 分；未记录受令时间、操作时间各扣 1 分；未复诵、录音各扣 1 分				
5	模拟操作	在模拟图上进行模拟	4	未在模拟图上预演此项不得分；未高声复诵扣 2 分；未逐项模拟扣 2 分				
6	现场操作	检查、佩戴安全防护用具	10	未检查安全护具扣 4 分； 少佩带防护用具一件扣 2 分				
		按票逐项操作	10	误操作终止考核；未执行唱票复诵制扣 2 分；操作时站位不对扣 1 分；未核对设备双重名称扣 2 分；漏一项扣 5 分				
		操作要求	5	操作效果未检查扣 5 分；未记录开关操作时间扣 2 分；操作 KK 把手返回过快扣 3 分				
7	验电	选择使用验电器	5	验电器选错扣 5 分；未检查验电器扣 3 分				
		验电要求	7	未在有电设备上试验验电器扣 2 分； 手握验电器不在安全护环之下扣 2 分； 未进行三相验电扣 3 分； 验电位置错误此项不得分				
	布置安全措施	装设接地线	13	装设地线顺序错误此项不得分； 装设地线前未放电扣 3 分； 地线编号与操作票不符扣 1 分； 装接线缠绕一处扣 1 分； 接地线触碰人体扣 3 分； 接地线未与设备接触良好扣 2 分				
		装设遮栏及标示牌	5	遮栏不符合规程扣 1 分；悬挂标示牌错误每处扣 2 分；漏挂一处标示牌扣 2 分				

续表

序号	考核内容	评分要素	配分	评分标准	检测结果	扣分	得分	备注
8	汇报调度	按标准完成票面后汇报调度	7	未盖“已执行”印章扣 1 分； 未填写操作完成时间扣 2 分； 未打封线扣 2 分； 未汇报调度扣 2 分				
9	清理现场	清理现场		未清理操作现场从总分中扣 5 分				
10	安全文明操作	国家颁发或企业有关安全规程		违反操作规程一次从总分中扣 5 分；严重违规停止操作				
11	考试时限	按规定时间完成		超时停止操作				
合计			100					

评分员：　　　　核分员：　　　　　　　　　　　　　　　　　　年　　月　　日

相关知识介绍

电气设备由于周期性检查、试验或处理事故等原因，需操作断路器、隔离开关等电气设备来改变电气设备的运行状态，这种将设备由一种状态转变为另一种状态的过程叫倒闸，所进行的操作叫倒闸操作。

倒闸操作是电气值班人员及电工的一项经常性的重要工作，操作人员在进行倒闸操作时，必须具备高度的责任心，严格执行有关规章制度。因为，在倒闸操作时，稍有疏忽就可能造成严重事故，给人身和设备安全带来危险，以及难以挽回的损失。

9.3.1 变电站倒闸安全操作规程

第一条　倒闸操作必须根据值班调度员或值班负责人命令，受令人复诵无误后执行。发布命令应准确、清晰、使用正规操作术语和设备双重名称（设备名称和调度编号）。发令人使用电话发布命令前，应先和受令人互报姓名。值班调度员发布命令的全过程（包括对方复诵命令）和听取受令人的报告时，都要录音并作好记录。倒闸操作由操作人填写操作票。每张操作票只能填写一个操作任务（根据同一个操作命令且为了相同的操作目的而进行的一系列相互关联并依次进行倒闸操作的过程）。

第二条　停电拉闸操作必须按：断路器—负荷侧隔离开关—母线侧隔离开关的顺序依次操作，送电合闸操作应按与上述相反的顺序进行。严防带负荷拉合隔离开关。

手车式断路器停电拉闸操作应按：断路器—手车的顺序依次进行，送电合闸操作顺序相反。

为防止误操作，高压电气设备都应加装防误操作的闭锁装置（特殊情况下经上级主管部门批准，可加机械锁）。闭锁装置的解锁用具（包括钥匙）应妥善保管，按规定使用，不许乱用。机械锁要一把钥匙开一把锁，钥匙要编号并妥善保管，方便使用。所有投运的闭锁装置（包括机械锁）不经值班调度员或值班负责人同意不得退出或解锁。

第三条　下列项目应填入操作票内：

应拉合的断路器和隔离开关；检查断路器和隔离开关的位置；手车式断路器推入备用位置前检查断路器是否处在断开状态；安装接地线（合上接地开关）前验电；装、拆接地线并检查；检查负荷分配；安装或拆除控制回路或电压互感器回路的熔断器；切换保护回路和检验是否确无电压等。

在填写操作票时，操作任务栏应写清设备的双重名称。

第四条　操作票应用钢笔或圆珠笔填写，票面应清楚整洁，不得任意涂改。操作人和监护人应根据模拟图板或接线图核对所填写的操作项目，并分别签名，然后经值班负责人审核签名。

第五条　倒闸操作必须由两人进行，一人操作，一人监护，并认真执行监护复诵制。其中对设备较为熟悉者作监护人。特别重要和复杂的倒闸操作，由熟练的值班员操作，值班负责人监护。

第六条　发布命令和复诵命令都必须严肃认真，使用正规操作术语，准确清晰。开始操作前，要按操作票填写的顺序逐项在模拟图板上进行核对性模拟预演。每模拟操作完一项，在操作票上此项之前做半勾记号“\”，模拟预演完毕并检查无误后，再进行设备操作。设备操作前应认真核对设备名称、调度编号和位置。操作时必须按操作票填写的顺序逐项操作。每实际操作完一项并检查无误后，在操作票上此项做对应的半勾记号“/”，即填写成记号“V”。全部操作完毕后进行复查。

第七条　操作中发生疑问时，应立即停止操作并向值班调度员或值班负责人报告，弄清问题后，再进行操作。不准擅自更改操作票，不准随意解除闭锁装置。

第八条　用绝缘棒拉合隔离开关或经传动机构拉合隔离开关和断路器，均应穿绝缘靴，戴绝缘手套；雨天操作室外高压设备时，绝缘棒应有防雨罩；接地网电阻不符合要求的，晴天也应穿绝缘靴。雷电时，禁止进行倒闸操作。

第九条　装卸高压熔断器，应戴护目镜和绝缘手套，必要时使用绝缘夹钳，并站在绝缘垫或绝缘台上。

第十条　断路器遮断容量应满足电网要求。如遮断容量不够，必须将操作机构用墙或金属板与该断路器隔开，并设远方控制，重合闸装置必须停用。

第十一条　电气设备停电后，即使是事故停电，在未拉开有关隔离开关和做好安全措施以前，不得触及设备或进入遮栏，以防突然来电。

第十二条　在发生人身触电事故时，为了解救触电人，可以不经许可，即行断开有关设备的电源，但事后必须立即报告上级。

第十三条　下列各项工作可以不用填写操作票，但要记入运行日志内。

①事故处理；②拉合断路器的单一操作；③拉开一组接地刀闸或拆除全站（室）仅有的一组接地线。

第十四条　操作票应先编号，按照编号顺序使用。执行后的操作票保存六个月。

第十五条　操作票填写完毕后应在最后一个操作步骤下加盖“以下空白”章；一个操作任务需填用多页操作票时，操作票上还应加盖“承上页”、“转下页”章。作废的操作票，应在操作任务栏内加盖“作废”章，并在备注栏内注明作废原因。已执行的操作票加盖“已执行”章。

9.3.2　电气设备的操作

（1）断路器的操作

① 断路器不允许现场带负载手动合闸。因为手动合闸速度慢，易产生电弧灼烧触头，从而导致触头损坏。

② 断路器拉合后，应先查看有关的信息装置和测量仪表的指示，判断断路器的位置，而且还应该到现场查看其实际位置。

③ 断路器合闸送电或跳闸后试合，工作人员应远离现场，以免因带故障合闸造成断路器损坏时，发生意外。

④ 拒绝拉闸或保护拒绝跳闸的断路器，不得投入运行或列为备用。

（2）高压隔离开关的操作

① 手动闭合高压隔离开关时，应迅速果断，但在合到底时不能用力过猛，防止产生的冲击导致合过头或损坏支持绝缘子。如果一合上隔离开关就发生电弧，应将开关迅速合上，并严禁往回拉，否则，将会使弧光扩大，导致设备损坏更严重。如果误合了隔离开关，只能用断路器切断回路后，才允许将隔离开关拉开。

② 手动拉开高压隔离开关时，应慢而谨慎，一般按“慢—快—慢”的过程进行操作。刚开始要慢，便于观察有无电弧。如有电弧应立即合上，停止操作，并查明原因。如无电弧，则迅速拉开。当隔离开关快要全部拉开时，反应稍慢些，避免冲击绝缘子。切断空载变压器，小容量的变压器，空载线路和拉系统环路等时，虽有电弧产生，也应果断而迅速地拉开，促使电弧迅速熄灭。

③ 对于单相隔离开关，拉闸时，先拉中相，后拉边相；合闸操作则相反。

④ 隔离开关拉合后，应到现场检查其实际位置；检修后的隔离开关，应保持在断开位置。

⑤ 当高压断路器与高压隔离开关在线路中串联使用时，应按顺序进行倒闸操作，合闸时，先合隔离开关，再合断路器；拉闸时，先拉开断路器，再拉隔离开关。这是因为隔离开关和断路器在结构上的差异：隔离开关在设计时，一般不考虑直接接通或切断负荷电流，所以没有专门的灭弧装置，如果直接接通或切断负荷电流会引起很大的电弧，易烧坏触头，并可能引起事故。而断路器具有专门的灭弧装置，所以能直接接通或者切断负荷电流。

9.3.3 验电操作

为了保证倒闸过程的安全顺利地进行，验电操作必不可少。如果忽视这一步，可能会造成带电挂地线、相与相短路等故障，从而造成经济损失和人身伤害等事故。

（1）验电的准备

验电前，必须根据所检验的系统电压等级来选择与电压相配的验电器。切忌“高就低”或“低就高”。为了保证验电结果的正确，有必要先在有电设备上检查验电器，确认验电器良好。如果是高压验电，操作人员还必须戴绝缘手套。

（2）验电的操作

① 一般验电，不必直接接触带电导体，验电器只要靠近导体一定距离，就会发光（或有声光报警），而且距离愈近，亮度（或声音）就愈强。

② 对架构比较高的室外设备，需借助绝缘拉杆验电。如果绝缘杆勾住或顶着导体，即使有电也不会有火花和放电声，为了保证观察到有电现象，绝缘拉杆与导体应保持虚接或在导体表面来回蹭，如果设备有电，就会产生火花和放电声。

9.3.4 装设接地线

验明设备已无电压后，应立即安装临时接地线，将停电设备的剩余电荷导入大地，以防止突然来电或感应电压。接地线是电气检修人员的安全线和生命线。

（1）接地线的装设位置

① 对于可能送电到停电检修设备的各方面均要安装接地线。如变压器检修时，高低压侧均要挂地线。

② 停电设备可能产生感应电压的地方，应挂地线。

③ 检修母线时，母线长度在10m及以下，可装设一组接地线。

④ 在电气上不相连接的几个检修部位，如隔离开关、断路器分成的几段，各段应分别

验电后，进行接地短路。

⑤ 在室内，短路端应装在装置导电部分的规定地点，接地端应装在接地网的接头上。

(2) 接地线的装设方法

必须由两人进行，一人操作规程，一人监护；装设时，应先检查地线，然后将良好的接地线接到接地网的接头上。

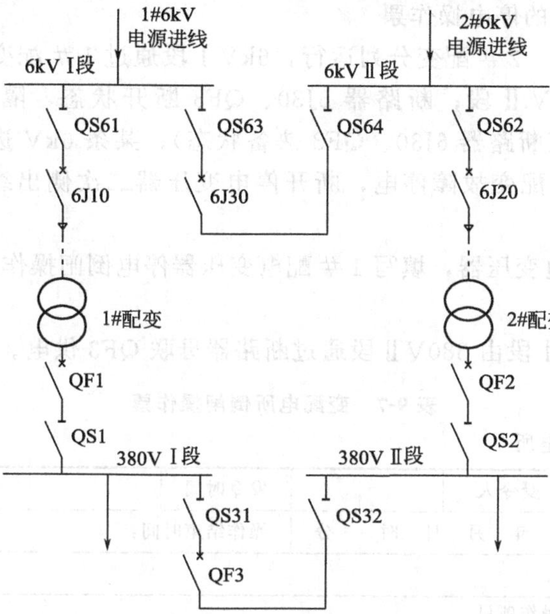

图 9-1　某 6kV/0.4kV 变配电所一次系统图

表 9-6　变配电所倒闸操作票

单位：____________变电所　　　　　　　　　　　　　　　　编号：________

发令人		受令人		发令时间	年　月　日　时　分
操作开始时间：		年　月　日　时　分		操作结束时间：	年　月　日　时　分
操作任务:1#配电变压器停电					
	顺序	操作项目			
	1	合上 6kV 母联断路器 6J30,检查确已合上			
	2	合上 380V 母联断路器 QF3,检查确已合上(变压器并列运行)			
	3	断开断路器 QF1,检查确已断开			
	4	断开断路器 6J10,检查确已断开			
	5	断开隔离开关 QS1,检查确已断开			
	6	断开隔离开关 QS61,检查确已断开			
	7	断开 6kV 母联断路器 6J30,检查确已断开			
	8	在 QS61、QS1 隔离开关手柄上分别悬挂"禁止合闸、有人工作"标示牌			
	9	在 6J10 断路器至 1#配电变压器间三相验电确无电压			
	10	在 6J10 断路器至 1#配电变压器间装设 1 号接地线一组			
	11	在 QF1 断路器至 1#配电变压器间三相验电确无电压			
	12	在 QF1 断路器至 1#配电变压器间装设 2 号接地线一组			
	13	取下断路器 6J10、QF1 的操作保险			
	14	全面检查			
		以下空白			
备注：					已执行章

操作人：　　　　　　　　监护人：　　　　　　　　值班长：

9.3.5 倒闸操作实例

执行某一操作任务时，首先要掌握电气接线的运行方式、保护的配置、电源及负荷的功率分布情况，然后依据命令的内容填写操作票。操作项目要全面，顺序要合理，以保证操作的正确、安全。

例：某 6kV/0.4kV 变配电所的部分倒闸操作实例。图 9-1 为该变配电所的电气系统图。

(1) 1＃配电变压器的停电操作票

正常运行方式：1＃、2＃配变分列运行，6kVⅠ段通过 1＃配变供 380VⅠ段，6kVⅡ段通过 2＃配变供 380VⅡ段；断路器 6J30、QF3 断开状态，隔离开关 QS63、QS64、QS31、QS32 合闸位置（断路器 6J30、QF3 热备状态）；某条 6kV 进线故障停电，6J30 自动合上；1 号配变或 2 号配变故障停电，断开停电变压器二次侧出线断路器后，QF3 自动合上。

欲停电检修 1＃配电变压器，填写 1＃配电变压器停电倒闸操作票，其停电操作详见表 9-6。

操作完成后，380VⅠ段由 380VⅡ段通过断路器母联 QF3 供电。

表 9-7 变配电所倒闸操作票

单位：__________变电所　　　　　　　　　　编号：________

发令人		受令人		发令时间	年 月 日 时 分
操作开始时间：		年 月 日 时 分		操作结束时间：	年 月 日 时 分
操作任务：1＃配电变压器送电					

	顺序	操作项目
	1	拆除 1＃配电变压器一、二次侧的两组接地线（1 号接地线、2 号接地线）
	2	取下 QS61、QS1 隔离开关手柄上的标示牌，收回 1＃配电变压器检修工作票
	3	依次合上 QS61、QS1 隔离开关，检查确已合上
	4	装上断路器 6J10、QF1 的操作保险
	5	合上断路器 6J10 的合闸保险，合上断路器 6J10（变压器带电）检查已合上
	6	拉断断路器 6J10 的合闸保险
	7	合上 6kV 母联断路器 6J30，检查确已合上
	8	在断路器 QF1 主触头两端用万用表进行核相，相序正确
	9	合上断路器 QF1，检查确已合上（变压器并列）
	10	断开 380V 母联断路器 QF3，检查确已断开
	11	断开 6kV 母联断路器 6J30，检查确已断开（变压器分列）
	12	全面检查
		以下空白
	备注：	已执行章

操作人：　　　　监护人：　　　　值班长：

(2) 1＃配电变压器的送电操作票

1＃配电变压检修完成后送电，使 1、2 号配电变压器分列运行，恢复正常运行方式。填写 1＃配电变压器送电倒闸操作票，其送电操作详见表 9-7。

实作训练

训练一：2 号主变压器停电检修倒闸操作。

训练二：6kVⅠ段母线停电检修倒闸操作。

项目10

电气设备的检修试验

任务10.1 认识变压器的检修试验

能力目标

① 熟悉变压器的维护检修知识。
② 了解电力变压器的试验内容及实验方法。

材料、工具及设备准备

按表10-1准备材料、工具及设备。

表10-1 材料、工具及设备准备表

序号	名称	规格	数量	备注
1	摇表		1块	
2	双臂电桥	QJ44	1	
3	电工常工具		1套	
4	套筒扳手		1套	
5	开口扳手		1套	
6	白土布		5m	
7	汽油		3kg	
8	备用螺母	根据实际选配	10个	
9	检修报告		1份	

任务实施及要求

以“配电变压器S9-315/10kV的小修与试验”为任务实例，在教师指导下完成相应工作。

（1）熟悉操作程序并完成下列工作：

①准备工具；②清洗外壳；③熟悉检修过程；④处理缺陷；⑤检前试验；⑥填写检修报

告；⑦清理现场。

(2) 禁止违章操作，考核采用100分制。

(3) 遵守操作时限：

①准备时间：1min；②操作时间：25min；③提前完成操作不加分，超时操作按规定标准评分。

学习组织形式

① 先由教师进行讲授，并作任务实施示范。

② 可根据情况将学生分为3～5人一组，以小组为单位，进行学习、讨论，查找资料，熟悉检修试验内容及标准，然后以书面形式提交教师检查。

③ 在整个过程中教师应适时监控，及时纠正错误和给予指导。

④ 学生撰写学习心得，补齐不足。

考核标准及评价

考核评价按表10-2进行。

表10-2 配电变压器S9-315/10kV的小修与试验技能考核评分记录表

姓名：____________ 工位号：________ 考核时间：25min

序号	考核内容	评分要素	配分	评分标准	检测结果	扣分	得分	备注
1	准备工具	电工工具、摇表、双臂电桥、汽油、扳手、备用螺母、白土布、检修报告	8	少选一件扣8分				
2	清洗外壳	清洗外壳	5	未清洗外壳扣5分				
3	检修过程	分别检查变压器瓷套管、分接开关、储油柜、高压导电杆(3个)、低压导电杆(4个)呼吸器内干燥剂、油位计、油箱外壳、散热器、放油阀和密封胶垫	22	未检查变压器瓷套管扣2分； 未检查分接开关扣2分； 未检查储油柜扣2分； 未检查高压导电杆扣2分； 未检查低压导电杆扣2分； 未检查呼吸器内干燥剂扣2分； 未检查油位计扣2分； 未检查油箱外壳扣2分； 未检查散热器扣2分； 未检查放油阀扣2分； 未检查密封胶垫扣2分				
4	处理缺陷	更换所有的密封垫圈；处理缺陷并更换不可修复的零件	10	未更换密封胶垫扣2分； 缺陷处理不彻底扣3分； 未更换不可修复的零件扣5分				
5	检后试验	用摇表测试变压器高、低压对地绝缘电阻；用双臂电桥测变压器直流电阻	40	未用摇表测变压器高压对地扣10分； 未用摇表测变压器低压对地扣10分； 未测变压器直流电阻扣20分				
6	填写检修报告	填写变压器缺陷 填写更换的零部件及材料	15	未填写变压器缺陷扣5分； 未填写更换的零部件扣5分； 未对试验数据进行分析扣5分				

续表

序号	考核内容	评分要素	配分	评分标准	检测结果	扣分	得分	备注
7	清理现场	清理现场		未清理现场从总分中扣5分				
8	安全文明操作	遵守安全操作规程		每违反一项规定从总分中扣5分；严重违规停止操作				
9	考核时限	在规定时间内完成		超时停止操作				
		合计	100					

评分员：　　　　　　　　　　核分员：　　　　　　　　　　年　　月　　日

相关知识介绍

10.1.1 电力变压器的检修

电力变压器的检修，分大修、小修和临时检修。规程规定：变压器在投入运行后的5年内及以后每隔5～10年应大修一次，具体时间根据试验结果确定。变压器存在内部故障或严重渗漏油时，或其出口短路后经综合诊断分析有必要时，也应进行大修。小修一般是每年一次。临时检修视具体情况而定。

(1) 变压器的大修

变压器的大修，是指变压器的吊芯检修。变压器的大修应尽量安排在室内进行，天气良好（相对湿度不大于75%），且室温应在10℃以上。如在寒冷季节，室温应比室外气温高出10℃以上。室内应清洁干燥，无腐蚀性气体和灰尘。

为防止变压器芯子（器身）吊出后，暴露在空气中时间过长而使绕组受潮，应避免在阴雨天吊芯，而且吊出的芯子暴露在空气中的时间：干燥空气中（相对湿度不大于65%）不超过16h；湿空气中（相对湿度不大于75%）不超过12h。

吊芯前，应先对外壳、套管、散热管、防爆管、油枕和放油阀等进行外部检查，然后放油，拆开变压器顶盖，吊出芯子，将芯子放置在平整牢靠的方木上或其他物体上，不得直接放在地上。

接着仔细检查芯子，包括铁芯、绕组、分接开关、接头部分和引出线等有无异常。

对变压器绕组，应根据其色泽和老化程度来判断绝缘的好坏。根据经验，变压器绝缘老化的程度可分四级，如表10-3所示。

表10-3　变压器绝缘老化的分级

级别	绝缘状态	说明
1	绝缘弹性良好，色泽新鲜均匀	绝缘良好
2	绝缘稍硬，但手按时无变形，且不裂纹不脱落，色泽稍暗	尚可使用
3	绝缘已经发脆，手挤时有轻微裂纹，但变形不太大，色泽较暗	绝缘不可靠，应酌情更换绕组
4	绝缘已碳化发脆，手按时即出现较大裂纹或脱落	不能继续使用，应更换

对变压器铁芯上及油箱内的油泥，可用铲刀刮除，再用不易脱毛的干布擦干净，最后用变压器油冲洗。对变压器绕组上的油泥，只能用手轻轻剥脱；对绝缘脆弱的绕组，尤其要细心，以防损坏绝缘。擦洗后，用强油流冲洗干净。变压器内的油泥，不可用碱水刷洗，以免

碱水冲洗不净时，残留在芯子中影响油质。

对分接开关，主要是检修其触头表面和接触压力情况。触头表面不应有烧结的疤痕。触头烧损严重时，应予拆换。触头的接触压力应平衡。如果分接开关的弹簧可调时，可适当调节触头压力。运行较久的变压器，触头表面往往有氧化膜和污垢。这种情况，轻者可将触头在各个位置上往返切换多次，使氧化膜和污垢自行清除；重者则可用汽油擦洗干净。有时绝缘油的分解物在触头上结成有光泽的薄膜，看似黄铜的光泽，其实是一种绝缘层，应该用丙酮擦洗干净。此外，应检查顶盖开关的标示位置是否与其触头的实际接触位置一致，并检查触头在每一位置的接触是否良好。

对变压器上的所有接头都应检查是否紧固；如松动，应予紧好。对焊接的接头，如有脱焊情况，应予补焊。瓷套管如有破损时，应予更换。

对变压器上的测量仪表、信号和保护装置，也应进行检查和修理，瓦斯继电器二次回路的绝缘电阻应合格。

变压器如有漏油现象，应查明原因。变压器漏油，一般有焊缝漏油和密封漏油两种。焊缝漏油的修补办法是补焊。密封漏油如系密封垫圈放得不正或压得不紧，则应放正或压紧。如系密封垫圈老化（发黏、开裂）或损坏，则必须更换密封材料。

变压器大修时，应滤油或换油。换的油必须先经过试验，合格的油才能注入变压器。

运行中的变压器大修时一般不必干燥；只有经试验证明受潮，或检修中超过允许暴露时间导致器身绝缘下降时，才需进行干燥。

最后清扫外壳，必要时进行油漆；然后装配还原，并进行规定的试验，合格后即可投入运行。

DL/T 573—1995《电力变压器检修导则》对变压器的检修工艺和质量标准均有明文规定，应予遵循。

(2) 变压器的小修

变压器的小修，主要指变压器的外部检修，不需吊芯的检修。变压器小修每年至少一次。安装在特别污秽地区的变压器，应缩短检修周期。

变压器小修的项目包括：

① 消除已发现而就地能消除的缺陷；

② 放出油枕下部的污油；

③ 检修油位计，调整油位；

④ 检修冷却装置，必要时吹扫冷却器管束；

⑤ 检修安全保护装置，包括油枕、防爆管、瓦斯继电器等；

⑥ 检修油保护装置、测温装置和调压装置等；

⑦ 检查接地系统；

⑧ 检修所有阀门和塞子，检查全部密封系统，处理渗漏油；

⑨ 清扫油箱及附件，必要时进行补漆；

⑩ 清扫绝缘套管，检查接头；

⑪ 按有关规程规定进行测量和试验。如满足规定要求，即可投入运行。

10.1.2 电力变压器的试验

变压器试验的目的，在于检验变压器的性能是否符合有关规程或标准的技术要求，是否存在缺陷或故障征象，以便确定能否出厂或者检修后能否投入运行。

变压器安装后，在投入运行前应进行交接试验；大修后应进行大修试验；每隔1～3年应进行一次绝缘预防性试验。

变压器的试验项目，包括测量绕组连同套管的绝缘电阻，测量铁芯的绝缘电阻，油浸变压器绝缘油的试验，测量绕组连同套管的直流电阻，检查变压器的联结组别和所有分接头的变压比，绕组连同套管的交流耐压试验等。

（1）变压器绕组连同套管的绝缘电阻和吸收比的测量

绕组应分别测量高压绕组对外壳、低压绕组对外壳、高低压绕组对外壳的绝缘电阻值。3kV及以上的电力变压器应采用2500V兆欧表来测量其绕组绝缘电阻，读取15s和60s时的绝缘电阻值$R_{15''}$、$R_{60''}$。测量时，其他未测绕组连同其套管应予接地。绝缘电阻值$R_{60''}$不应低于出厂值的70%；当变压器的温度在10～30℃时，吸收比$R_{60''}/R_{15''}$应不小于1.3。35kV以上的变压器不做吸收比试验。

油浸变压器的绝缘试验，应在充满合格油且静置24h以上待气泡消失后方可进行。当实测时温度高于出厂试验时温度（一般为20℃），则绝缘电阻值应乘以表10-4所示温度换算系数（如果实测时温度低于出厂试验时温度则除以换算系数）后才能与出厂试验的绝缘电阻进行比较。例如温度为30℃时测得绝缘电阻为80MΩ，则换算到出厂时试验温度20℃时的绝缘电阻为$R_{60''}=80\text{M}\Omega\times1.5=120\text{M}\Omega$。

表10-4　绝缘电阻的温度换算系数

温度差/℃	5	10	15	20	25	30	35	40	45	50	55	60
换算系数	1.2	1.5	1.8	2.3	2.8	3.4	4.1	5.1	6.2	7.5	9.2	11.2

注：表中温度差为实测时温度减去20℃的绝对值。

（2）铁芯绝缘电阻的测定

对变压器进行交接试验和大修试验时，应测定变压器铁芯的绝缘电阻。

① 铁芯对夹件、穿芯螺杆、方铁的绝缘电阻测定，其值不应低于出厂值的50%，如无初始值，当绕组温度为20℃时，对10～35kV的变压器应不低于300MΩ；对3～10kV的变压器应不低于200MΩ。

② 铁芯对铁轭螺杆的耐压试验。试验电压：交流1000V，直流2500V，时间1min，应无闪络及击穿现象。35kV及以下的变压器可用2500V摇表测试。

（3）变压器油的试验

新的变压器油呈浅黄色，运行后变为浅红色，均应清澈透明。如果油色变暗，则说明油质变坏。

按规定，依试验目的的不同，绝缘油可进行下列三类试验。

① 全分析试验：对每批新到的油及运行中发生故障后认为有必要检验的油应作此类试验，以全面检验油的质量。绝缘油的试验项目及标准可参看有关书籍。

② 简化试验：其目的在于按绝缘油的主要特征性的参数来检查其老化过程。对准备注入变压器的新油，应做简化试验。

③ 电气强度试验：其目的在于对运行中的绝缘油进行日常检查。对注入6kV及以上设备的新油也需进行此项试验。

图10-1为绝缘油电气强度试验电路图。图10-2为绝缘油电气强度试验用油杯及电极的结构尺寸图。油杯用瓷或玻璃制成，容积约为500ml。电极用黄铜或不锈钢制成，直径为

25mm，厚4mm，两电极间距离为2.5mm。两极的极面应平行，均垂直于杯底面。从电极到杯底、到杯壁及到上层油面的距离，均不得小于15mm。

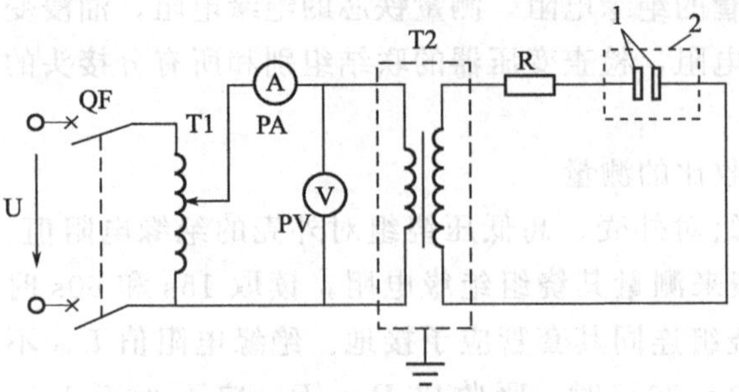

图10-1 绝缘油电气强度试验电路图

T1—调压器；T2—升压器；1—电极；2—试验油杯

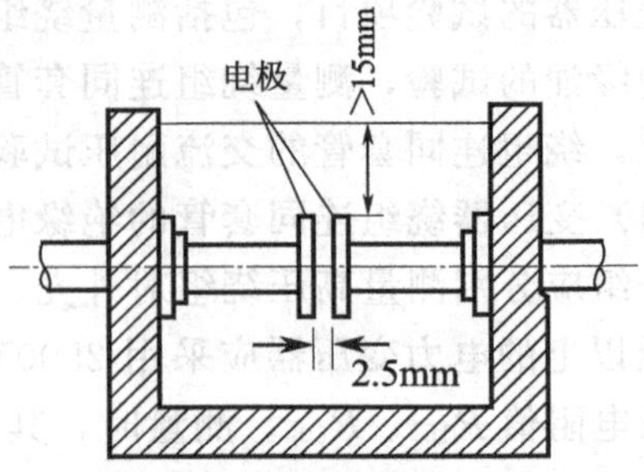

图10-2 绝缘油电气强度试验用油杯及电极的结构尺寸图

试验前，用汽油将油杯和电极清洗干净，并调整电极间隙，使间隙精确地等于2.5mm。被试油样注入油杯后，应静置10～15min，使油中气泡逸出。

试验时，合上电源开关，调节调压器，升压速度约为3kV/s，直至油被击穿放电、电压表读数骤降至零、电源开关自动跳闸为止。

发生击穿放电前一瞬间的最高电压值，即为油的击穿电压。

油样被击穿后，可用玻璃棒在电极中间轻轻搅动几次（注意不要触动电极），以清除滞留在电极间隙的游离碳。静置5min后，重复上述升压击穿试验。如此进行5次，取其击穿电压平均值作为试验结果。

试验过程中应记录：各次击穿电压值，击穿电压平均值，油的颜色，有无机械混合物和灰分，油的温度，试验日期和结论等。

(4) 变压器绕组连同套管的直流电阻测量

对高压绕组应分别测量不同分接头位置时的直流电阻。如三相的中性点引出时，应补测一个相电阻，以检查中性点的连接质量。按GB 50150—1991规定，1600kV·A及以下三相变压器，各相测得值的相互差值应小于平均值的4%，相间测得值的相互差值应小于平均值的2%；1600kV·A以上三相变压器，各相测得的相互差值应小于平均值的2%，相间测得值的相互差值应小于平均值的1%。

(5) 变压器联结组别的检查

变压器在更换绕组后，应检查其联结组别是否与变压器铭牌的规定相符。变压器大修时，如引线未重新连接，则此项试验可不做。

(6) 测定各分接头的电压比

变压器在大修时如果更换了绕组，则大修后必须测量各分接头上的电压比。在高压侧加入1%～25%额定电压的工频电压，依次测量变压器两侧的相间电压U_{AB}、U_{ab}；U_{BC}、U_{bc}；U_{CA}、U_{ca}，然后计算出实测的电压比：$K_{AB}=U_{AB}/U_{ab}$，$K_{BC}=U_{BC}/U_{bc}$，$K_{CA}=U_{CA}/U_{ca}$。

一般规定，实测的电压比对铭牌规定的额定电压比K_N的允许误差为±1%（220kV及以上变压器为±0.5%）。

(7) 交流耐压试验

变压器绕组连同套管进行的交流耐压试验，是检查变压器绝缘状况的主要方法。如果其绕组绝缘受潮、损坏或夹杂异物等，都可能在试验中产生局部放电或击穿。

图 10-3 是变压器交流耐压试验电路图，与图 10-1 所示绝缘油电气强度试验电路图基本相同。图中 R1 用来保护试验变压器，一般按试验电压以每伏 0.1～0.2Ω 来选择。当试验高压绕组时，将高压各相绕组连在一起，接到高压试验变压器 T2 上，低压各相端线、中线和油箱一起接地，即可加电试验。如要测试低压绕组，则要把高压各相端线、中线和油箱一起接地。

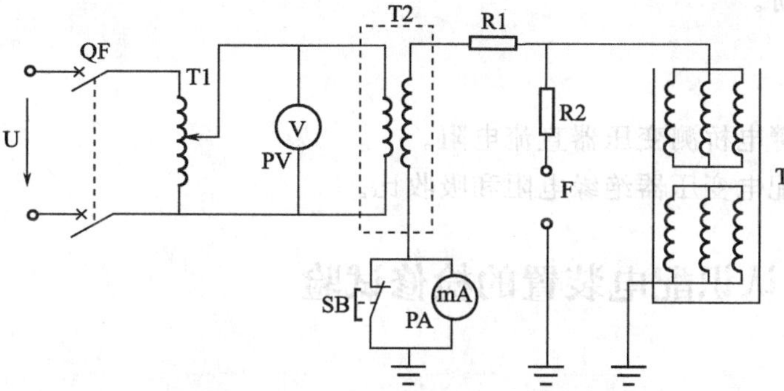

图 10-3　变压器交流耐压试验接线图

T1—调压器；T2—试验变压器；T_X—被试变压器

R1，R2—限流电阻；F—保护球隙；SB—短路按钮

试验时，合上电源，调节调压器。在试验电压的 40%之前，电压上升速度不限，但此后应以缓慢均匀的速度升压至要求的数值。试验电压升至要求的数值后，应保持 1min（对干式变压器应保持 5min）。然后匀速降压，大约在 5s 内降至试验电压的 25%以下时，切断电源。

当电压升至 0.5 倍试验电压时，通过毫安表 PA 读取一次电流值（按断短路按钮 SB，读数后让 SB 复位）。

在试验过程中，应仔细探听变压器内部有无打火、放电的声音，密切注意电压、电流的变化，若电流上升加快，即为击穿的先兆，应立即降压到零，停止试验。如果在耐压期间，仪表指示没有变化，没有击穿放电声，油枕及其排气孔没有表征变压器内部击穿的迹象，则应认为变压器的内部绝缘是满足规定的耐压要求的。

检修后的试验电压值一般按出厂试验电压的 85%。如果出厂试验电压不详，可按表 10-5 所示试验电压值进行耐压试验。

表 10-5　电力变压器工频耐压试验电压值　　kV

变压器高压电压等级	3	6	10	15	20	35	66
油浸式变压器	15	21	30	38	47	72	120
干式变压器	8.5	17	24	32	43	60	—

耐压试验时注意事项：

① 电源电压应比较稳定；

② 应按图 10-3 所示电路图可靠地接地；

③ 被试变压器注油后要静置 24h 以上才能进行耐压试验；

④ 被试变压器的所有气孔均应打开，以便击穿时排除变压器内部产生的气体和油烟；

⑤ 变压器试验后必须进行充分放电才允许触及。

（8）额定电压下的冲击合闸试验

对于交接试验合闸 5 次；对于大修试验和预防性试验此项不做。

交接试验标准规定，电压等级为 35kV 及以上、且容量在 10000kV·A 及以上的变压器，应做变压器绕组连同套管的直流泄漏电流试验；电压等级为 35kV 及以上、且容量在 8000kV·A 及以上的变压器，应测量绕组连同套管的介质损失角正切值 $\tan\delta$。当认为变压器铁芯和线圈有问题时应进行变压器的空载试验和短路试验。变压器的更多试验项目可参看有关试验标准和手册。

实作训练

训练一：用双臂电桥测变压器直流电阻。

训练二：测试配电变压器绝缘电阻和吸收比。

任务 10.2 认识配电装置的检修试验

能力目标

① 熟悉配电装置开关设备的作用及动作原理。

② 掌握配电装置开关设备的调整与技术参数测量。

③ 熟悉配电装置开关设备的检修及工艺要求。

材料、工具及设备准备

按表 10-6 准备材料、工具及设备。

表 10-6 材料、工具及设备准备表

序号	名称	规格	单位	数量	备注
1	隔离开关	GN19-10/400	台	1	
2	钢板尺	500mm	个	1	
3	塞尺	0.05mm	把	1	
4	记录纸	A4	张	若干	
5	钢笔		支	1	自备
6	标示牌		块	5	
7	电工工具	5 件套	套	1	

任务实施及要求

以“测量并调整户内 10kV 隔离开关”为任务实例，在教师指导下完成相应工作。

(1) 熟悉操作程序并完成下列工作

①准备工作；②写出检查安全措施；③写出隔离开关技术数据；④调整机械传动灵活性能；⑤调整垂直度；⑥调整并测量技术数据；⑦恢复现场及清理现场。

(2) 必须穿戴劳动防护用品，禁止违章操作，考核采用 100 分制

(3) 遵守操作时限

①准备时间：1min；②操作时间：30min；③提前完成操作不加分，超时操作按规定标准评分。

学习组织形式

① 先由教师进行讲授，并作任务实施示范。

② 可根据情况将学生分为3～5人一组，以小组为单位，进行学习、讨论，查找资料，熟悉检修试验内容及标准，然后以书面形式提交教师检查。

③ 在整个过程中教师应适时监控，及时纠正错误和给予指导。

④ 学生撰写学习心得，补齐不足。

考核标准及评价

考核评价按表10-7进行。

表10-7 测量并调整户内10kV隔离开关操作技能考核评分记录表

姓名：__________ 工位号：__________ 考核时间：30min

序号	考核内容	评分要素	配分	评分标准	检测结果	扣分	得分	备注
1	准备工作	钢板尺、塞尺、电工工具、记录本、笔	5	少检查或少准备一件扣1分				
2	检查安全措施	检查工作地点两侧接地线	6	未检查安全措施扣6分				
3	写出隔离开关技术数据	写出开距不小于160mm、三相同期不大于3mm、接触深度(塞尺插入深度不大于4mm)	15	数据错一项扣5分				
4	调整机械传动灵活性能	操作主刀或接地刀灵活	3	不灵活扣3分				
		检查操作部件无变形、缺损	3	未检查扣3分				
		主刀和接地刀能闭锁	3	主刀和接地刀未能实现闭锁扣3分				
		辅助开关动作正确	3	辅助开关动作错误扣3分				
5	调整垂直度	调整开关的垂直度；检查每相开关支柱绝缘子外表面清洁状况	6	未调整扣4分 发现有脏物未进行清擦扣2分				
6	调整并测量技术数据	测量并调整三相开距	15	不会测量扣15分； 未记录数据扣5分； 开距小于160mm不能调整扣5分				
		测量并调整三相同期	15	不会测量扣15分； 未记录数据扣5分； 不会调整同期扣5分				
		测量并调整接触深度	15	不会用塞尺测量扣15分； 未记录数据扣5分； 不会调整接触深度扣5分				
7	恢复现场	检查各部位螺栓紧固	5	未检查扣5分				
		复查传动系统的灵活性	6	未检查扣6分				
8	清理现场	清理现场		未清理现场从总分中扣5分				
9	安全文明操作	按国家颁发或企业有关安全规定执行		违反操作规程一次从总分中扣5分；严重违规停止操作				
10	考核时限	按规定时间完成		超时停止操作				
		合 计	100					

评分员： 核分员： 年 月 日

相关知识介绍

10.2.1 配电装置的检修

配电装置的检修，也分大修和小修。按《电力工业技术管理法规》规定，配电装置应按下列期限进行大修（内部检修）：

① 高压断路器及其操动机构，每3年至少一次。低压断路器及其操作机构，每2年至少一次。高低压断路器在断开4次短路故障后要进行临时性检修；但根据运行情况并经有关领导批准，可适当增减此项断开次数。

② 高压隔离开关及其操作机构，每3年至少一次。

③ 配电装置其他设备的大修期限，按预防性试验和检查的结果而定。

以检查操作机构动作和绝缘状况为主的小修，其期限一般为每年至少一次。

下面着重介绍隔离开关和真空断路器的检修。

(1) 隔离开关的检修

隔离开关大修时，要进行导电回路和传动、操作机构的分解、清洗、检查、修理和调整。小修则进行清扫、触头检修、机构注油和调整。

导电回路的检修：

① 检查导电部分的接触面应清洁、平整，无烧伤和过热痕迹。清除接触面的氧化层。

② 接触表面上涂以薄层中性凡士林。

③ 用螺栓拧紧的接触面应紧密牢固。

④ 检查固定触头夹片与活动刀闸的接触压力。用0.05mm×10mm的塞尺检查，其塞入深度在接触面宽度为50mm及以下时，不应超过4mm；在接触面宽度为60mm及以上时，不应超过6mm。如果接触不紧，对户内型隔离开关可以调节刀闸两侧弹簧的压力；对于户外型隔离开关，应根据触头的不同结构进行调整。

⑤ 户内型隔离开关（刀闸式）在合闸位置时，刀闸应距静触头底部3～5mm，以免刀闸冲击绝缘子。若间隙不够，应调节拉杆的长度或拉杆绝缘子调节螺钉的长度。

⑥ 检查两接触面的中心线是否在同一直线上，若有偏差，可略微改变静触头与支持瓷柱的位置予以调整。

⑦ 隔离开关处于合闸位置时，触头压力应符合标准，瓷柱的转动应灵活。

⑧ 三相联动的隔离开关，不同期差不应超过规定值：额定电压为10kV及以下为3mm、110kV及以下为10mm。否则，应调整拉杆的长度或拉杆绝缘子调节螺钉的长度，至达到要求为止。

绝缘支柱的检修：

① 检查固定及转动的支柱绝缘子表面，应光洁发亮，无破损、裂纹、斑点和放电痕迹，无松动现象。底座应无变形、锈蚀及损伤等情况。

② 活动绝缘子与传动机构部分的紧固螺钉、连接销子及垫圈应齐全紧固。

传动装置和操动机构的检修：

① 清除传动装置和操动机构的积灰和脏污，检查各部分的螺钉、垫圈、销子应齐全完备，连接紧固。各零件应无锈、无开焊、无变形。各转动部分应涂以润滑油。

② 传动拉杆应无变形、无开裂情况。

③ 蜗轮蜗杆机构组装后应检查啮合情况，不能有磨损和卡涩现象。

④ 辅助接点、闭锁装置应清洁，接触良好，有完好的防尘防雨罩。

⑤ 操动机构检修完毕，应进行分、合闸操作 3～5 次，检查操动机构和传动部分动作是否灵活可靠，有无松动现象。

接地刀闸的检修：

① 接地刀闸闭合时，动、静触头应准确闭合，且不能自动断开。

② 接地刀闸分闸后，至带电部分的最小距离应满足规定的要求。

③ 接地刀闸操作机构与隔离开关操动机构应满足联锁要求：即接地刀闸处于合闸位置时，隔离开关应处于分断位置；隔离开关处于合闸位置时，接地刀闸应处在分断位置。

(2) 真空断路器的检修

① 各部件润滑良好，动作灵活。

② 检查真空度。如真空度降低，应更换灭弧室。

③ 在不具备测量真空度的情况下，可在真空灭弧室的动、静触头两端施加工频电压进行检查（一般 10kV 断路器施加工频 42kV，1min），应无闪络。

④ 测量调整各相触头的开距和超行程，应符合制造厂的规定，以此来检查接触面腐蚀情况，如果超过时应换灭弧室。

触头开距测量与调整：所谓触头开距是真空断路器处于分闸状态时，真空灭弧室中动、静触头之间的距离。在灭弧室动、静触头刚接触时，参照灭弧室固定部件上一点在动触杆上标记一点位置，然后将动触杆分闸到位，参照固定部件一点在动触杆上再标记一点，动触杆上两点之间距离即为触头开距。旋转动触杆连接件来调整开距。对以橡胶垫、毡垫作为分闸定位的真空断路器，增加垫的厚度，可减小开距、反之则增大开距。

在调整触头开距时，应同时进行三相触头合闸同时性的调整。检查断路器触头合闸同时性的电路如图 10-4 所示。检查时，缓慢地手动合闸，三灯应同时发亮。否则调节有关动静触头的相对位置，直到满足要求。

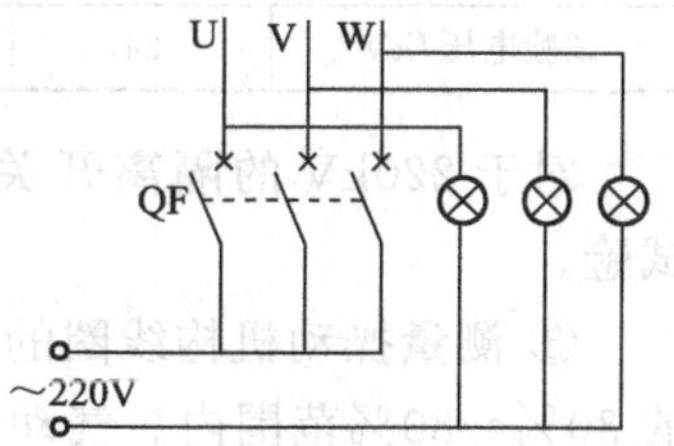

图 10-4　断路器三相合闸同时性检查电路

触头超行程的测量与调整：触头的超行程也叫压缩行程，真空灭弧室动触头由分闸位置运动与静触头接触后，触头弹簧被压缩的距离，称压缩行程。不同型号的真空断路器，在测量压缩行程时都有其指定的位置。通常用调节绝缘拉杆长度和操动机构输出连杆长度来调整单相或三相的压缩行程。10kV 真空断路器的超行程一般 3～5mm。

超行程的减少就是触头的磨损量。因此，每次调整超行程时必须进行记录，当触头磨损量累计超过 4mm 时，应更换灭弧室。

10.2.2　配电装置的试验

按《电力工业技术管理法规》规定，新建和改建后的配电装置，在投入运行前，应进行下列各项检查和试验。大修后的配电装置，也应进行相应的检查和试验。检查和试验项目如下。

① 检查开关设备的各相触头接触的严密性、分合闸的同时性以及操动机构的灵活性和可靠性，测量分合闸时间及二次回路的绝缘电阻。按 GB 50150—1991 规定，小母线在断开所有其他并联支路时，小母线的绝缘电阻不应小于 10MΩ；二次回路的每一支路及断路器、隔离开关的操作电源回路的绝缘电阻，均不应小于 1MΩ，而在比较潮湿的地方，可不小于 0.5MΩ。

② 检查和测量互感器的变比和极性等。

③ 检查母线接头接触的严密性。

④ 充油设备绝缘油的简化试验，如前变压器油的试验所述；油量不多的可仅作耐压试验。

⑤ 绝缘子的绝缘电阻、介质损耗角及多元件绝缘子的电压分布测量；对35kV及以下绝缘子仅作耐压试验。

⑥ 检查接地装置，必要时测量接地电阻。

⑦ 检查和试验继电保护装置和过电压保护装置。

⑧ 检查熔断器及其他防护设施。

下面着重介绍隔离开关和真空断路器的试验。

(1) 隔离开关的试验

① 测量绝缘电阻：设备交接及大修时，或每隔1～3年（根据当地的气候条件和设备状况），使用2500V摇表测量绝缘电阻。

试验标准为：整体绝缘电阻：自行规定。有机材料传动杆的绝缘电阻：额定电压为5～15kV，应大于1000MΩ；额定电压为20～220kV，应大于2500MΩ。各胶合元件的绝缘电阻：应大于300MΩ（对各胶合元件分层耐压时，可不测绝缘电阻）。

② 交流耐压试验：大修时对35kV及以下的隔离开关应进行交流耐压试验，其目的是检查隔离开关支柱绝缘子的绝缘水平，试验电压如表10-8。

表10-8 试验电压

额定电压/kV	3	6	10	35	60	110	220
试验电压/kV	24	32	42	95	155	250	470

对于220kV的隔离开关，因试验电压太高，现场不具备试验条件，可不作交流耐压试验。

③ 测量操动机构线圈的最低动作电压：操动线圈的最低动作电压，应在额定操作电压的30%～80%范围内。气动或液动机构应在额定压力下进行。

④ 检查隔离开关动作情况：在额定电压85%、100%及110%下，分合闸各两次，应动作良好，无卡涩现象。检查主刀闸与接地刀闸应闭锁良好，手动操作两次，应动作正常。

此外，辅助回路绝缘电阻应大于1MΩ；测量触头接触电阻，应不超过制造厂家规定的数值。

(2) 真空断路器的试验

① 绝缘拉杆绝缘电阻的测量：采用2500V兆欧表测量。10kV断路器大修后，由有机物制成的绝缘拉杆在常温下的绝缘电阻不应低于1000MΩ。

② 分、合闸线圈和合闸接触器线圈绝缘电阻的测量：亦采用2500V兆欧表测量，其绝缘电阻不应低于1MΩ。

③ 交流耐压试验：在交接时、大修后及每1～3年一次预防性试验中都要进行交流耐压试验。10kV断路器，对地和断口间的试验电压为38kV。试验方法与前述变压器的试验相同。

④ 触头接触电阻的测量：在交接时、大修后、每1～3年一次的预防性试验中，均应对断路器触头进行检查，并测量其接触电阻。测量方法，可采用双臂电桥；也可采用较大直流电流通过触头，测量其电流和触头上电压降，然后计算触头的接触电阻值。触头接触电阻值应符合制造厂规定。

⑤ 分、合闸时间的测量：在交接时和大修后，应测量其固有分闸时间和合闸时间，检

查这两个时间是否符合断路器出厂的技术要求。所谓固有分闸时间，是指从断路器的跳闸线圈通电时起到断路器触头刚开始分离时止的一段时间。所谓合闸时间，是指从断路器的合闸接触器通电时起到断路器触头刚开始接触时止的一段时间。

对于低、中速断路器一般采用电秒表法测量分、合闸时间，高速断路器则用电磁录波器进行测量。以下仅介绍电秒表法的测量方法。

合闸时间的测量：其测量接线如图 10-5 所示，试验步骤如下。

合上交、直流电源，分别给电秒表和断路器操作机构送电。

合上单相刀闸开关 QS，电秒表开始转动，同时合闸接触器 KO 动作，断路器合闸。当断路器的主触头接通后，电秒表停走，它所指示的时间即为本次断路器的合闸时间。

拉开刀闸开关 QS，手动跳开断路器 QF，记录时间。

复位电秒表，重复试验三次，取三次的平均值作为该断路器的合闸时间。

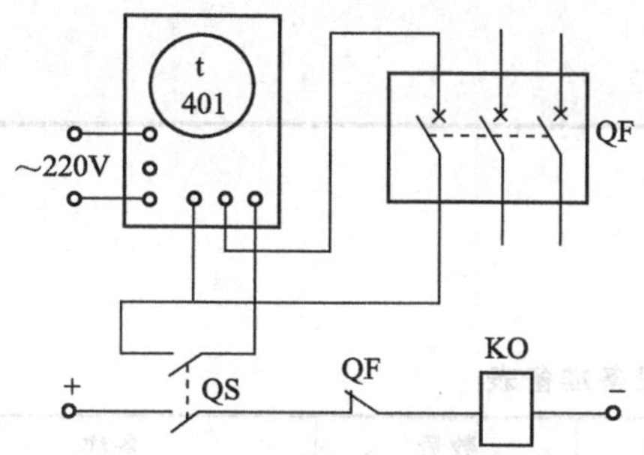

图 10-5 测量断路器合闸时间的接线图

t—401 型电秒表；QF—被试断路器；KO—合闸接触器；QS—刀闸开关

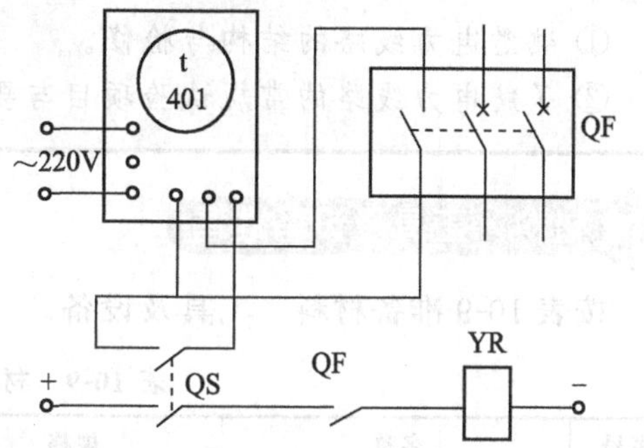

图 10-6 测量断路器固有分闸时间的接线图

t—401 型电秒表；QF—被试断路器；YR—分闸线圈；QS—刀闸开关

固有分闸时间的测量：其测量接线如图 10-6 所示，其测量步骤如下：

手动合上断路器 QF，合上交、直流电源，分别给断路器操作机构和电秒表送电。

合上单相刀闸开关 QS，电秒表开始转动，同时分闸线圈 YR 接通电源，断路器跳闸。当断路器动、静触头开时，电秒表停走，它所指示的时间即为本断路器的固有分闸时间。

拉开刀闸开关 QS，记录时间。

复位电秒表，重复测量三次，取三次的平均值作为该断路器的固有分闸时间。

注意事项：

刀闸开关 QS 应保证操作灵活，接触良好。

合刀闸开关 QS 时，动作要快，以免由于闭合时双刀开关的两刀片不同时闭合产生测量误差。

断路器的合闸线圈、分闸线圈及合闸接触器线圈均按短时通电设计。试验时，线圈回路要串入 QF 的辅助触点，以保证断路器动作后，立即切断电源，以免烧坏线圈。

⑥ 操作机构试验：在交接和大修试验时，应对操作机构进行试验检查。其内容主要包括以下三项。

用电桥测量合闸接触器线圈、合闸电磁铁线圈、分闸电磁铁线圈的直流电阻，与制造厂家试验值或以往测量值比较，应无明显差别。

用 500V 或 1000V 兆欧表测量操作机构线圈的绝缘电阻，其绝缘电阻值要求不小于 1MΩ。

测量合闸接触器和分闸电磁铁的最低动作电压，应在额定操作电压的30%～65%之间；电磁操作机构合闸电磁铁线圈两端电压为额定操作电压的80%（关合电流峰值等于或大于50kA时为85%）时应可靠动作。

实作训练

测量并调整真空断路器的开距和超程。

任务10.3 认识电力线路的检修试验

能力目标

① 熟悉电力线路的结构与检修。

② 了解电力线路的常规试验项目与要求。

材料、工具及设备准备

按表10-9准备材料、工具及设备。

表10-9 材料、工具及设备准备表

序号	名称	规格	单位	数量	备注
1	兆欧表	2500V	块	1	
2	活动扳手	300mm	把	1	
3	试验报告		张	1	
4	碳素笔		支	1	
5	水银温度计		支	1	

任务实施及要求

以“用兆欧表测量6kV电力电缆绝缘电阻”为任务实例，在教师指导下完成相应工作。

（1）熟悉操作程序并完成下列工作

①准备工作；②检查兆欧表；③核对线路名称，办理停电工作票，停电后进行验电，并做好安全措施；④将电缆解开并放电；⑤测量绝缘电阻；⑥读数；⑦测量后放电；⑧连接电缆头；⑨拆除兆欧表引线及安全措施；⑩清理现场。

（2）必须穿戴劳动防护用品，禁止违章操作，考核采用100分制

（3）遵守操作时限

①准备时间：1min；②操作时间：30min；③提前完成操作不加分，超时操作按规定标准评分。

学习组织形式

① 先由教师进行讲授，并作任务实施示范。

② 可根据情况将学生分为3～5人一组，以小组为单位，进行学习、讨论，查找资料，熟悉检修试验内容及标准，然后画出试验接线图、写出试验方法，小组互查或提交教师

检查。

③ 在整个过程中教师应适时监控，及时纠正错误和给予指导。

④ 学生撰写学习心得，补齐不足。

考核标准及评价

考核评价按表 10-10 进行。

表 10-10 用兆欧表测量 6kV 电力电缆绝缘电阻操作技能考核评分记录表

姓名：＿＿＿＿＿＿ 工位号：＿＿＿＿＿＿ 考核时间：30min

序号	考核内容	评分要素	配分	评分标准	检测结果	扣分	得分	备注
1	准备工作	准备工具、仪表	2	少选择一种扣 1 分				
2	检查兆欧表	对兆欧表进行开路试验、短路试验	10	未进行开路试验扣 5 分； 未进行短路试验扣 5 分				
3	做安全措施	核对线路名称，履行停电手续	10	未核对线路名称扣 10 分 未履行停电手续停止操作				
		停电后进行验电，并做好安全措施	10	停电后未进行验电扣 5 分； 未做安全措施扣 5 分				
4	放电	将电缆解开并放电	6	未放电扣 6 分				
5	测量绝缘电阻	接线柱“L”接电缆芯线，“E”接电缆金属外皮，接线柱“G”引线缠绕在电缆的屏蔽纸上；将非被测相线芯短接并接地	10	未将接线柱“L”接电缆芯线扣 2 分；未将接线柱“E”接电缆金属外皮扣 2 分；未将接线柱“G”引线缠绕在电缆的屏蔽层上扣 2 分；未将非被测相线芯短接并接地扣 4 分				
		按顺时针方向由慢到快摇动兆欧表手柄，然后以 120r/min 的转速均匀地摇动兆欧表手柄	10	转速不均匀扣 5 分； 未达到 120r/min 扣 5 分				
6	读数	保持均匀转速，待表盘上的指针停稳后(1min)，指针指示值就是被测电缆的绝缘电阻值(20℃时一般不低于 400MΩ)	10	指针未停稳就读数扣 5 分； 读数不准或数值单位错误扣 5 分				
		和以前的测量值进行比较	6	未与以前测量值比较扣 6 分				
7	测量后放电	测量后将电缆充分放电	6	测量后未将电缆充分放电扣 6 分				
8	连接电缆头	将电缆头按原来的相序重新连接	10	未连接不得分； 未按原来的相序连接扣 5 分				
9	拆除兆欧表引线及安全措施	拆下兆欧表的引线，拆除安全措施	10	未拆下兆欧表的引线扣 5 分； 未拆除安全措施扣 5 分				
10	清理现场	清理现场		未清理现场从总分中扣 5 分				
11	安全文明操作	按国家或企业颁发有关安全规定执行操作		每违反一项规定从总分中扣 5 分，严重违规停止操作				
12	考核时限	在规定时间内完成		超时停止操作				
	合 计		100					

评分员： 核分员： 年 月 日

相关知识介绍

10.3.1 电力线路的检修

（1）架空线路的检修

对架空线路导线，如发现缺陷时，其检修要求如表 10-11 所示。

表 10-11 导线缺陷的处理要求

导线类型	钢芯铝绞线 磨损	单一金属线 磨损	处理方法 不作处理
导线缺陷	铝线 7%以下断股	截面 7%以下断股	缠绕
	铝线 7%～25%断股	截面 7%～17%断股	补修
	铝线 25%以上断股	截面 17%以上断股	锯断重接

对架空线路电杆，如果电杆受损使其断面缩减至 50%以下时，应立即修补或加绑桩；损坏更严重时，应予换杆。

（2）电缆线路的检修

电缆线路的故障，大多发生在电缆的中间接头和终端头处，而且常见的毛病是漏油溢胶(在采用油浸纸绝缘电缆时)。如果电缆头漏油溢胶严重或放电时，应立即停电检修，通常是重作电缆头。

电缆线路出现了故障，一般须借助一定的测量仪器和测量方法才能确定。例如电缆发生了如图 10-7 所示的故障，外观无法检查，只有借助兆欧表，在电缆两端摇测各相对地（外皮）及相与相之间的绝缘电阻，并将一端所有相线短接接地，在另一端重作上述相对地（外皮）及相与相之间的绝缘电阻摇测，测量结果如表 10-12 所示。

表 10-12 图 10-7 所示故障电缆的绝缘电阻测量结果

测量顺序	电缆绝缘电阻/MΩ					
	相—地			相—相		
	U	V	W	U—V	V—W	W—U
在首端测量	∞	0	∞	∞	∞	∞
在末端测量	∞	0	0	∞	0	∞
末端短路接地，在首端测量	0	0	∞	0	∞	∞

注：表中∞值在实测中可为几百或几千兆欧，表中 0 值在实测中可为几千或几万欧。

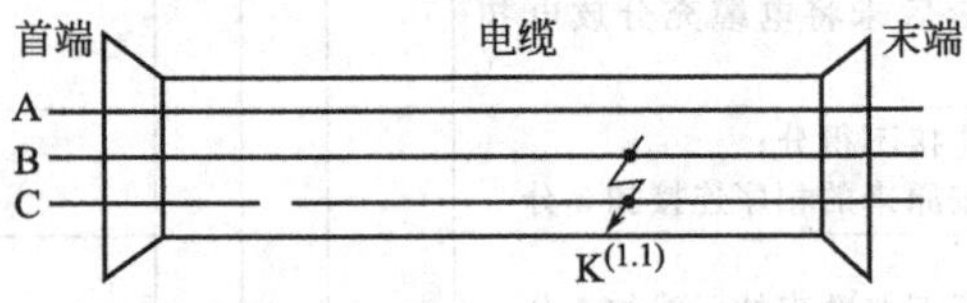

图 10-7 电缆内部故障示例

对表 10-12 的绝缘电阻测量结果进行分析，可得如下结论：此电缆故障为 W 相断线、VW 两相又对地（外皮）击穿，如图 10-7 所示。

在确定了电缆故障性质以后，接着要探测故障地点，以便检修。

探测电缆故障点的方法，按所利用的故障点绝缘电阻高低来分，有低阻法和高阻法两大类。这里只介绍探测电缆故障点的低阻法。

采用低阻法探测电缆故障点，一般要经过烧穿、粗测和定点等三道程序。

① 烧穿：由于电缆内部的绝缘层较厚，往往在电缆内发生闪络性短路或接地故障后，故障点的绝缘水平能得到一定程度的恢复而呈高阻状态，绝缘电阻可达 0.1MΩ 以上。因此采用低阻法探测故障点时，必须先将故障点的绝缘用高电压予以烧穿，使之变为低阻，最好

几千欧以下。加在故障电缆芯线上的高电压，一般为电缆额定电压的 4～5 倍，略低于电缆的直流耐压试验电压。

② 粗测：粗测就是粗略地测定电缆故障点的大致线段。对于芯线未断而有一相或多相短路或接地故障的电缆，可采用直流单臂电桥（回路法）来粗测故障点位置。接线如图 10-8 所示。这里利用完好芯线（U 相）作为桥接线的回路。如果电缆的三根芯线均有故障时，则可借助其他电缆芯线作为桥接线的回路。

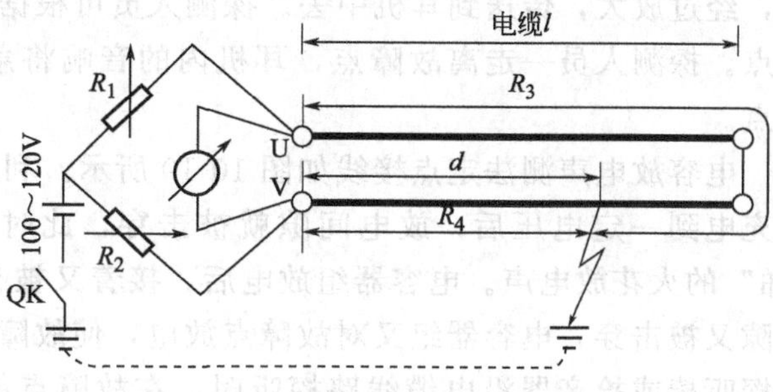

图 10-8　用单臂电桥粗测电缆故障点

当电桥平衡时，$R_1：R_2=R_3：R_4$，或者 $(R_1+R_2)：R_2=(R_3+R_4)：R_4$。设电缆长度为 l，电缆首端至故障点距离为 d，则 $(R_3+R_4)：R_4=2l：d$，因此 $(R_1+R_2)：R_2=2l：d$。由此可求得电缆首端至故障点的大致距离为

$$d=2l\frac{R_2}{R_1+R_2}$$

必须注意：为了提高测量的准确度，测量时应将电流计直接接在被测电缆的一端，以减小电桥与电缆间的接线电阻和接触电阻的影响，同时电缆另一端的短接线的截面也应不小于电缆芯线的截面积。

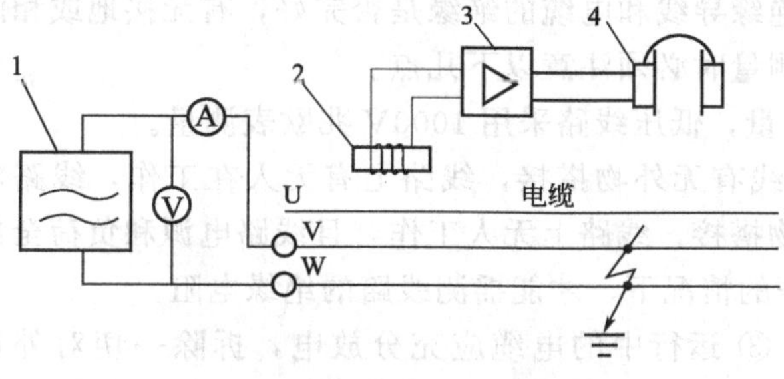

图 10-9　音频感应法探测电缆故障点

1—音频信号发生器；2—探测线圈；3—信号接收放大器；4—耳机

对于芯线折断及可能兼有绝缘损坏的故障电缆，则应利用电缆的电容与其长度成正比的关系，采用交流电桥来测量电缆的电容（电容法），以粗测电缆的故障点。

③ 定点：定点就是比较精确地确定电缆的故障点。通常采用音频感应法或电容放电声测法来定点。

音频感应法定点接线如图 10-10 所示。将低压音频信号发生器（输出电压为 5～30V）接在电缆的一端，然后利用探测用感应线圈、信号接收放大器和耳机沿电缆线路进行探测。音频信号电流沿电缆的故障芯线经故障点形成一个回路，使得探测线圈内感应出音频信号电

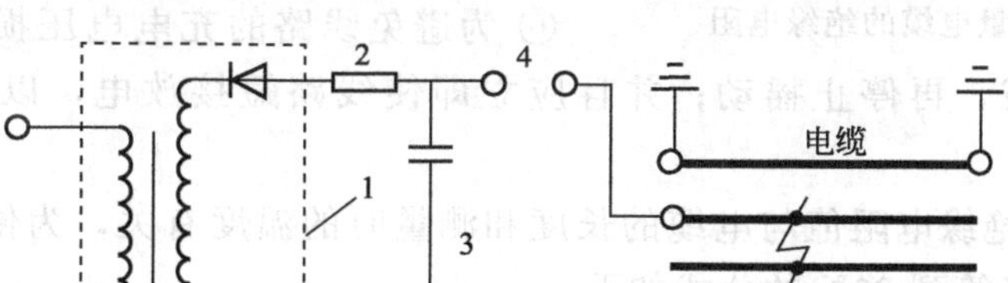

图 10-10　电容放电声测法探测电缆故障点

1—高压整流设备；2—保护电阻；3—高压电容器组；4—放电球间隙

流，经过放大，传送到耳机中去。探测人员可根据耳机内音响的改变，来确定地下电缆的故障点。探测人员一走离故障点，耳机内的音响将急剧减弱乃至消失，由此可测定电缆的故障点。

电容放电声测法定点接线如图 10-10 所示。利用高压整流设备使电容器组充电。电容器组充电到一定电压后，放电间隙就被击穿，此时电容器组对故障点放电，使故障点发出“啪”的火花放电声。电容器组放电后，接着又被充电。电容器组充电到一定电压后，放电间隙又被击穿，电容器组又对故障点放电，使故障点再次发出“啪”的火花放电声。因此利用探听棒或拾音器沿电缆线路探听时，在故障点能够特别清晰地听到断续性的“啪—啪—啪”的火花放电声，由此即可确定电缆的故障点。

补充说明：图 10-10 所示电路，实际上也是前面所说的用于故障点“烧穿”的高电压电路，利用电容器组连续充—放电，使电缆故障点连续产生火花放电而使绝缘烧穿。

10.3.2 电力线路的试验

电力线路的试验项目，主要有绝缘电阻试验、直流耐压和泄漏电流试验以及三相线路的相位测定。这里只介绍电力线路绝缘电阻的测量和相位测定。

(1) 绝缘电阻的测量

测量线路的绝缘电阻，目的在于检查绝缘导线和电缆的绝缘是否完好，有无接地或相间短路故障。测量绝缘电阻，利用兆欧表。测量时必须注意以下几点。

① 高压线路一般采用 2500V 兆欧表测量，低压线路采用 1000V 兆欧表测量。

② 在摇测绝缘电阻前，应仔细检查沿线有无外物搭接，线路上有无人在工作，线路电源和负荷是否全部断开。只有线路上无外物搭接，线路上无人工作，且线路电源和负荷全部断开的情况下，才能摇测线路的绝缘电阻。

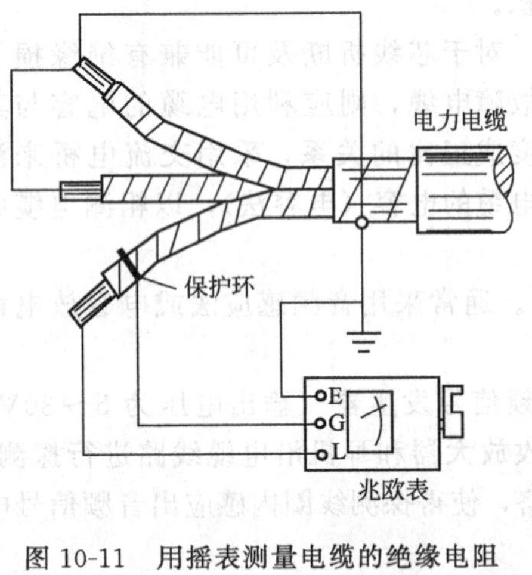

图 10-11 用摇表测量电缆的绝缘电阻

③ 运行中的电缆应充分放电，拆除一切对外连线，并用清洁干燥的布擦净电缆头，然后将非被试相缆芯与铅片一同接地，逐相测量，读取 1min 的指示值。

④ 雷雨时不得摇测室外线路的绝缘电阻，以免雷电过电压伤人。

⑤ 摇测电缆和绝缘导线的绝缘电阻时，应将其绝缘层接到兆欧表的“保护环”（或称“屏蔽环”）接线端，如图 10-11 所示，以消除其表面泄漏电流对测量结果的影响。

⑥ 为避免线路的充电电压损坏兆欧表，摇测完毕后，应先取下火线，再停止摇动；并且应立即使线路短接放电，以免线路的充电电压伤人。

⑦ 电力电缆的绝缘电阻值与电缆的长度和测量时的温度有关，为便于比较，应进行温度和长度的换算，换算到 20℃的公式如下

$$R_{20}=R_tK_t$$

式中 R_{20}——温度为 20℃时的绝缘电阻值，MΩ；

R_t——温度为 t℃时实测的绝缘电阻值，MΩ；

K_t——电缆绝缘电阻温度换算系数，见表 10-13。